安徽省"十四五"普通高等教育规划教材

C语言程序设计基础

○ 主　编　葛方振　洪留荣
○ 副主编　宋万干　邱述威

中国教育出版传媒集团

高等教育出版社·北京

内容提要

本书是安徽省"十四五"普通高等教育规划教材，共12章，首先介绍计算机的基础结构、程序执行的基本过程以及学习C语言时涉及的基础知识，然后介绍C语言的数据类型与运算符以及表达式、C语言的三种程序设计结构，最后介绍数组与函数、指针、结构体与文件等相关知识。

本书以C89为标准，适当加入了C11标准的用法，语言叙述通俗易懂，概念讲解清晰，为提升算法思维，绝大多数编程例题在给出代码前都进行了步骤分析和编程技巧说明。本书用"地址"和"数据类型"这两个概念统领全书，把数组、函数、指针、结构体等联系起来，形成一个统一整体，使读者更容易理解相关知识以及C语言的本质特征，且很大程度上降低了学习C语言的难度。

书中对难点和重点知识进行了详细的图解分析，目的是让读者更好地理解代码执行的过程，提升编程能力。书中每一章后都附有丰富的习题，使读者能对所学知识点进行训练。

本书可作为高等学校C语言程序设计基础课程的教材，也可作为学习C语言程序设计的参考资料。

图书在版编目（CIP）数据

C语言程序设计基础 / 葛方振，洪留荣主编 ；宋万干，邱述威副主编. -- 北京 ：高等教育出版社，2025.7. -- ISBN 978-7-04-064016-8

Ⅰ．TP312.8

中国国家版本馆 CIP 数据核字第 20251MS022 号

C Yuyan Chengxu Sheji Jichu

| 策划编辑 | 武林晓 | 责任编辑 | 武林晓 | 特约编辑 | 李成都 | 封面设计 | 张申申 |
| 版式设计 | 杨 树 | 责任绘图 | 杨伟露 | 责任校对 | 胡美萍 | 责任印制 | 耿 轩 |

出版发行	高等教育出版社	网　　址	http://www.hep.edu.cn
社　　址	北京市西城区德外大街 4 号		http://www.hep.com.cn
邮政编码	100120	网上订购	http://www.hepmall.com.cn
印　　刷	鸿博昊天科技有限公司		http://www.hepmall.com
开　　本	787mm×1092mm　1/16		http://www.hepmall.cn
印　　张	20		
字　　数	490 千字	版　　次	2025 年 7 月第 1 版
购书热线	010-58581118	印　　次	2025 年 7 月第 1 次印刷
咨询电话	400-810-0598	定　　价	45.00 元

本书如有缺页、倒页、脱页等质量问题，请到所购图书销售部门联系调换

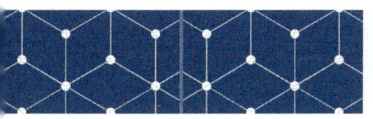

新形态教材网使用说明

**C 语言
程序设计
基础**

主　编　葛方振　洪留荣
副主编　宋万干　邱述威

1　计算机访问 https://abooks.hep.com.cn/1852182 或手机微信扫描下方
二维码进入新形态教材网。

2　注册并登录后，计算机端进入"个人中心"，单击"绑定防伪码"，输入图书封
底防伪码（20 位密码，刮开涂层可见），完成课程绑定；或手机端单击"扫
码"按钮，使用"扫码绑图书"功能，完成课程绑定。

3　在"个人中心"→"我的学习"或"我的图书"中选择本书，开始学习。

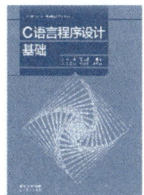

C 语言程序设计基础

作者 主　编　葛方振　洪留荣　副主编　宋万干　邱述威

出版单位　高等教育出版社

　开始学习　　　收藏　

　　受硬件限制，部分内容可能无法在手机端显示，请按照提示通过计算机访
问学习。

　　如有使用问题，请直接在页面单击答疑图标进行咨询。

https://abooks.hep.com.cn/1852182

前　言

C 语言是一种面向过程的计算机编程语言,能以简易的方式编译、处理低级存储器,被广泛应用于底层开发。本书详细介绍 C 语言程序设计的基础知识、基本概念及基本编程技能,循序渐进地引导学生学习分析问题、解决问题、程序设计和调试的方法,掌握程序设计思想,并获得扎实的软件开发能力。

笔者结合近几年在 C 语言程序设计基础教学中的实践经验,分析并总结了学生在学习过程中常犯的错误、容易模糊的概念和常忽视的问题,基于多年的经验积累和教学实践,编写了本书,目的是让读者了解并快速掌握 C 语言程序设计的方法。

本书共 12 章,以"数据类型"和"地址"贯穿整个知识点,对数组、函数、指针等进行详细的图解分析,使读者可以更深入地理解这些知识。书中对大部分编程例题进行了算法步骤分析,内容由浅入深,突出编程思维,习题是由易到难,适合读者循序渐进完成。

第 1 章介绍与 C 语言程序设计相关的基本知识,其中包括计算机的工作原理、数据表示的方法、算法表示和编程工具的使用。

第 2 章介绍数据类型、运算符与表达式等与程序设计紧密相关的几个概念。

第 3 章介绍 C 语言语句构成、数据的输入输出及顺序结构程序设计。

第 4、5 章分别介绍选择结构程序设计和循环结构程序设计。

第 6 章介绍指针类型,重点从指向的数据类型入手,简化了指针的理解难度。

第 7 章介绍数组,详细解释了常用的一维数组和二维数组及字符数组和字符串处理函数的应用,通过数据类型建立了数组名与指针之间的逻辑关系。

第 8 章介绍函数、变量的作用域。函数是 C 语言中进行结构化程序设计的基础,介绍了函数的定义规范,递归函数的设计方法,以及参数之间的传递本质。

第 9 章介绍模块化及预处理,模块化是大型应用系统程序设计的必然要求,通过简单的实例较为全面地介绍了预处理与模块化的知识。

第 10、11 章介绍结构体、枚举类型和位运算。

第 12 章介绍文件的概念及其应用。

附录给出了 ASCII 表、运算符优先级表及 C 语言库函数列表,以备读者查阅。

本书参考学时为 40~60,教师可根据教学要求和实际情况对内容进行取舍。本书从一些经典问题入手,详细分析求解问题的过程,然后给出源代码,并在源代码中进行了详细注释。每章内容后附有习题,以便读者能巩固所学的知识点。

本书第 1、2、5、6、10 章由葛方振编写,第 3、4、7、8、9 章由洪留荣编写,第 11 章由宋万干编写,第 12 章由邱述威编写。全书由葛方振、洪留荣统一修改定稿。本书视频资源由郑颖、张震、郭宇燕、高迪、高向军录制。在编写过程中,得到淮北师范大学计算机科学与技术学院的大力支持,在此表示衷心的感谢!

本书为新形态教材,配套资源丰富,包括电子教案和微视频,可在高等教育出版社数字课程网站下载。

本书得到安徽省高等学校省级质量工程项目"计算机应用教学团队"(编号:2021jxtd256)、2023 年校级教材建设项目"C 语言程序设计基础(微课版)"资助,并获批 2023 年"省级规划教材"。

由于编者水平有限,书中难免存在疏漏之处,欢迎同行专家和读者批评指正(作者邮箱:840849139@qq.com)。

编　者

2024 年 3 月

目　录

电子教案:第1章
基础知识简介

学习 C 语言前,初学者需了解计算机和程序的基本知识,包括计算机如何存储数据和程序的底层运行逻辑,这些知识有助于理解 C 语言。本章还将介绍 C 语言的发展、优缺点及相关编程环境。

微视频 1-1:程
序和程序设计

1.1 程序与程序设计

了解程序与程序设计的基本概念至关重要,不仅有助于认识编程的本质,还为编写高效、结构清晰的程序打下基础。程序(program)在日常生活中的表现形式随处可见,例如晚会的流程、运动会的比赛顺序,都是按照一定顺序设计的一系列活动。这些程序旨在实现某个目标,体现了程序的逻辑性和有序性。将这种概念应用于计算机科学,程序的定义将更加具体化。

计算机程序(computer program)是计算机可以识别和执行的有序指令集合。这些指令按照预定的顺序和逻辑,指导计算机完成特定任务。一条指令可以理解为计算机执行的一个基本操作,例如加法运算、数据存取、条件判断等。程序不仅仅由指令组成,还包括与指令相关的数据,两者相辅相成。数据为指令的操作提供基础,而指令则定义了如何处理这些数据。

程序设计(programming)是指将解决问题的思路转化为计算机可以理解并执行的指令序列的过程。程序设计的目标是使用计算机语言将解决问题的逻辑用精确的语法描述出来,使其成为可执行的程序。这一过程包括问题分析、算法设计、代码实现和测试等多个环节。简而言之,程序设计是通过编程语言表达逻辑思维并解决实际问题的一种技能。

程序设计的重要性在于它为计算机的高效利用提供了可能。编程语言是人与计算机沟通的桥梁,而程序设计则是这一桥梁的架构过程。程序设计要求设计者分析问题、制定解决方案,并通过计算机语言将其精确地表达出来,形成程序。在实际应用中,程序设计贯穿于各行各业,例如天气预报系统、智能导航、医疗诊断软件等,这些领域无一不依赖高质量的程序设计。

程序依赖计算机硬件(如 CPU 和内存)的协同工作才能完成任务,并非孤立存在。了解程序运行的基本过程不仅可以帮助我们更好地理解程序的工作原理,还为优化程序性能提供了理论依据。因此,接下来将介绍程序在计算机中的运行流程及相关硬件基础。

1.2 程序在计算机中的运行流程简述

计算机的核心功能包括接收输入、进行计算和输出结果。尽管这些功能听起来简单,实现它们却相当复杂。程序是一系列指挥计算机自动执行这些功能的指令集合。了解程序在计算机中的运行过程,将有助于学习 C 语言及其他计算机语言。下面首先介绍计算机的两个重要部件:中央处理器(CPU)和内存。

1.2.1 CPU

CPU 由众多开关功能的微小晶体管组成,形成超大规模集成电路。它是计算机的核心和大脑,负责接收数据输入、执行指令和输出数据。

CPU 与输入设备(如键盘、鼠标)和输出设备(如打印机)以及计算机内部的其他设备(如内存)进行数据通信,实现数据的接收和发送。

CPU 主要包括 4 个部分:寄存器、控制器、运算器和时钟(有时时钟位于 CPU 外部),如图 1-1 所示,每个部分之间均可相互通信。寄存器暂存指令和数据,CPU 中有许多不同类型的寄存器,它们各自拥有不同的功能;控制器根据指令和执行结果控制计算机(例如把内存中的指令和数据读入到寄存器、获取键盘等外部设备的输入等);运算器负责数据运算;时钟提供计时信号以保持各部件同步工作。

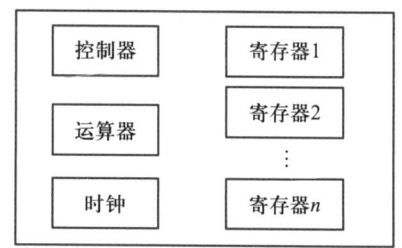

图 1-1 CPU 各部分示意图

1.2.2 内存

内存也称为主存储器或内存条,是通过硬件连接与 CPU 及外部存储设备(如硬盘)相连的重要部件。其核心功能在于存储指令与数据,并支持读写操作。需要注意的是,内存中的数据在断电后会丢失。

内存的最基础存储单元有两种状态:高电平和低电平,分别对应 0 和 1。这种存储单元被称为一位(bit)。8 位组合起来形成一个字节(byte),这是计算机存储数据的基础单位。存储容量常用的单位有 KB、MB、GB,其中 1 024 B 构成 1 KB,1 024 KB 构成 1 MB,以及 1 024 MB 构成 1 GB。

每个字节的存储单元都配有一个二进制编码来标识它,这被称为地址码,简称地址。地址是一个固定不变的整数,而存储在该单元中的信息则可以更换。只需提供存储单元的地址,就能访问其中存储的信息。CPU 利用这些地址来定位内存中的特定位置,以读取或写入指令和数据。每个字节能够存储若干不同的数据,如图 1-2 所示。

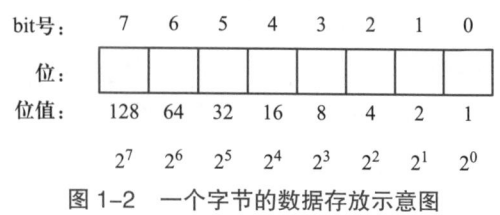

图 1-2 一个字节的数据存放示意图

1.2.3 程序执行过程

计算机直接处理由 0 和 1 组成的指令和数据。在启动过程中,控制器根据时钟信号指引,将硬盘中的程序加载到内存中。随后,内存中的指令和数据被读入 CPU 的寄存器。CPU 随后解释并执行这些指令,而运算器负责处理数据。根据运算结果,控制器指导后续的操作流程。程序的执行过程如图 1-3 所示。

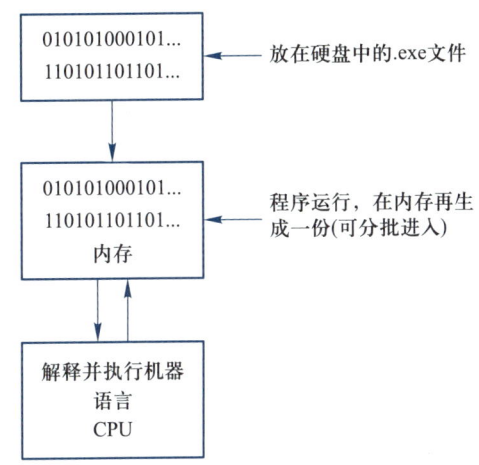

图 1-3 程序执行流程图

1.3 计算机语言的分类

在早期,计算机编程主要采用机器语言,即可被计算机直接执行的机器指令。这种语言能被计算机直接解析,但编程过程烦琐且容易出错。

为了简化机器语言编程,开发者引入了汇编语言,该语言使用助记符来代替机器指令。汇编语言以符号化的形式表达指令和数据,例如使用 add 表示加法指令,使用 load 表示加载二进制数据。尽管汇编语言比机器语言更易于理解和编程,但它仍需转换为二进制文件,以便计算机执行。

微视频 1-2:计算机语言的分类

计算机只能识别机器语言,因此用汇编语言编写的程序必须被转换成机器语言。这一转换工作由汇编器完成,它自动将符号化的汇编语言程序翻译成机器语言的目标程序,从而实现程序设计的部分自动化。

以计算表达式 y=ax+b-c 为例,来阐释汇编语言与机器语言之间的关系。解决这个问题的每个步骤都对应一条基本操作指令,组成了一个简单的计算程序。计算机需要将程序和数据按照地址顺序存储,并按顺序执行程序的指令。相关示例如表 1-1 所示。

表 1-1 计算 y=ax+b-c 的程序

指令地址	指令		指令操作内容	说明
	操作码	地址码		
1	取数	6	$(6) \rightarrow A$	存储器 6 号地址的数 a 放入运算器 A
2	乘法	9	$(A)*(9) \rightarrow A$	完成 a*x,结果保留在运算器 A
3	加法	7	$(A)+(7) \rightarrow A$	完成 ax+b,结果保留在运算器 A
4	减法	8	$(A)-(8) \rightarrow A$	完成 ax+b-c,结果保留在运算器 A
5	存数	10	$A \rightarrow 10$	运算器 A 中结果 y 送入存储器 10 号地址
数据地址	数据		说明	
6	a		数据 a 存放在 6 号单元	
7	b		数据 b 存放在 7 号单元	
8	c		数据 c 存放在 8 号单元	
9	x		数据 x 存放在 9 号单元	
10	y		数据 y 存放在 10 号单元	

根据表 1-1 的展示,每一条指令都需要明确指示控制器,从存储器的哪个单元获取数据以及执行何种操作。因此,指令主要由两部分构成:操作的性质和操作数的地址。其中,操作的性质由操作码表示,而操作数的地址则由地址码表示。操作码用于指明执行的操作类型,比如加法、减法、乘法、除法、数据获取和数据存储等;地址码则用于指定参与运算的数据应从存储器的哪个单元取出,或将运算结果存入哪个单元。无论是操作码还是地址码,它们都采用二进制代码进行编码。例如,如果有 6 种不同的指令,这些指令的操作码可以用 3 位的二进制代码来定义,如表 1-2 所示。按照这样的定义,指令的操作码部分可以转换为二进制代码。如果地址码部分和数据也转换为二进制,那么存储器中的全部内容将呈现为二进制代码,正如图 1-4 所展示的那样。

表 1-2　指令的操作码定义

指令	操作码
加法	001
减法	010
乘法	011
除法	100
取数	101
存数	110

一旦使用 0 和 1 来表示的指令被加载到主内存之后,CPU 就会通过解析这些指令来依次执行它们,直到程序停止,从而实现程序的自动化执行。然而,实际情况要复杂得多,会涉及更多的指令、电路和组件。为了完全理解这个过程,需要进行更深入的学习。

机器语言和汇编语言要求程序员具有较深的计算机硬件知识,因为这些语言与具体的机器特性高度相关。程序员必须了解硬件结构和工作原理,比如在执行加法运算时,需要知道 CPU 寄存器的细节和数据目的地的地址。对大多数人来说,这些要求相当高,且编程效率不是特别高。

因此,计算机界的先驱们着手创造了一种更接近人类自然语言、对计算机来说可接收、语义明确、规则清晰、直观自然且易于学习的计算机语言,这种语言被称为高级语言。与之相比,机器语言被称为低级语言。目前存在许多高级语言,如 C、C++、Java、Python、MATLAB、Go、R 等,都是广泛使用的高级语言。本书将介绍的 C 语言是其中最杰出的一种。

用高级语言编写的程序也不能被计算机直接执行。就像汇编语言需要经过汇编器的转换一样,高级语言的程序需要通过编译器或解释器转换成机器语言,这样计算机才能执行由高级语言编写的指令。源代码也就是未经编译或翻译的程序,是根据特定编程语言的规范编写的。通过编译或解释的过程,源代码被转换为机器语言程序,这样大大降低了编程的难度。图 1-5 展示了从用 C 语言编写的源代码到机器语言的转换过程。

使用 C 语言的编程人员可以专注于编程逻辑和方法,而将编程代码转换为机器可读形式的任务交由专业的编译器或解释器软件来完成。本书的核心内容正是教授读者如何使用 C 语言来编写程序。

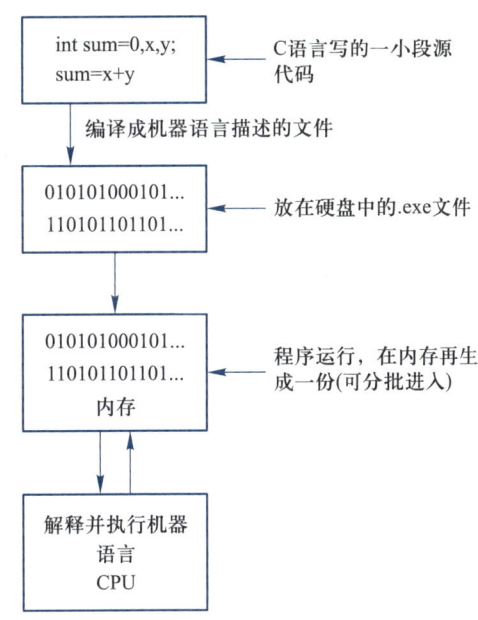

地址(二进制)	操作码	地址码
1(0001)	101	0110
2(0010)	011	1001
3(0011)	001	0111
4(0100)	010	1000
5(0101)	110	1010
6(0110)	a(二进制)	
7(0111)	b(二进制)	
8(1000)	c(二进制)	
9(1001)	x(二进制)	
10(1010)	y(二进制)	

图 1-4　指令和数据在存储器中的二进制存储 　　　　图 1-5　高级语言程序的执行流程图

1.4　C 语言简介

1970 年,美国贝尔实验室的肯·汤普森(Ken Thompson)以 BCPL(basic combined programming language,基本组合程序设计语言)为基础,设计并创造了一种简单且易于操控计算机硬件的高级语言,即 B 语言。接着,他利用 B 语言完成了一项具有深远影响的工作——编写了 UNIX 操作系统。

1971 年,丹尼斯·里奇(Dennis M. Ritchie),一位对编程充满热情的年轻人,当时的 UNIX 还相对原始,为了能更快地享受到自己喜爱的游戏,里奇加入了汤普森的开发团队,共同开发 UNIX。1972 年,他在 B 语言的基础上设计出了一种新的语言——C 语言。

C 语言编写的源代码具有跨平台的特性,只要为不同的计算机架构开发相应的编译器和特定的库,就可以将 C 语言编写的源代码编译和链接成二进制格式的可执行目标程序,在相应的计算机上运行。

1982 年,C 语言标准委员会成立,负责制定 C 语言的标准。1989 年,美国国家标准学会(ANSI)发布了第一套完整的 C 语言标准:ANSI X3.159-1989,通常称为"C89"或"ANSI C"。1990 年,这个标准被国际标准化组织(ISO)全面采纳,改名为 ISO/IEC 9899,也称为"C90"。到了 1999 年,ISO 在 C90 的基础上进行了一些修改,形成了新的 C 语言标准,命名为 ISO/IEC 9899∶1999,又称"C99"。2011 年 12 月 8 日,ISO 发布了又一次更新的标准,命名为 ISO/IEC 9899∶2011,也称"C11"。2017 年,ISO 再次发布了新标准,次年正式发布正式文档,命名为 ISO/IEC 9899∶2018,称为"C17"。

尽管现今计算机高级语言种类繁多,但 C 语言的使用者数量一直保持在前列,这充分证明了 C 语言的卓越特性。

1.5 进制间转换与数据存储

1.5.1 十进制数与二进制数的相互转换

由于计算机仅处理二进制数,所以我们就需要熟悉这种数制。各种进制的数都遵循"逢 N 进 1"的规则,这里的 N 是基数。例如,十进制的基数是 10,使用 0 到 9 这 10 个数字;二进制的基数是 2,仅使用数字 0 和 1。这种规则有助于我们理解如何将十进制数转换为二进制数。

对于 N 进制的数据,各个位上的数字表达的值也是不一样的。例如十进制中 11 这个数据,第 2 位(左边)的 1 表示的数值为 10^{2-1},而二进制数 11,第 2 位的 1 表示的值是 2^{2-1},所以进制不同,表示的数值是不一样的。对于 N 进制的整数数据,第 n 位上数字表示的值就是该位上的数字乘以 N^{n-1},对于小数,各位上的数字表示的值是 N^{-n}。这个"N 的次方"称为位权。例如,$11.01_{(2)} = 1 \times 2^1 + 1 \times 2^0 + 0 \times 2^{-1} + 1 \times 2^{-2} = 2 + 1 + 0 + 0.25 = 3.25_{(10)}$。

十进制数转换进二进制数的方法如下。

(1) 对于整数部分,采用除 2 取余法。这种方法就是对整数除以 2,得到商和余数,然后对商继续除以 2 得到商和余数,直到商为 0 为止,然后把余数按从后往前的顺序组成一个二进制数,这个二进制数就是该十进制整数的二进制表示。以下是十进制的 87 一直除以 2 的商和余数。

2	43	1
2	21	1
2	10	1
2	5	0
2	2	1
2	1	0
	0	1

最后一行商为 0,把余数从最后一个向前顺序排列形成二进制数,所以十进制数 87 的二进制数表示就是 1010111。

(2) 小数部分的转换。把十进制的小数部分乘以 2,然后取出整数部分,再把小数部分继续乘以 2,一直到小数部分为 0 为止,把取出的整数部分按先后顺序排序就形成一个二进制数序列,这就是十进制小数的二进制表示。

以下是十进制数 0.8125 转换成二进制形式,乘以 2 后取出的小数部分和整数部分。

$0.8125 \times 2 = 1.625 \rightarrow$ 取整数部分 1,剩余小数部分 0.625

$0.625 \times 2 = 1.25 \rightarrow$ 取整数部分 1,剩余小数部分 0.25

$0.25 \times 2 = 0.5 \rightarrow$ 取整数部分 0,剩余小数部分 0.5

$0.5 \times 2 = 1.0 \rightarrow$ 取整数部分 1,小数部分变为 0

十进制数 0.8125 的小数部分的二进制数就是 1101。综合整数部分,十进制数 87.8125 转换成的二进制数就是 1010111.1101。

二进制数据转换为十进制十分便捷,将二进制各位上的数乘以该位的位权即可。例如,二进制数 1010111.1101 转换为十进制是:

$$1\times2^6+0\times2^5+1\times2^4+0\times2^3+1\times2^2+1\times2^1+1\times2^0+1\times2^{-1}+1\times2^{-2}+0\times2^{-3}+1\times2^{-4}$$

结果就是 87.8125。

1.5.2　十进制数与八进制数、十六制数的相互转换

八进制数和十六进制数与十进制数之间的转换原理与之前描述的二进制数与十进制数之间的转换是相似的,主要区别在于基数的不同。对于八进制数,基数是 8;对于十六进制数,基数是 16。

特别需要注意的是,在十六进制数中,由于有 16 个不同的数值需要表示,所以除了 0 到 9 这 10 个数字外,还额外使用了 A 到 F 这 6 个字母来表示十进制数中的 10 到 15。例如,十进制数中的 12 在十六进制数中表示为 C,而 15 表示为 F。

在 C 语言中,表示十六进制数时应在前面加上 0x 前缀。比如,十六进制数 F5 应写为 0xF5。而表示八进制数时,则应在前面加上一个 0(零)。例如,八进制数 55 应写为 055。

由于篇幅限制,这部分内容不会做过多详细阐述,读者可以参考其他教材以加深理解。重要的一点是,虽然计算机内存中存储的数据是以二进制形式存在的,但在编写 C 程序时,数据可以用十进制数、八进制数或十六进制数来表示。

微视频 1–3:进制间转换与数据存储

1.5.3　数据存储

计算机存储器作为存储程序和数据的关键组成部分,分为主存储器(通常称为主存或内存)和辅助存储器(通常称为辅存或外存)。主存以及部分辅存的最小存储单元是由半导体电路构成的,能够存储一个电状态,表现为高电平或低电平,分别代表 1 或 0。与主存的暂存特性不同,辅存设备如机械硬盘利用磁性表面材料进行数据的长期存储,而固态硬盘则使用 Flash 芯片。这些辅存设备在断电后仍能保持数据,适合用于长期数据存储。

在计算机处理数据之前,需要确定数据在存储介质中的具体结构。尽管计算机处理的是二进制数,但这并不意味着所有数都可以直接转换为二进制后存储进计算机。例如,在处理负数时,需要特别考虑如何存储符号位;而对于小数(即浮点数),则需确定如何表示小数点,因为这些都不是简单的 0 或 1。此外,还有一个关键的考虑是确定存储一个整数或浮点数需要占用多少字节的存储空间。下面将具体介绍整数和浮点数在计算机中的存储方式。

(1) 整数的存储。在计算机中,整数通常通过一种称为二进制补码的编码方式进行存储。在计算机领域有三种非常著名的编码方式:原码、反码和补码,它们的主要作用是将数值以二进制的形式存储在计算机中,以便于保存和处理。

原码:是指将一个数值的符号位加上该数值的绝对值的二进制表示。一般约定最高位的一个比特位(bit)用来表示符号,其余各位表示数值。如果是负数,符号位为 1;如果是正数,则符号位为 0。例如,整数 5 若用 16 位(2 个字节)的空间来存储,则其原码表示为 00000000

00000101,而 –5 的原码则为 10000000 00000101。

　　反码:正数的反码与其原码相同,而负数的反码是在其原码的基础上,保持符号位不变,其余各位取反(即 0 变为 1,1 变为 0)得到的编码。例如,–5 的反码是 11111111 11111010。

　　补码:正数的补码与其原码相同,负数的补码则是其反码加 1。例如,–5 的补码是 11111111 11111011。需要特别说明的是,"–0"在补码表示中实际上表示的是 $–2^{N-1}$(N 为存储空间的比特数)。例如,若一个整数用 16 位来存储,则"–0"表示的数值为 –32 768。这里由于篇幅所限,具体原理不再详细说明,建议读者参考相关资料。

　　因此,如果使用 2 个字节(16 位)来存储一个整数,其表示范围为 –32 768 到 32 767。

　　在计算机中,使用补码来表示带符号的整数确实是一种非常高效的方法。补码的一个主要优点是它能够简化加法和减法的运算过程,因为减法可以重新表述为补码的加法。这意味着计算机可以使用同一个加法器硬件来执行这两种运算,从而无须为每种运算设计专门的硬件。以 16 位系统为例,我们来看一下如何使用补码来计算 8 减去 5。

　　表示正数:正数的补码与其原码相同。因此,数字 8 的补码就是它自己,即 00000000 00001000。

　　表示负数:负数的补码是其绝对值原码逐位取反(按位取反)后加 1。因此,–5 的原码是 00000000 00000101,取反后变为 11111111 11111010,再加 1 得到补码 11111111 11111011。

　　进行加法运算:将 8 的补码(00000000 00001000)与 –5 的补码(11111111 11111011)相加。

　　计算结果:加法的结果是 1 00000000 00000011。由于结果超出了 16 位的范围,最高位的进位(1)被舍弃,最终结果变为 00000000 00000011,这是数字 3 的补码,也正是我们的预期结果。

　　通过这种方式,计算机能够有效地使用单一的加法器来处理加法和减法运算,显著提高了硬件的效率和计算速度。这就是补码在计算机系统中广泛使用的主要原因之一。

　　(2) 小数(浮点数)的存储。小数可以用指数计数法表示成 $M×10^N$,但指数计数法表示一个具体的数时,M 和 N 是可以变动的,如 32.5 可以写成 $3.25×10^1$,也可以写成 $0.325×10^2$。而计算机在存储小数时首先把浮点数转化为二进制数,然后统一成类似于指数计数法的形式,写成 $1.***×2^N$,注意是以 1 作为整数部分,以 2 为底。这里 N 称为指数,*** 为尾数。例如,87.8125 的二进制数是 1010111.1101,转换成指数形式且整数是 1 就是 $1.0101111101×2^6$(二进制数乘以 2,就是把小数点向后移一位,这与十进制数乘以 10,小数点向后移一位一致)。

　　计算机在存储浮点数时,采用三个部分来表示这个数:符号位、指数和尾数。符号位用于区分正负数,其中 0 代表正数,1 表示负数。指数部分和尾数部分共同决定了小数的精确值。由于每个浮点数的整数部分默认为 1,因此不需要单独存储。以 32 位二进制格式存储浮点数为例,最高的 1 位用于存储符号位,紧接着的 8 位存储指数值,而剩余的 23 位用于存储尾数。指数可能是正数也可能是负数,为了避免存储指数的符号,采用了移位存储的方式。具体来说,就是将实际的指数值加上 127 后存储。如图 1-6 所示,这种存储方式确保了在有限的位数内,能够表示尽可能广泛的数值范围。

　　例如,22.5,写成二进制数为 10110.1,转化成 $1.***×2^N$ 的形式就是 $1.01101×2^4$,指数部分存 4+127 的二进制数,即 10000011,尾数部分存 01101000 00000000 0000000。所以 22.5 的存储为:0 10000011 01101000 00000000 0000000。

符号位	指数部分	尾数部分
1 bit	8 bit	23 bit

图 1-6 浮点数的一种存储格式

如果用 64 个 bit 位来存储一个浮点数,一些系统将多出的位全部用来表示尾数部分,增加有效数字以提高精度;另一些系统把其中的一些位分配给指数部分,以容纳更大的指数,从而增加可表示数的范围。图 1-7 给出了常用的一种存储格式。

符号位	指数部分	尾数部分
1 bit	11 bit	52 bit

图 1-7 常用的一种存储格式

1.6 什么是算法

算法一般描述为解决问题的确定性步骤和方法。算法一词最早出现在公元 825 年(我国唐朝时期)波斯数学家阿勒·花剌子密所写的《印度数字算术》中。如今普遍认可的算法定义是:算法是解决特定问题求解步骤的描述,在计算机中表现为解决问题的有限指令序列,并且每条指令表示一个或多个操作。算法具有 5 个特征。

微视频 1-4:算法及算法的描述工具

(1) 有穷性(finiteness):指算法必须能在执行有限个步骤之后终止。

(2) 确切性(definiteness):算法的每一步骤必须有确切的定义。

(3) 输入项(input):一个算法应有 0 个或多个输入,0 个输入是指算法本身定出了初始条件。

(4) 输出项(output):一个算法有一个或多个输出,没有输出的算法是无意义的。

(5) 有效性(effectiveness):算法中执行的任何计算步骤都可以被分解为基本的可执行的操作步骤,即每个计算步骤都可以在有限时间内完成。

针对同一个问题可以有不同的算法,即不同的解决问题的确定性步骤,反映到计算机中就是有不同的符合算法上述 5 个特征的指令序列。

例如,计算 $1+2+\cdots+n$,可以有这样的算法步骤。

Step 1 : sum = 0, i = 1 ;

Step 2 : sum = sum + i, i = i + 1 ;

Step 3 : 如果 i 大于 n, 返回 Step 2, 否则输出 sum,并结束。

这就是对这个问题的一个算法描述,该算法步骤满足上述 5 个特征。另外,可以直接用等差数列求和公式直接计算出来:sum = n×(n-1)/2,这也是一个算法。

正规描述一个算法,给出它的具体步骤,常用自然语言描述、结构化流程图描述、伪代码描述等方法。

(1) 用自然语言描述算法。自然语言就是人们日常使用的语言,可以是汉语或英语或其他语言。用自然语言描述算法通俗易懂,但文字冗长,容易出现"歧义性"。例如,求 200 ~ 500 能被 5 整除的数,用自然语言描述解决这一问题的算法可写为:

Step 1 :I = 200。

Step 2 :如果 I 能被 5 整除,输出 I。

Step 3 :I = I + 1。

Step 4 :如果 I 小于等于 500,返回 Stpe 2,否则结束。

(2) 用结构化流程图描述算法。ANSI(American National Standard Institute,美国国家标准化协会)规定了一些常用的流程图符号,如图 1-8 所示。

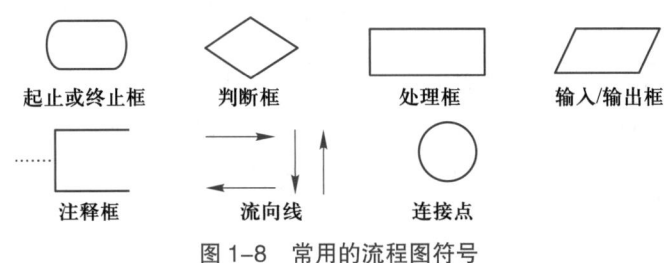

图 1-8   常用的流程图符号

还以"求 200 ~ 500 能被 5 整除的数"这个问题为例,用结构化流程图描述的算法如图 1-9 所示。

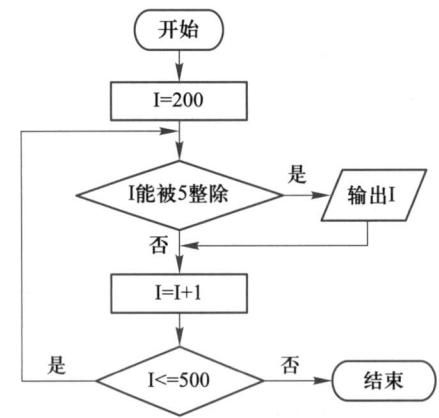

图 1-9   求 200 ~ 500 能被 5 整除的数的结构化流程图

结构化流程图的优点是过程清晰,不依赖于计算机语言,缺点是绘制耗时耗力,且不易阅读和修改。

(3) 用伪代码描述算法。伪代码是一种非正式的、类似于英语结构的语言。用它描述算法的优点是书写方便,结构紧凑,易于阅读和修改,缺点是伪代码难以统一。仍以"求 200 ~ 500 能被 5 整除的数"为例,用伪代码来描述这个算法如下。

```
Intput I=200
Do while(I<=500)
    if I%5==0
        output I
    I=I+1
loop
```

总之,以上描述算法的方法各有特点,可以依据使用情境自由选择。

1.7　C 语言源代码及开发环境介绍

微视频 1-5 :C 语言代码介绍及应用

1.7.1　C 语言源代码介绍

C 语言程序通常以 main 函数作为程序的入口点。每个可执行的 C 程序都必须包含一个 main 函数,它是程序执行的起点。在某些特殊情况下可以不包含 main 函数,但这需要特殊的处理,并且不是标准的做法。对于学习和大多数实际应用来说,main 函数是必需的。下面是一个非常简单的 C 语言源代码。

```
/*
  一个简单的 C 语言源代码,用于计算并输出两个数的和。
*/
#include <stdio.h>
int main(void)
{
    int sum=0,a=3,b=4;        //定义变量
    sum=a+b;
    printf("sum=%d",sum);     //输出 a、b 的和
    return 0;
}
```

源代码中如"// 文本"是行注释,"/* 文本 */"用于一行或多行注释。注释是对代码的解释和说明,其目的是让阅读代码的人能够更方便地理解代码,并不参与代码的执行过程。#include <stdio.h> 是一个预处理指令,它告诉编译器包含标准输入输出库,对于使用 printf 或其他标准 I/O 函数是必要的。

因为计算机不能直接执行这段源代码,因此要先对它进行编译,让它变成机器语言。上面这段程序代码编译完成后执行,计算机输出:

```
sum=7。
```

那么,在哪里写源代码,又如何进行编译,出现错误如何修改,又如何执行编写的程序呢?具体参阅与本书配套的《C 语言程序设计实验教程》第 1 章。

1.7.2　开发环境介绍

一种能用于 C 语言的集成开发环境软件可以解决上述问题。能用于 C 语言的集成开发环境软件比较多,早期版本如 Turb C、VC++6.0,现在通常用的有 Dev C++ 、VS2010、C-free、

C4droid（Android 系统手机版）等，它们都带相应的编译器，可利用它们进行源代码编写、编译、调试等开发软件工作。要使用这种开发环境软件首先要安装它，安装完成后才能使用，具体可参考实验教材。

1.8　学习 C 语言

1.8.1　为什么要学习 C 语言

总体来讲，计算机语言是一种解决问题的工具。C 语言是计算机界公认的优秀语言之一，C 语言本身逻辑性强，科学严谨，非常灵活且效率高，还可以方便操纵计算机硬件，有其他高级语言不可替代的优势。

学习 C 语言还可以为学习其他高级语言打下基础，如 C++、C#、Java、Python 这些目前在计算机界比较受欢迎的语言都与 C 语言有着密切的关系。C 语言大部分的语法和思想都在 C++、C#、Java 和 Python 中得到了继承，所以学好 C 语言会使得今后对这些语言的掌握变得容易且快速。以 Java 为例，尽管它没有使用 C 语言中的"指针"概念，但 Java 中的"引用"仍需要对指针有深入的了解才能真正掌握。学习 C 语言还可以培养我们的编程思维和计算思维。具备扎实的 C 语言基础会使学习其他高级编程语言变得更为轻松。但需要明确的是，这种深厚的基础需要持续的努力，而不是一蹴而就。C 语言的应用范围非常广，它是计算机硬件设计与开发、软件开发等各个方面都受欢迎的工具。下面列出 C 语言在几个方面的应用。

（1）公众经常接触到的计算机操作系统如 UNIX、Linux、Windows 都是用 C 语言开发的。很多计算机高级语言本身也是用 C 语言开发出来的，如 CPython。我们国家现在还缺少这样的成果，C 语言作为一种优秀的工具，可以为更多优秀高级语言的出现带来方便。

（2）C 语言经常用于编写硬件的驱动程序（硬件设备要能完成相应功能，需要软件的配合才能起作用）。

（3）C 语言是许多软件的开发语言。如许多大型数据库软件（SQL Server、MySQL）以及一些应用软件（WPS、Photoshop）都是基于 C 语言进行编写的。例如，当单击 WPS 中的"保存"按钮去保存文件时，计算机是如何完成保存操作的？不同类型的数据（如文本、图片、表格）是如何进行格式处理的？这些内容又是通过什么方式存储的？这些底层操作都是由 C 语言实现的。再例如在 Photoshop 中只需简单单击鼠标就可以实现的相应功能，也是由 C 语言编写的程序去实现的。

（4）利用 C 语言可编写游戏程序，如反恐精英的游戏引擎全部是由 C 语言写出的。

（5）C 语言可以应用到嵌入式开发，目前可以理解为在芯片上写程序，例如在单片机和 ARM 上进行的开发等。例如大家经常接触到的冰箱和洗衣机上的控制设备、摄像机上的视频压缩设备、手机上的视频解码芯片等，这些设备中的程序绝大多数都用 C 语言编写。

一门计算机高级语言都有其独到的功能和不足之处，C 语言优点很多，但不善于编写漂亮的软件界面。C 语言初学者，经常会因为 C 语言不能很好地写出漂亮的界面而失去学习热情，这一般都是因为把编程的概念狭窄化了，认为编程的目标就是写出能为用户提供可操作界面的应用程序,往往没有考虑到,这些界面是如何用代码写出来的,当中又与 C 语言有何关系。例如大家上网时,在浏览器界面中,鼠标移动、移动到哪里,滚动条移动时部分文字的出现和消失等这些都有 C 语言的背景。因此,C 语言在一些可视化编程上并不强,但很多有强大界面功能的软件都有 C 语言的功劳。

1.8.2　如何学习 C 语言

学习 C 语言是一个长期的过程,要达到精通水平需要大量的学习和实践。除了 C 语言本身的知识,还需掌握其他相关知识。对于初学者来说,建议关注以下几个方面。

(1) 理解基本概念:首先,弄清楚 C 语言的基础概念,如变量、数据类型、运算符、控制结构、指针、函数等。

(2) 逐步学习:不要急于一次学会所有内容。从基础开始,逐步增加难度。

(3) 实践为主:在 C 语言学习中,动手实践尤为重要。通过编写、调试和运行代码,可以更好地理解理论知识,了解如何使用调试工具找出代码中的错误。

(4) 理解代码而非背诵:理解代码的工作原理比单纯记住代码更为重要。尝试修改和实验不同的代码段,看看会发生什么。

(5) 阅读优秀的代码:通过阅读经验丰富的程序员编写的代码,可以学习到编码的最佳实践和技巧。

(6) 不断挑战自己:尝试解决越来越复杂的问题,这不仅会增强你的编程技巧,还会提高解决问题的能力。

(7) 加入社区:加入 C 语言论坛或社区,与其他学习者和专家交流。这可以让你在遇到困难时获得帮助,并保持学习的动力。

(8) 保持耐心和毅力:学习编程可能会有挫折感,重要的是保持耐心,不断尝试。

(9) 理解计算机科学的基本原理:虽然 C 语言是一门编程语言,但了解一些基本的计算机科学概念,如算法和数据结构,会非常有帮助。

本章讲述了学习 C 语言时应了解的一些基本概念,给出了学习 C 语言的原因和一些建议。

习　题

1. 机器语言与高级语言的区别是什么?
2. 给出整数 −219 的原码、反码和补码。
3. 把十进制数 230 分别转换成二进制数、八进制数和十六进制数。
4. 把十进制数 59 转换成五进制数。
5. 请描述十进制小数 12.125 在计算机内存中的一种二进制存储表示形式。
6. 写出高级语言程序代码到计算机可执行程序的大致过程。

在计算机科学中，计算机数据是指所有能输入到计算机并被计算机程序处理的符号的介质的总称，是用于输入电子计算机进行处理，具有一定意义的数字、字母、符号等的通称。因此，从键盘输入的数字、字母和文字，用耳麦、照相机、摄像头等输入设备输入计算机的声音、照片和视频都是数据，并以二进制的方式存入计算机存储器中。在 C 语言中，数据被分为不同的类型，且每种数据类型占用的存储空间大小和格式都有所不同。因此，数据类型不仅决定了如何解读存储空间中的 0-1 序列，还决定了数据的范围。运算符则定义了对数据的具体操作。而表达式将各种数据组合在一起，展示了在运算中数据值的变化，同时指出了特定的数据对象或函数。本章将对这些内容进行重点讨论。

2.1 常量与变量

微视频 2-1：对象、常量与变量及数据类型

在 C 语言编程中，理解常量和变量的概念是基本而且至关重要的。它们是构建任何 C 程序的基础。

（1）变量（variable）：变量是用于存储数据的内存位置。它们指定的数据类型，如整数、浮点数或字符，决定了可以存储哪种数据。变量的值是可变的，意味着在程序执行过程中可以改变。

变量名称必须遵循特定的命名规则。① 变量名应由英文字母（A～Z,a～z）、数字（0～9）或下画线组成，且只能由字母和下画线开头；② 变量名不能与 C 语言中已存在的关键字（C 语言规定的具有特定意义的字符串）相同。

如 x3 和 _zhang 作为变量名是合法的，4x、&y、"score 和 int 是非法的，因为 4x 由数字开头，&y 和 "score 由 &、" 开头，不是英文字母、数字和下画线三种中的任何一种，最后 int 是 C 语言所用的关键字。

C 语言区分大小写，如 Score 和 score 是两个不同的变量名。给变量命名时，尽量使用有意义的名称。如表示成绩的变量名，使用 score 比使用 x 合适。如果变量名不能清楚地表达其用途，要用注释加以说明。在实际工程应用中，企业实体一般有更加严格的内部统一规范，如华为公司就有自己 C 语言方面的编程规范。

（2）常量（Constant）：常量是在程序执行过程中其值保持不变的量。常见的常量类型包括整数、浮点数、字符和字符串，例如 5、3.14、'a' 和 "China"。一旦定义，常量的值就不能被更改，尝试修改会导致编译错误。

简而言之，变量是程序中可以改变的数据存储位置，而常量是一旦设置便不可改变的固定值。

2.2 数据类型

在 C 语言中,数据类型分为算术类型、派生类型和 void 型三大类。每种类型通过特定的关键字进行区分,具体包括整数类型、浮点类型、字符类型等。图 2-1 详细展示了这些数据类型的分类。

其中,算术类型与指针类型统称为标量类型。数组及结构体类型统称为聚合类型。整型、char 型、浮点类型统称为基本数据类型。

用于指定基本数据类型的关键字有 int、long、short、unsigned、signed、char、float、double、void。

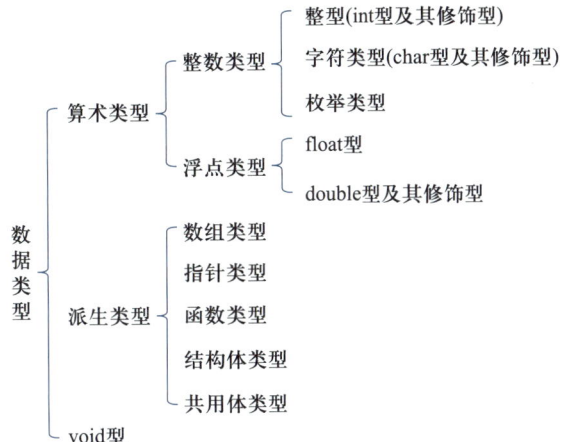

图 2-1　C 语言数据类型分类示意图

本章只介绍基本数据类型和 void 型,内容包括:基本数据类型变量的定义、初始化、存储空间分配,常量表示以及此类对象的输入和输出,void 型的性质和特点等。

微视频 2-2:整型

2.3 整型

整数类型的数据都可用整数表示。其中整型又分为 int 型和 int 型的修饰型。int 型的修饰型是指通过 long、short、unsigned、signed 关键字修饰 int 后形成的不同整型。本节先介绍 int 型变量的定义、初始化、输入与输出,然后以此为基础介绍它的修饰型。

2.3.1　int 型变量

在 C 语言中,要使用一个变量,必须先定义,后使用。定义变量的最基本格式为"数据类型 变量列表 ;"。int 型数据可以表示正整数、负整数或 0。例如:

```
int id;
int age, height, weight;
```

这里定义了 4 个 int 型的变量:id,age,height 和 weight。当变量被定义后,编译系统会根据指定的数据类型为它们分配内存空间。这些空间通常在主存中分配,并且每个变量的地址以其分配内存的最低字节地址表示。

内存空间的具体大小和布局由编译器决定,但 C 标准规定了最小的空间要求。以 int 型变量通常被分配 4 个字节的内存空间为例[1],变量 age 在内存中的分配可能如图 2-2 所示。需

---

[1]　int 型数据在不同的编译系统中被分配的字节数不一样,如不作特别说明,本书一律用 4 个字节,指针用 8 个字节。

要注意的是,这里的地址仅为示例,实际地址由编译器确定。

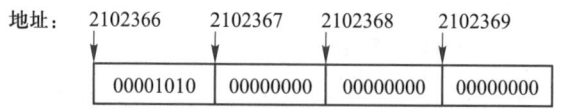

图 2-2　int 型变量 age 所分配的空间

age 变量的地址为 2102366,假如 age 赋值为 10,则 10 就以二进制的形式存放在这 4 个字节中。其实二进制数据有两种不同的存放方法,第一种是数据的低字节存放在内存的低地址处,高字节存放在高地址处,称为小端字节序;第二种是低字节存放在内存的高地址处,称为大端字节序。一般来说,通用桌面处理器和手机处理器是小端字节序,通信设备方面的处理器是大端字节序。图 2-2 中就是小端字节序。

变量分配的空间中存入的数据变了,变量的值也就变了,所以变量名只是存放数据空间区域的一个名称而已。由于编译器给 int 型的数据规定字节数,因此 int 型数据能存放值的大小就确定了。例如用 4 个字节存放一个 int 型数据,那么除去一个最高位放正负符号外,有 31 个 bit 来存放数据,所以它的数据范围就是 $-2^{31} \sim 2^{31}-1$。

2.3.2　int 型变量的初始化及赋值

在 C 语言中,定义变量时,编译器会根据变量类型为其分配内存空间。初始时,这个空间中的值是不确定的。要为变量赋予特定值,通常有以下 4 种方法。

(1) 定义并同时初始化:在定义变量的同时赋值,例如 int age=10;。这里,编译器为 age 分配空间并存入值 10。在 C 语言中,"="表示赋值,而非数学中的等于。初始化是在变量创建时立即给其赋值。

(2) 直接赋值:先定义变量,然后使用"="进行赋值,例如:

```
int age, id;
age = 10;
id = 29;
```

这里 10 和 29 被分别赋给变量 age 和 id。

(3) 使用其他变量赋值:可以通过已有的变量给新变量赋值,例如:

```
int id = 10;
int age;
age = id;
```

这里变量 age 的值被赋成 10。

(4) 通过输入获取值:使用 scanf 函数从键盘读取值,例如:

```
int age;
scanf("%d", &age);
```

&是取地址运算符,用于获取变量的内存地址;%d是格式控制符,表示输入的数据应解释为整型(int)。以图2-2为例,&age的值就是2102366,%d是格式控制符(严格来说,%是格式说明符,d是格式符。本书为说明方便,把两者合起来称为格式控制符),scanf("%d",&age)表达的意思是从键盘获取到的数据解释成int型存放在地址2102366起始的字节空间中(一般为4个字节)。

例2.1 定义两个变量,并对它们进行初始化,然后把一个变量的值赋给另一个变量,并输出两个变量的值。

```c
#include<stdio.h>
int main(void)
{
    int age = 0, id = 10;      //定义变量age和id,并初始化age为0,id为10
    age = id;                  //把id的值赋给age
    printf("%d,%d\n",age,id);  //向命令窗口中输出age和id的值
    return 0;
}
```

把上述代码输入编译系统软件中,保存为一个 .c 文件,并编译运行。

整个代码执行的结果为:10,10✔

其中,✔表示换行,即显示器中的光标跳转到下一行。本书后面不做特别说明,都这样表示。这个换行是字符 '\n' 的作用。

在C语言中,程序的执行始于main函数,并按顺序执行该函数内的所有代码,直到全部完成,从而结束整个程序。代码示例2.1的执行过程如下。

(1)定义并初始化两个变量age和id。

```c
int age = 0, id = 10;
```

编译器为age和id分配内存空间,并分别把0和10赋给这两个变量的内存空间。如图2-3所示(这里的地址值是假设的,参考1.2.2节地址的概念),图中一个长方格表示4个字节,数据以十六进制数表示。

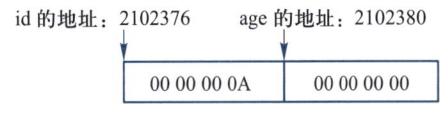

图2-3　变量age、id的空间及存放的值

(2)执行age=id;。把id的值赋给age,age内存中的数据就变为10。

(3)执行printf("%d,%d\n",age,id);。把age和id变量的值输出到显示器上,这将在控制台输出10,10,后面跟着一个换行符。在C语言中,换行符 '\n' 用于在控制台输出中换行。

(4)执行return 0;,整个程序执行完毕。

例2.2 用scanf函数为一个变量输入值。

```c
#include<stdio.h>
int main(void)
```

```
{
    int age = 0;                // 定义变量 age,并初始化为 0
    scanf("%d",&age);           // 从命令窗口获得一个 int 型数据,并存
                                // 放在 age 变量所在的内存空间中
    printf("%d \n",age);        // 从命令窗口中输出 age 的值
return 0;
}
```

此例中,还是先执行 int age=0;,为变量 age 分配内存空间并把它的值初始化为 0,然后执行第二句 scanf("%d",&age);。

在命令窗口中,输入一个整数,例如输入 10,然后按回车键,则整数 10 被 scanf 放到 age 所在的空间中,因此 age 的值就改为 10。代码继续执行 printf 语句输出变量 age 的值。最后执行 return 0;,程序执行完毕。以下是代码执行结果(↵表示回车键,本书都这样表示)。

```
10 ↵
10 ↙
```

2.3.3   int 型变量的输出

在上一小节的两个例题中,都用到了 printf 函数,这是一种标准的库函数,用于在屏幕上输出格式化的文本。printf 是 print formatted 的缩写,定义在 stdio.h 头文件中,意味着它可以输出各种类型的数据,并按照指定的格式显示。printf 函数的基本语法如下:

```
printf("format string", argument_list);
```

format string:这是一个字符串,包含文本、格式控制符和转义序列。格式控制符以 % 符号开始,用于指定如何显示变量或表达式的值。表 2-1 列出了 int 型数据的格式控制符及功能。

argument_list:这是与格式字符串中的格式控制符相对应的变量或表达式列表,其值对应放置于格式字符串格式控制符所在位置。

表 2-1   int 型数据的格式控制符及功能

格式控制符	描述
%d	把输出数据解释为有符号十进制整数
%i	把输出数据解释为有符号十进制整数
%o	把输出数据解释为有符号八进制整数
%x	把输出数据解释为无符号十六进制整数
%X	把输出数据解释为无符号十六进制整数

例如 printf("%d,%d\n",age,id);,%d 是格式控制符,双引号 "" 里面是格式字符串,即要输出的内容。在格式字符串中,除了格式控制符外,其他均按原字符输出,格式控制符 %d 处按顺

序用表达式列表的值替换,如图 2-4 所示。

双引号中有两个 %d 顺序对应 age 和 id 的值分别是 10,20,执行时,第一个格式控制符 %d 与 age 对应,那么把 age 的值以十进制形式输出,第一个 %d 后面的",",按原样式输出,第二个格式控制符 %d,对应的

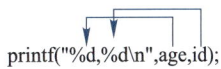

图 2-4　格式符与变量的对应关系图

是 id,所以把 id 的值以十进制形式输出,最后一个字符 \n,在 C 语言中表示换行符,也输出到命令窗口。换行符输出后光标移动到下一行,所以 printf("%d,%d\n",age,id); 执行的最后结果是:

　10,20✓

再如 printf("age=%d,id=%o\n",age,id);,输出结果为 age=10,id=24✓。注意到"age=, id="都是原样式输出,当然还包括换行符。

格式控制符还有另一种功能,就是把数据解释成什么形式输出,例如这里的 %d 就是把数据解释成十进制形式输出,如果用 %o,就是把数据解释成八进制形式输出。

例如,如果把 printf("%d,%d\n",age,id); 写成 printf("%o ,%o\n",age,id);,虽然 age 和 id 的值为十进制数 10 和 20,但执行这条语句时,输出的结果是 12,24✓。这里的 12 和 24 就是十进制数 10 和 20 的八进制表示。

2.3.4　int 型的修饰类型

C 语言使用关键字 short、long 和 unsigned 来修饰 int,从而定义不同的整数类型。这些类型的主要区别在于它们占用的存储空间和能表示的数值范围。

(1) short int(简写为 short)通常用于存储较小的整数,以节约内存。它是有符号的,至少占 16 位。

(2) long int(简写为 long)用于较大的整数,至少占 32 位。例如,83L 表示 long 型常量。

(3) long long int(简写为 long long)至少占 64 位,适用于非常大的整数。例如,83LL 表示 long long 型常量。

(4) unsigned int(简写为 unsigned)表示非负整数,范围是正数的两倍。例如,16 位的 unsigned int 范围是 0 到 65 535。

(5) unsigned long int(简写为 unsigned long)存储更大范围的非负整数。

(6) unsigned short int(简写为 unsigned short)存储较小范围的非负整数。

(7) unsigned long long int 存储最大范围的非负整数。

C 语言规定 long 类型的内存占用应大于 short 类型,而 int 类型的存储位数要么与 long 相同,要么与 short 相同。不同编译器可能为整型数据分配不同大小的内存空间。

int 类型默认为有符号,可用 signed int 显式表示。另外,size_t 是表示整数对象最大字节宽度的无符号整数类型,用于编程方便。在 64 位系统中通常是 unsigned long long int,而在 32 位系统中通常是 unsigned long int。

2.3.5　输出 int 型的修饰类型数据

对于 int 型的修饰类型数据,可以使用一些修饰格式控制符来输出这些数据,具体如表 2-2 所示。

表 2-2　int 型的修饰类型数据的输出格式控制符及功能

格式控制符	描述
%ld	输出为有符号十进制 long 型
%lld	输出为有符号十进制的 long long 整数
%u	输出为十进制无符号整数
%h 或 %hd	输出为十进制 short 整数

更复杂的情况可以与前面的格式控制符结合起来,例如输出 unsigned long 型,用 %lu;输出 unsigned short 型,用 %hu;输出八进制,用 %huo。

格式控制符中的 % 后面写入整型数据,用于指定输出值占用的输出宽度,正整数右对齐,负整数左对齐。例如,%10d 表示它对应的值输出时要占 10 个空格的宽度,且右对齐输出。

例 2.3　格式控制符中指定输出变量占用的宽度。

```
#include<stdio.h>
int main(void)
{
    long x=10L,y=20L,z=30L;  // x,y,z 为 long 型变量,进行了初始化,后加 L
    printf("\nx=%10ld,y=%10ld,z=%10ld\n",x,y,z);
}
```

输出如图 2-5 所示,变量 x,y,z 分别占据 10 个空格宽度,因为其值只有两位,所以前面留有 8 个空格,称为右对齐。

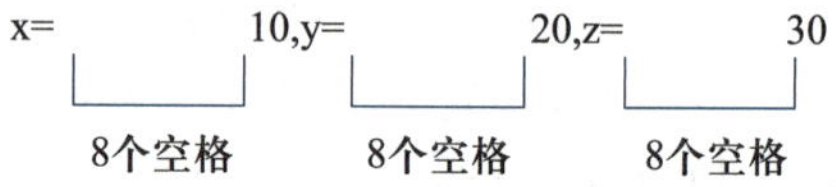

如果需要左对齐,只需要在格式控制符中的整数前加 "-"。

x=　　　　　　10,y=　　　　　　20,z=　　　　　　30

8个空格　　　8个空格　　　8个空格

图 2-5　格式符加整数输出的右对齐效果

例 2.4　格式控制符中指定输出变量左对齐。

```
#include<stdio.h>
int main(void)
{
    long x=10L,y=20L,z=30L;
    printf("\nx=%-10ld,y=%-10ld,z=%-10ld\n",x,y,z);
}
```

显示结果如图 2-6 所示。

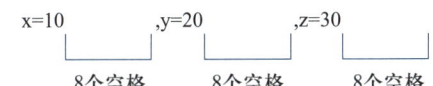

图 2-6　格式符加负整数输出的左对齐效果

微视频 2-3：字符类型

2.4 字符类型

在 C 语言中,字符类型是通过 char 关键字来定义的,用于存储单个字符,如字母、数字或其他符号。char 型变量通常占用 1 个字节(8 位)的内存空间,可以表示 256 种不同的值。这些值可以是标准的 ASCII 字符集中的字符,或者是依赖于系统的特定字符编码。

C 语言还提供了扩展的字符类型,如 unsigned char 和 signed char。unsigned char 表示的是无符号字符,其值范围通常是 0 到 255;而 signed char 表示的是有符号字符,其值范围通常是 −128 到 127,具体取决于系统和编译器的实现。

字符常量在 C 语言中用单引号表示,例如 'A'、'9' 或 '\n'(换行符)。字符变量可以用来存储这些常量,或者通过字符编码来赋值。

实际上,char 类型数据不是直接存储字符本身,因为字符不是二进制数据,因此,每个字符被分配一个唯一的数字编码。这些编码转换为二进制数据后,字符即可存储在计算机中。最常见的编码是 ASCII 码(American Standard Code for Information Interchange,美国信息交换标准代码),ASCII 表见附录 A,它涵盖了 128 个不同的字符(编码范围 0 ~ 127)。在 7 位就能表示完这些字符的情况下,若使用 1 字节存储,则最高位保持为 0,因此一个字符只占一个字节的内存空间。

例如,在 ASCII 码中,大写字母 A 的编码是 65,B 是 66,小写字母 a 是 97,而数字 1(作为字符)的编码是 49。因此,存储字母 A 实际上是将数字 65 的二进制形式存储到内存中。如果将数字 1 作为 char 类型处理,则存储的是数字 49 的二进制形式。

2.4.1 定义 char 型变量

定义 char 型变量的格式与 int 型变量类似。例如:

```
char ch;
char str, is_T;
```

与 int 型变量一样,定义 char 型变量时也可以对其进行初始化。例如:

```
char ch='A';
char str='1', is_T='T';
```

这里把 char 型变量 ch 初始化为字符 'A',把 str 初始化为字符 '1',把 is_T 初始化为字符 'T'。因为字符编码的原因,在初始化时,标准 ASCII 表中的字符也可以直接用其 ASCII 值对一个 char 型变量初始化。例如,char ch=65;,这相当于 char ch='A';。

char 型变量虽然只占一个字节的内存空间,但 char 型变量可以被看成是 int 型数据,所以可以把一个字符型数据直接赋值给一个 int 型变量,int 型变量的值就是该字符的 ASCII 值。例如 int x = '1';,则 x 的值就是 49。

2.4.2 转义字符

在 C 语言中,单引号主要用于表示可以直接显示的字符,例如字母、数字和标点符号。然而,ASCII 表中包含一些特殊的字符,这些字符无法通过普通的键盘输入来直接显示,比如退格符、蜂鸣符和换行符。此外,某些字符在 C 语言中有特殊的用途,例如双引号(")在 printf 函数中用于格式字符串。为了表示这些特殊字符,C 语言提供了以下两种方法。

(1) 使用 ASCII 码值:可以直接使用字符的 ASCII 码值来表示它们。例如,退出字符(ESC)的 ASCII 码值是 27,可以这样定义一个字符变量:char esc = 27;。这样定义后,esc 变量的值就是退出字符。

(2) 使用转义字符:C 语言定义了一系列的转义字符来表示这些特殊字符。这些被称为转义字符的符号通过在字符前加反斜线(\)来实现,例如使用 '\n' 来表示换行符,'\\' 来表示反斜线本身等,如表 2-3 所示。

表 2-3 转义字符及其表示的字符

转义序列	含义	ASCII 码值(十进制)
\a	响铃 (BEL)	007
\b	退格 (BS),将当前位置移到前一列	008
\f	换页 (FF),将当前位置移到下页开头	012
\n	换行 (LF),将当前位置移到下一行开头	010
\r	回车 (CR),将当前位置移到本行开头	013
\t	水平制表 (HT);跳到下一个 TAB 位置	009
\v	垂直制表 (VT)	011
\\	代表一个反斜线字符 \	092
\'	代表一个单引号(撇号)字符	039
\"	代表一个双引号字符	034
\?	代表一个问号	063
\0	空字符 (NULL)	000
\ddd	1 到 3 位八进制数所代表的任意字符	三位八进制
\xhh	十六进制所代表的任意字符	十六进制

除了特定字符的转义字符之外,还用 "\" 后加八进制或十六进制数的格式表示字符。如样式 '\ddd',在 \ 后面接某个字符 ASCII 码的八进制值,可表示这个字符。例如字符 'A' 的 ASCII 码为 65,八进制为 101,则 '\101' 就表示大写字符 'A'。定义一个 char 型变量并初始化为 'A',可

以写成 char ch = '\101';。

同样,'\xhh' 是用十六进制的 ASCII 值来表示一个字符,它的意义与 '\ddd' 类似,只是数字 hh 是十六进制数,可以写多位数字,如写成 '\x0000F1'。

2.4.3 char 型的修饰类型及输出

有些编译器将 char 型确定为有符号类型,范围是 –128 ～ 127,但另一些编译器将 char 型确定为无符号类型,表示范围是 0 ～ 255。

char 型数据可以在 printf 中用格式控制符 %c 解释,输出字符,也可以用格式控制符 %d 解释,输出十进制 int 型,整数就是字符的 ASCII 码值。

■ **例2.5** 将一个字符数据以不同格式输出。

```
#include <stdio.h>
int main(void)
{
    char ch = 'A';
    printf("字符%c的ASCII值是%d\n",ch,ch);
}
```

运行后输出的结果为:

字符 A 的 ASCII 值是 65 ↙。

注意,printf(" 字符 %c 的 ASCII 值是 %d\n",ch,ch); 后面两个都是 ch,它在内存中是同一个整数值 65,但输出的样式完全不一样,前者是 A,后者是 65,这完全由格式控制符 %c 和 %d 解释决定。

char 型变量值可以用 scanf 进行输入,如 scanf("%c",&ch);,用 %c 时,要输入字符,也可以用 scanf("%d",&ch); 进行输入,此时要用字符的 ASCII 值。

■ **例2.6** 给一个字符变量输入数据,并输出该字符变量。

```
#include <stdio.h>
int main(void)
{
    char ch;
    scanf("%c",&ch);
    printf("%c\n",ch);
}
```

程序执行结果为:

a ↵

a ↙

2.4.4　字符串常量

在 char 型数据的基础之上,C 语言引入了字符串的概念,字符串是用双引号 "" 引起来的 0 个或多个字符系列。例如,下面都是合法的字符串。

```
"How do you do.","China ","a","$122.45\n ",""
```

字符串在存储空间中顺序存放字符串的每一个字符,编译系统会在末尾加上 '\0'。例如字符串 "China",编译系统会申请 6 个字节的空间存放它,存放的格式如图 2-7 所示,其中 6000、60005 为假设的内存地址。

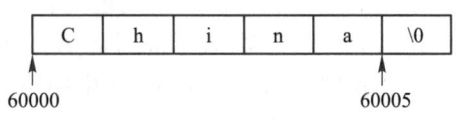

图 2-7　一个字符串的存储示意图

'\0' 是字符串结束的标识,如用 printf 函数输出字符串时,从字符串的第一个字符开始输出,直到遇到 '\0' 字符串就结束,且不输出 '\0'。如 printf("How do you do.");,输出的结果为:

```
How do you do.✓
printf("abc\0de");只输出 abc 三个字符,因为当输出到 c 后,遇到 '\0',表明字符串结束。
```

需要特别指出的是,不能直接将字符串常量赋值给 char 型变量,因为它们的数据类型不相同。在 C 语言中,一个字符串被视为一个独立的对象,而这个对象是通过其在内存中的首地址来标识的。例如,在赋值 char ch="China"; 中,实际上是尝试将字符串 "China" 在内存中的首地址赋给 ch 字符变量。以图 2-7 为参考,该地址为 60000。虽然这个地址看似一个整数,但实际上它是一个指针类型(这在第 6 章中有详细的解释),而非整数类型。因此,这样的赋值在编译时通常会引发类型不匹配的警告,并且其结果是错误的。

2.5　浮点类型

微视频 2-4:浮点类型和 void 类型

随着精度和存储数据范围的不同,C 语言定义的浮点类型关键字有 float (单精度)、double(双精度,精度比 float 高)和 long double 型(存储的数据范围比 double 大)。在 C99 标准之后,浮点类型又包含了复数类型,复数浮点类型数据的实部和虚部都是实数浮点类型。本书仅给出实数的浮点类型说明。

(1) float 型。C 语言规定,这种类型的数据至少能表示 6 位有效数字,且取值范围至少是 $10^{-37} \sim 10^{+37}$,具体有效数字位数和取值范围由编译器决定。这里的至少 6 位有效数字指的是有效数字位,而不是小数点后精确到 6 位,例如 123.456 789,至少是 123.456 这样的 6 位数,而不是一定要表达到小数点后 6 位的 123.456 789。

(2) double 型。C 语言规定,这种类型的数据至少能表示 10 位有效数字,这里有效位的意义与 float 型一样,10 位有效数字并不是小数点后 10 位。double 型的数据存储的宽度也随着系统的不同而不同,一般而言,在 64 位系统中,占用 64 个 bit 位。

(3) long double 型。C 语言只保证 long double 型至少与 double 型的精度相同,具体编译器可以设定更高。

　　浮点类型常量在源代码中通常有两种写法,一种是数学上的常用写法"整数部分 + 小数点 + 小数部分",例如 3.2、5.01 等。另一种是指数记数法,写成"MeN"的形式,表示数值为 $M \times 10^N$,如 0.32e2 表示 0.32×10^2。

　　浮点类型常量默认是 double 型,如果要作为 float 型,只需要在常量后面加 f,如 3.2f 就是让编译系统把 3.2 作为 float 型处理。如果要作为 long double 型,只需在常量后加 L,如 3.2L。

　　浮点类型变量的定义、初始化方式与整型变量相同,例如:

```
float x,z=2.0f;
double y=3.0;
double c=3e-10;
long double keshu=0.1L;
```

　　定义变量时,可以用 = 给变量赋初值。赋值时,整数类型数据可以赋给浮点类型变量。

例 2.7 浮点类型变量赋值实例。

```
#include <stdio.h>
int main(void)
{
    int x=3;
    float y=0,z=0;
    y=3.0f;
    z=x;
    x=y;    //这个会造成精度损失,编译时给出警告错误提示
}
```

　　浮点类型数据的输出格式控制符有多种,%f 表示输出 float 型的数值,%lf 表示输出 double 型的数值,%Lf 表示输出 long double 型的数值(有些编译系统,如 Dev C++,要在程序代码开始加 #define printf __mingw_printf)。%e 或 %E 以指数记数法输出,%Le 或 %LE,表示输出 long double 型数据。

　　输出的格式控制符可在 % 后面增加 m.n 形式的数字样式输出,m 表示整个浮点数输出占的空格数(包括小数点),n 表示小数部分占 n 个空格。在 m.n 前加 – 号表示左对齐,加上 + 或不加表示右对齐。

例 2.8 浮点类型数据输出实例。

```
#define printf   __mingw_printf
#include <stdio.h>
int main(void)
{
    float x=12.34567f;
    double z=3.44569;
    long double y=31.23e-1;        //用指数记数法表示,y 为 3.123
```

```
        printf("x=%10.2f\n",x);      //右对齐,总共占 10 个空格,小数部分占 2 个
        printf("z=%-10.2lf\n",z);    //左对齐,总共占 10 个空格,小数部分占 2 个
        printf("x=%e\n",x);
        printf("y=%Lf\n",y);
        printf("x=%15.4e\n",x);
        printf("z=%lf\n",z);
    }
```

运行程序后输出的结果如下:

```
x=       12.35
z=3.45
x=1.234567e+001
y=3.123000
x=      1.2346e+001
z=3.445690↙
```

浮点类型数据都有一定的范围,超过范围的数赋给变量会产生溢出,不正确。例如,在 Dev c++4.9.2 版系统中用 64 位 gcc 编译器执行:

```
float x=2.0e37*100;
printf("x=%f\n",x);
```

输出结果为 x = 1.#INF00↙,其中 INF 表示溢出。

数据范围根据系统和编译器的不同有所不同,因此在使用这些数据类型时,需要了解数据的取值范围。

2.6　void 型

void 型是一种无具体数据类型的类型,属于不完整对象类型。不能用 void 来定义变量,例如,void var_void,编译器会给出错误提示。

void 型是编程的抽象需要,并不存在这种类型的具体数据对象,但应用较为广泛,将在指针一章(第 6 章)中详细阐述,目前仅需了解:void 型是一种数据类型,但不能直接定义变量,也没有具体值(如果非要说有值,这个值是 nonexistent)。

2.7　运算符和表达式

运算符用于对操作数执行不同的运算,可以对一个以上(包括一个)操作数进行运算。C 语言提供的运算符有以下 13 类。

(1) 算术运算符（+、-、*、/、%、++、--）。

(2) 关系运算符（>、<、==、>=、<=、!=）。

(3) 逻辑运算符（!、&&、||）。

(4) 位运算符（<<、>>、~、|、∧、&）。

微视频 2-5：算术运算符及表达式

(5) 赋值运算符（=、+=、-=、*=、/=、%=、&=、^=、|=、<<=、>>=）。

(6) 条件运算符（?:）。

(7) 逗号运算符（,）。

(8) 指针运算符（*、&）。

(9) 求字节数运算符（sizeof）。

(10) 强制类型转换运算符（（类型））。

(11) 分量运算符（.、->）。

(12) 下标运算符（[ ]）。

(13) 其他（如函数调用运算符 ()）。

表达式是由一系列运算符（operators）和操作数（operands）组成的式子，它计算一个值、指定对象或函数、产生副作用。例如以下均是合法的表达式（变量都已正确定义）。

```
x
4.5
(20+x)/(y+z)
3>6
4+ printf("x=%f\n",x)
"China"+1
```

从上面的实例可以看到，一个常量或变量可以是一个表达式，一些表达式可以是多个表达式的组合，例如上面第 3 个表达式中的 (y+z)。这种表达式包含在整个表达式中，称为子表达式。设计表达式有以下 4 个意图。

(1) 计算表达式的值。一个表达式最终要得到一个计算结果。

(2) 指明一个数据对象和一个函数。例如，x=10 中，表达式 x 指明 x 所标识的存储区域。4+printf("x=%f\n",x) 中的 printf 指定一个函数。

(3) 产生副作用（side effect）。副作用就是对数据对象或者文件的修改。例如表达式 i=4+5，把子表达式 4+5 的结果赋值给 i，使 i 的值为 9。这里变量 i 的值会发生一次变化，说这个表达式产生一次副作用（在 2.8 节再详述）。

(4) 以上意图的组合。

一个表达式中可能完成以上 4 个意图，也可能是完成部分意图，但一个表达式最终有一个值，并且这个值有一个确定的数据类型。

其中，void 型的值为 nonexist（即不存在值）。这类表达式的主要意图是产生副作用或指定一个函数。

在 C 语言中，运算符参与表达式的运算时给定了优先级，具体参见附录 B，所标优先级数值越小，越优先计算。

下面根据运算符类别，讲述部分运算符的作用以及相关表达式。

C 语言支持多种数值运算符,包括加法(+)、减法(−)、乘法(*)、除法(/)、模运算(%)、自增(++)和自减(−−)七种。在 C 语言中,除法运算符"/"与传统数学中的除法略有不同。如果除数和被除数均为整型,则得到的结果是商的整数部分。例如,25/8 的结果为 3,74/9 的结果为8。若其中至少有一个操作数为浮点型,则结果为浮点型。例如,要得到 25 除以 8 的小数结果,可以表示为 25.0/8、25/8.0 或 25/(1.08),得到的结果为 3.125。

此外,C 语言还包含自增(++)和自减(−−)运算符,用于对标量类型数据进行加 1 或减 1操作。自增和自减运算符各有两种形式:前缀形式和后缀形式。前缀形式(如 ++x)表示先执行加或减操作,然后再使用变量值;后缀形式(如 x++)则先使用变量值,再执行加或减操作。

例 2.9　设 int x = 10, b = 0; 执行 b = ++x 后,x 和 b 的值分别为多少?

在表达式 b = ++x 中,由于 ++ 位于 x 之前,首先将 x 加 1,即执行 x = x+1,使得 x 变为11,然后将 11 赋值给 b。

例 2.10　设 float i = 10.5, x; 求表达式 x = 3 + i++ 的值。

由于 ++ 位于 i 之后,因此首先使用 i 的当前值(即 10.5)与 3 相加,赋值给 x,然后 i 增加1。因此,x 的最终值为 13.5,i 的值为 11.5。以下代码可用于验证这一过程:

```c
#include <stdio.h>
int main(void) {
    float i = 10.5, x;
    x = 3 + i++;   //先使用 i 的当前值与 3 相加,赋值给 x,然后 i 增加 1
    printf("x: %4.1f\n", x);
    printf("i: %4.1f\n", i);
    return 0;
}
```

运行结果:

```
x: 13.5
i: 11.5
```

在 C 语言中,表达式的计算顺序主要由运算符的优先级决定,优先级较高的运算符会被先计算。在优先级相同的情况下,则根据运算符的结合性规则计算,通常是从左到右(详见附录 B)。

例如,考虑表达式 a*b/c−1.5f+'a',其中 float a = 1, b = 4, c = 5。该表达式的最终结果为96.3f。在 C 语言中,计算带有多种不同类型操作数的表达式时,遵循以下原则。

(1) 表达式按照从左到右的顺序计算,优先级较高的运算符先计算。相邻同级别的运算符根据其结合方向计算。

(2) 有符号和无符号的 char 和 short 类型自动转换为 int 型。

(3) 当表达式中存在多种数据类型时,执行类型提升,即级别较低的类型转换为级别较高的类型。数据类型的级别从高到低依次为 long double、double、float、unsigned long long、long long、unsigned long、long、unsigned int、int、short、unsigned char、char。一种特殊情况是,当 long和 int 的大小相同时,某些编译器可能将 unsigned int 的级别视为高于 long。

因此,在计算表达式 a*b/c−1.5f+'a' 时,首先计算 a*b/c 的结果,得到一个 float 型数值。然后,将字符 'a' 转换为其 ASCII 码值(97),并将此整数值转换为 float 型,参与最后的加法运算,得到 float 型结果。

此外,C 语言还提供了强制类型转换的方法,允许程序员明确指定数据类型的转换。其语法格式为:

(数据类型)表达式。

例如,(int)3.14f 将浮点数 3.14 转换为 int 类型,结果为 3 ;(double)7 将整数 7 转换为 double 类型。

2.7.1 赋值运算符

微视频 2-6 : 赋值运算符及逗号运算符

赋值运算符的作用是将一个表达式的值赋给一个变量,且这样的表达式称为赋值表达式。这里首先介绍简单的赋值运算符,然后介绍复合赋值运算符。

1. 简单的赋值运算符

简单的赋值运算符为 "=",它把 = 右边操作数的值赋给左边变量,不要把 = 理解为数学中的等于。

例如,x = 6 和 x = 6*4 + x/3 是两个赋值表达式。第一个表达式把右边的 6 赋给 x。第二个表达式把右边的值计算出来以后,赋给 x,x 变成 26。

在赋值表达式中,= 右边的计算结果将被转换为左边变量的类型,这个过程可能导致类型级别升高或降低,一般情况下,升高是一个平滑无损的过程,而降低可能导致精度损失。

例如,有 int x; float y = 3.4f;

那么,x = y 会产生精度损失问题,编译系统会提示错误。如果编程人员确定精度在某处不重要,可以用 x = (int)y; 把 y 的类型先强制转换成左值的类型,则编译系统不会给出错误。

由于各编译系统有类型级别及处理上的区别,因此实际编程中也会出现一些转换问题。

例如,由于 char 型数据只占 1 个字节,而 int 型数据占 4 个字节。当 char 型变量赋给 int 型变量时,char 型变量先转换为 int 型变量,此时,char 型变量的值被放在存储单元的低 8 位中,如果 char 型数据的最高位是 0,则 int 型数据中剩下的字节全部置 0,但如果 char 型数据的最高位是 1,则 int 型数据中剩下的字节全部置 1。这样的处理会导致数值产生很大的差别。

例 2.11 分析下面程序的运行结果。

```
#include<stdio.h>
int main(void)
{
    char x='A';
    int y=x;
    printf("%d\n",y);
    return 0;
}
```

执行程序,输出为 65,并不存在数值上的问题。因为 0100 0001(65)的最高位是 0,所以 y 中的三个字节的高位全部放 0,即整个 y 为:

```
0000 0000    0000 0000    0000 0000    0100 0001
```

把 y 当整数 (%d) 输出时,正好是 65。再看下面的代码:

```c
#include<stdio.h>
int main(void)
{
    signed char x='\376'; //八进制数,十进制数为 254,二进制数为 11111110
    int y=x;
    printf("%d\n",y);
    return 0;
}
```

结果输出为 –2 ;这个数值与十进制数的 254 差得太多。这是因为 x 赋给 y 时,把 x 的值放在 y 的最低 8 位,把 y 剩下三个字节的位置都补成 char 型中最高位的值 1,所以 y 被赋值后的二进制数从高位到低位就是:

```
11111111    11111111    11111111    11111110
```

如果这 4 个字节当成一个 int 型输出,正好是 –2 的补码,所以最后结果是 –2。

将一个 int、short、long 型数据赋给一个 char 型变量时,只将其低 8 位原封不动地送到 char 型变量(即截断)。

■ 例 2.12 分析下列代码的执行结果。

```c
#include <stdio.h>
int main(void)
{
    int   i=289;         //289 的二进制数为 1 0010 0001,共 9 个 bit,
                         //假设 int 型占 4 个字节,则其余 23 个位都是 0
    char c='a';
    c=i;                 //低 8 位赋给 c,c 得到的值是 0010 0001,它的十进制为 33
    printf("%c\n",c);    //%c 格式输出,所以输出的是字符 '!'
}
```

从这些实例可以看出,在不同类型的数据参与表达式计算时,要非常小心,结果可能与表面计算不一样,这主要是由 C 语言在处理不同类型数据时所用的规则造成的。

2. 复合赋值运算符

在赋值运算符"="之前加上一些其他运算符构成复合赋值符,共有 + =、– =、* =、/ =、% =、>= 、& =、^ =、|= 九种。前面 5 个是基本的算术运算符与 = 构成的,后面 4 个是位运算符与 = 构成的。

由复合赋值运算符形成复合赋值表达式,一般形式为:

变量 复合赋值运算符 表达式

它等价于:

变量 = 变量 "="前的运算符 表达式

例如:

```
a+=5    等价于    a=a+5
x*=y+7  等价于    x=x*(y+7)
x%=y    等价于    x=x%y
```

赋值表达式的值就是左边变量的值。例如 x=6 这个赋值表达式,因为 x 的值是 6,则整个表达式"x=6"的值就是 6。

再例如,当 y 的值是 3,x 是值是 10 时,表达式 x%=y 的值为 1。

2.7.2　逗号运算符与逗号表达式

在 C 语言中,逗号运算符","用于将多个子表达式组合成一个逗号表达式。其基本形式如下:

子表达式 1, 子表达式 2, …, 子表达式 n

例如,3+5, 6+8 和 a=4+x, x+5%(4+4), i++ 就是两个逗号表达式。

逗号表达式的执行顺序是从左到右,依次计算每个子表达式。最后一个子表达式(子表达式 n)的值作为整个逗号表达式的值。

例 2.13　有 int x=10;,编程输出逗号表达式 x=2*x, 20/(4+x),x=1+x 的值。

```
#include <stdio.h>
int main(void)
{
    int x=10;
    printf("%d\n",(x=2*x, 20/(4+x),x=1+x)); //注意整个逗号表达式用了 ()
    return 0;
}
```

此例输出结果为 21。

根据逗号表达式的计算规则,x=2*x, 20/(4+x), x=1+x 按以下步骤执行。

(1) 计算第一个子表达式 x=2*x 的值。计算完成后,x 的值是 20。

(2) 计算第二个子表达式 20/(4+x) 的值。因为 x 的值已经是 20,所以此子表达式相当于 20/(4+20),所以结果为 0(整数除以整数,结果为商取整)。

(3) 计算子表达式 x=1+x 的值。这是一个赋值表达式,计算完成后,x 的值为 21,则第三个子表达式的值也是 21。

根据逗号表达式规则,最后一个表达式的值作为整个逗号表达式的值,所以"x=2*x, 20/(4+x),x=1+x"的值为 21。

2.7.3 关系运算符

C 语言中提供的关系运算符有 >、<、==、>=、<=、!=,分别表示大于、小于、等于、大于等于、小于等于和不等于。由关系运算符和表达式构成的表达式,称为关系表达式。格式如下:

表达式 1 关系运算符 表达式 2

关系表达式的值由表达式 1 和表达式 2 是否满足关系运算符定义的意义来确定。

如果满足,整个关系表达式的值是 true,否则为 false,所以关系表达式的最终结果只有两种值。由于 C 语言中并没有具体定义 true 和 false 这两个值,它们分别是用 1 和 0 表示,从这个意义上讲,关系表达式的最终值只有 1 或者 0 两种。

例如,有 int a=3;b=4;,则关系表达式 a>b 的值为 0 ;a<b 的值为 1 ;a==b 的值为 0 ;a!=b 的值为 1。

例 2.14 假设 int 型变量 a、b、c 的值分别为 3、4、5,分别求表达式 a*2>4、a*2!=4、(a==3+b)<b 的值。

(1) * 的优先级比 > 高,所以先计算 a*2,值为 6,因为 6 大于 4,所以整个关系表达式的值为 1。

(2) != 的左边表达式的值为 6,右边表达式的值为 4,满足不等于的关系,所以整个关系表达式的值为 1。

(3) 先计算 () 内表达式的值,a 显然与 3+b 不相等,所以值为 0 ;0 与 b 满足小于的关系,所以整个关系表达式的结果为 1。

浮点型数据之间比较相等时,一般不用"==",这是因为计算和存储的精度问题,使得理论上一致的两个值在计算机内存放的数据并不一定绝对一致。

例如,float x=10.2f; 但表达式 5.1==x/2 的值为 0。这是因为 5.1 是 double 型,而 x 是 float 型,存放精度不一样,比较就不相等了。如果 float 型用 4 字节存放,double 型用 8 字节存放,则 x/2 和 5.1 在内存中的 bit 数如下(低位在前):

```
11001100 11001100 11000101 00000010
01100110 01100110 01100110 01100110 01100110 01100110 00101000 00000010
```

在实际运算中,浮点类型数据之间的相等关系,通常写成两数据之差的绝对值小于一个非常小的数,如上面的比较相等可以写成 fabs(5.1-x/2)<1.0e-5。其中 fabs(x) 为求 x 的绝对值,x 为 double 型数据。

2.7.4 逻辑运算符与逻辑表达式

C 语言包含三种逻辑运算符:&&(与)、||(或)、!(非)。这些运算符用于构建逻辑表达式,其结果通常表示为布尔值 true(真)和 false(假),在 C 语言中分别用 1 和 0 表示。在 C99 标准以

后,代码中可以写成 true 或 false(用 #include <stdbool.h>)。

1. 与运算(&&)

表达式格式:表达式 1 && 表达式 2

当两个表达式均为真(非 0)时,结果为真(1);否则为假(0)。

示例:1 && 1 结果为 1,5 && 0 结果为 0。

与运算可以理解为中文"并且"的意思。例如有存放两门课分数的变量 chinese 和 math,判断两门课都及格的表达式可以写为:chinese>=60 && math>=60。

如果结果为 1,则两门课分数一定都大于等于 60,如果结果为 0,则表示至少有一门课的分数小于 60。在以后写代码时,就可以根据此表达式的值来区分是不是两门课的分数都大于或等于 60。

2. 或运算(||)

表达式格式:表达式 1 || 表达式 2

有一个表达式为真,结果为真(1)。如果两者都为假(0),结果为假。

示例:有 int x=3,y=3;,则 x>y || x>2 的值为 1。

判断 chinese 和 math 两门课至少有一门课及格的表达式可写为:chinese>=60 || math>=60。如果表达式值为 1,则至少有一门课及格,为 0 则两门课都不及格。

3. 非运算(!)

表达式格式:! 表达式

当表达式为真时,结果为假(0),反之则为真(1),是一个单目运算符。

示例:若有 int English=85;,则 !(English > 75) 结果为 0,!3 的值为 0。

C 语言中的"与"和"或"运算支持短路求值。在与运算中,如果第一个表达式的值为 0,整个表达式的值即为 0,不再计算第二个表达式。在或运算中,如果第一个子表达式的值为 1,整个表达式的值即为 1,不再计算第二个子表达式。

例如,有 int a=3,b=4,x=5;,则表达式 (a>b) || x++ 的值为 0。计算完成后,x 的值仍然为 5,并没有自增 1。这是由于表达式 (a>b) 的值为 0,根据与运算规则,不管 x++ 是 0 还是 1,整个逻辑表达式的值都是 0,所以放弃对 x++ 的处理。

表达式 (a<b) || ++x 的值为 1,计算完成后,x 的值仍然为 5。

下面举几个实例,计算由关系运算符和逻辑运算符构成的表达式的值。

例 2.15 有 int a=6,b=5,c=4;,分别求表达式 !(a>b>c)、a>b && b>c、a<b && b>c 的值。

(1) 根据运算符优先级,先计算 a>b>c。两个 > 的优先级相同,且 > 是从左到右结合,所以对于 a>b>c,先计算 a>b,显然,这个子表达式的值为 1,则 a>b>c 此时就是表达式 1>c,其值显然为 0,所以表达式 a>b>c 的值为 0,!(a>b>c) 的值为 1。显然,C 语言中的表达式 a>b>c 与数学上的意义完全不同。

(2) 根据运算符优先级别,关系运算符级别高于逻辑运算符,所以先计算 a>b,这个表达式的值为 1,再计算 b>c,这个表达式的值也为 1,所以整个表达式为 1 && 1,结果为 1。

(3) 根据运算符优先级,先计算 a<b,值为 0,根据 && 的规则,只要有一个为 0,则整个逻辑表达式的值为 0,所以计算到此为止,不再计算 b>c,整个表达式的结果为 0。

2.7.5　条件运算符和条件表达式

条件运算符为 "?:",这是一个三目运算符,它的一般格式为:

表达式 1 ? 表达式 2 : 表达式 3

微视频 2-9:条件运算符及表达式

由条件运算符和操作数构成的表达式,称为条件表达式。整个表达式值的计算规则是:先计算表达式 1 的值,如果是非 0,计算表达式 2 的值,并把这个值作为整个条件表达式的值,结束。如果表达式 1 的值为 0,则计算表达式 3 的值,并把这个值作为整个表达式的值,结束。

例如,如果有 int a=5,b=7;,求条件表达式 a>b?a:b 的值。

计算过程:先计算表达式 a>b,值为 0,不计算 a 的值,而是计算 b 的值,所以条件表达式的最终值为 7。

再如,如果有 int a=7,b=5;,则条件表达式 a>b?a:b 值依然为 7。因为 a>b 的值为 1,所以整个条件表达式的值为 a 的值 7。

可以看出,如果给定两个数 a 和 b,要求它们的最大值,只要写成 x=(a>b?a:b);,这里不论 a 和 b 取什么值,x 都是它们中的最大值。

在条件表达式中,表达式 2 或表达式 3 中只计算一个,另一个不做处理。

例 2.16　有 int a=10,b=8;,求表达式 a>b?a-b:(a=a+b) 和 a?a+b:a-b 的值。

(1) 求 a>b?a-b:(a=a+b)。先计算 a>b,其值为 1,所以计算 a-b 的值为 2,所以整个条件表达式的值为 2。表达式(a=a+b)只有在 a>b 为 0 时才会被执行。因此,如果 a>b 为 1,条件表达式结束后,a 的值不会改变。

(2) 求 a?a+b:a-b。表达式 1 为 a,其值为非 0,所以整个条件表达式的值就是表达式 a+b 的值,即 18。

2.7.6　sizeof 运算符

在 C 语言中,sizeof 是一种内置的运算符,它的作用是计算并返回一个数据类型、变量、常量或表达式的结果值所占用的内存字节数。当 sizeof 作用于变量或常量时,可以省略括号;但是当它作用于数据类型时,必须加上括号。

根据 C 语言标准,sizeof 运算符的返回结果是一个无符号整数类型。由于不同编译器可能会将其定义为 unsigned int 或 unsigned long,这种差异可能影响在使用 printf 函数输出内存大小时所需的格式控制符。为了解决这个问题,从 C99 标准开始,建议使用 %zu 或 %lu 作为格式控制符来输出 sizeof 的结果,以确保在不同编译环境下的兼容性和准确性。

下面给出一个综合实例加以说明。

例 2.17　用 sizeof 求出数据类型、变量、常量或表达式结果值在内存中所占的字节数,并输出。

```
#include<stdio.h>
int main(void)
```

```
{
    double a=10.1,b=20.2;
    printf(" 所求长度:\n");
    printf("int: %u\n", sizeof(int));      // 输出 int 型数据所占的字节数
    printf("a: %u\n", sizeof(a));          // 输出一个变量所占的字节数
    printf("a: %u\n", sizeof a);           // 输出一个变量所占的字节数,可以不用 ()
    printf("20.3f: %u\n", sizeof 20.3f);   // 输出 float 型数 20.3 所占的字节数
    printf("a+b: %u\n", sizeof(a+b));      // 输出一个表达式结果值所占的字节数
    return 0;
}
```

代码执行的结果如下:

```
所求长度:
int: 4
a: 8
a: 8
20.3f: 4
a+b: 8
```

2.8 副作用和顺序点

在 2.7 节简要介绍了副作用,本节将对此进行更详细的阐述。在 C 语言中的"副作用"(Side Effect)指的是除了返回值以外,表达式对程序状态(例如变量的值)或外部环境(如文件系统、输出设备等)产生的影响。本书主要阐述第一种。

举例来说,表达式 x=a+b 在计算过程中会改变变量 x 的值,这是一个副作用。又如表达式 (a=a+b)+5-(b=3) 则产生了两个副作用。

副作用产生的时间点对表达式的计算结果有影响。以逗号表达式 a+b++,b+2 为例,设有 int a=3,b=4,根据运算符优先级,b++ 先于 b+2 计算,导致 b 的值变为 5。在这个过程中,计算机首先将操作数从内存复制到 CPU 寄存器中,计算完成后再将结果值回写到内存。此时,b 在 CPU 中的值变为 5,但具体什么时候回写到内存中,即副作用产生的时间,直接影响了逗号表达式的最终结果。如果写回内存的时间早于计算 b+2 的时间,则逗号表达式的值为 7,否则就为 6。

在 C 语言中,计算表达式时需要根据运算符的优先级和结合方向确定先计算哪部分,但副作用产生的时间与运算符优先级无关。C 语言为此设定了一些关键节点,称为顺序点(sequence point),规定在这些节点之前,所有副作用和该计算的子表达式都必须完成。顺序点包括以下情况。

(1) 单独作为一条语句的表达式求值完毕时。

(2) 逗号运算符左操作数赋值后(即 , 处)。

(3) ‖ 和 && 运算符左操作数赋值后(即在这两个符号处)。

(4) 条件运算符 ?: 的左操作数赋值后(即 ? 处)。

(5) 完整变量定义处,如 int x, y; 中逗号和分号处。

(6) for 语句控制条件中的两个分号处。

(7) switch、while、do-while、if 等语句的控制表达式求值完毕时。

(8) 函数返回值复制给调用者后,但在该函数外代码执行前。

(9) 函数所有参数赋值后,但在执行函数的第一条语句或定义前。

例如,假设有 int a=5,b=6;,表达式 a++<b?a:b 的计算过程如下。

首先求表达式 1 的值。由于 a++ 是后置增量,此时 a 的值为 5,因此 a<b 的结果为 1,整个表达式的值就是表达式 2 的值,即 a 的值。

然后,根据顺序点规定,条件表达式在?之前的副作用必须完成,即 ++ 的结果必须修改内存中 a 的值。

因此在求表达式 2 的值时,a 的值为 6,整个条件表达式的值为 6。

虽然有了顺序点的规定,但并非所有表达式求值的确定性问题都得到了解决。如两个相邻顺序点之间产生了多个副作用,C 语言标准并没有规定副作用产生的具体顺序,可能会导致不同编译器产生不同的结果。

考虑表达式(i++)+(i++)+(i++),其中 int i=10;。在此表达式的求值过程中将产生 3 个副作用,但 C 语言标准中并未明确规定这些副作用产生的具体顺序。因此,如果计算过程中的顺序是先进行加法运算,然后再产生副作用,表达式的值可能为 30,最后 i 变为 13。但如果是先产生副作用,再进行加法运算,表达式的值则可能是 33(即 10+11+12),最后 i 也变为 13。

这种不确定性可能使同一代码在不同系统中产生不一样的结果。因此,在实际编程中,应尽量避免编写可能在两个相邻顺序点之间对同一个变量产生多个副作用的代码。

总而言之,理解并正确处理 C 语言中的副作用及其对表达式求值的影响是很重要的。这不仅涉及程序的正确性,也涉及不同系统的移植问题。通过遵循 C 语言的规范,特别是注意顺序点的规定,可以有效避免因副作用带来的潜在问题。

本章主要讲述基本数据类型、部分运算符和表达式的概念,数据类型决定了数据存放的格式和所占空间的大小;运算符决定数据如何计算;表达式决定参与计算的对象在计算过程中的值,一个表达式经计算后必须有一个值和一个具体数据类型(void 型的值是 nonexist)。要掌握赋值表达式、关系表达式、逻辑表达式、逗号表达式、条件表达式的计算规则,同时掌握副作用和顺序点对表达式结果是如何产生影响的。本章内容是 C 语言程序设计的基础,我国先贤就在《学记》中提到"良冶之子,必学为裘;良工之子,必学为箕。",强调了基础知识的重要性,以后用 C 语言编程时都会涉及本章内容。

习　题

1. 写一个程序,从键盘输入语文、数学和英语三门课的成绩(分数用整型数据),输出它们的平均分(平均分为 float 数据,输出时格式控制符用 %f)。

2. 写一个程序,从键盘输入语文、数学和英语三门课的成绩。

3. 写一个程序,从键盘输入语文、数学和英语三门课的成绩,输出它们的最大分数。(提示,应用两次条件表达式,先用一个变量 x 接收语文和数学的最大值,然后再用一个条件表达式计算 x 与英语的最大值。)

4. 写一个程序,从键盘输入语文、数学和英语三门课的成绩,并把每门课的成绩加 10,并输出最终加分的分数(要求应用复合赋值运算符)。

5. 写一个程序,从键盘输入语文、数学和英语三门课的成绩(成绩为整数类型),把各门课的分数自加 1,然后输出各门课的分数(要求应用自加运算)。

6. 如果有 int a=3,b=5,c=7;,求表达式 a<b<c、a+=7、!a+b+(c,b,a)、'A'+32/a、a>b && b<c、a<b || b>c、!(a<b) || (a+1) 的值。

7. 有 int a=4,b=5; 计算表达式① a+(++b),b;　② a+b++,b;　③ a++<=b?a:b+4。

8. 如果下面的变量均为已赋值的 float 型变量,哪些表达式是正确的写法?　(x+y)*=y　a=b=c　a+=a-=a*a　a=b+c=d

9. 有 int a=12,b=3;,表达式 a>b?a+2:(a=b+2) 的值是什么? 执行表达式的计算后,a 的值为多少? 如果有 a=3,b=12,则条件表达式的最终值是什么?

程序设计是制定并实施解决特定问题的程序的过程。这个过程通常依赖于计算机编程语言,并涉及多个阶段,包括问题的分析、算法的设计、代码的编写、程序的运行、错误的调试以及结果的分析和程序文档的编写。在所有可用的编程工具中,C 语言是一种常见选项。从本章节起,将专注于讲解 C 语言的基本语法结构,并学习如何使用它进行程序设计。

在 C 语言中,源程序通常由若干源文件构成,其中以 .c 为扩展名的文件是核心组成部分。每个 .c 文件通常包含了预处理指令、数据声明以及一个或多个函数。

函数由函数首部和函数体两部分组成。函数体中一般包括数据声明与语句。例如,有一个源代码文件 myfile.c,右边说明了这个文件的各部分组成,如图 3-1 所示。

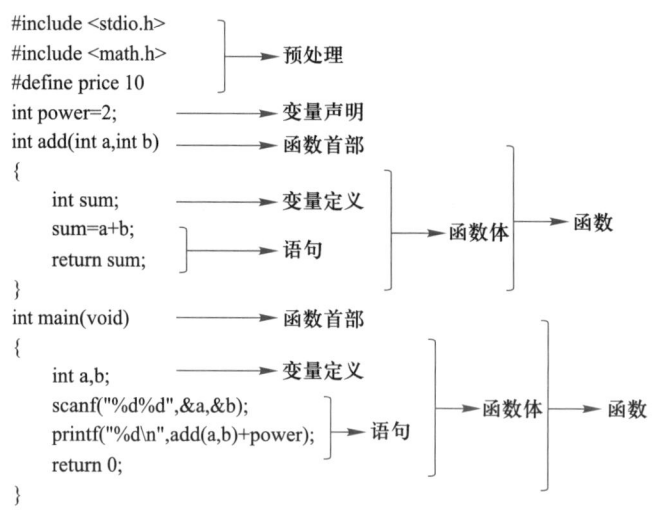

图 3-1　一个 .c 程序源代码文件各部分的名称说明

一个 .c 文件主要由函数部分组成,而各种语句都在函数体中。计算机实际执行的代码都是在函数中编写的。需要注意的是,一个函数的功能源代码不能嵌套在另一个函数的函数体内,也就是说函数之间是独立的。

除了 .c 文件外,还有一种是 .h 文件,称为头文件。例如前面学习的 stdio.h。头文件的主要作用是多个代码文件全局变量(函数)的重用、防止定义的冲突、对函数给出描述等,一般不包含程序的实现代码,仅起描述性的作用。这些都是在预处理阶段进行,预处理是 C 语言编译过程的第一步。它的作用是在编译器真正开始工作之前对源代码进行初步处理,在编译器读取代码之前先进行一些准备工作。

在 C 语言中,声明(declaration)是告诉编译器某个变量或函数的存在和类型,但不分配内存,而定义(definition)则是为声明的变量分配内存或为函数提供具体实现。在 C 语言中,定义实际上也是一种声明,但它进一步提供了内存分配或实现细节。

C 语言标准中定义了许多头文件,具体见附录 C。一个 C 程序源代码可以简单地抽象为图 3-2 所示的形式。

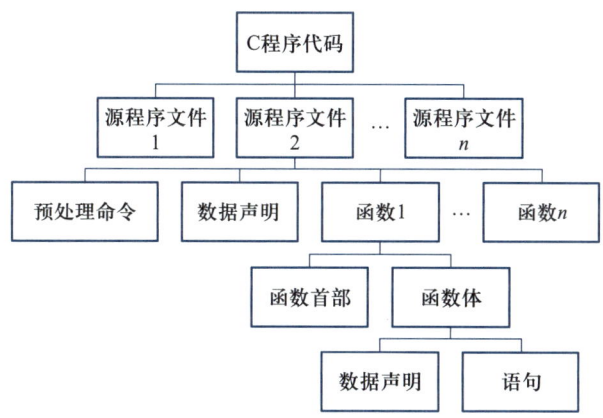

图 3-2　一个 .c 程序源代码的构成说明图

每个完整的 C 程序都需要一个入口函数,这个入口函数默认是 main 函数,又称为主函数,它被置于一个 .c 文件中。

从源代码执行的角度来看,预处理等工作完成后,C 语言程序的执行从 main 函数开始。它按顺序执行 main 函数里面的声明[①] 和语句(有跳转语句的按跳转执行),直到其中的声明和语句全部执行完毕,整个程序便结束。

以 myfile.c 为例,从 main 函数开始,先执行定义 int a,b;,然后执行 scanf("%d%d",&a,&b);语句,一直执行至最后的 return 语句,整个程序便结束。

总之,程序执行总是从 main 函数开始,如果有其他函数,则完成对其他函数的调用后再返回到主函数,最后由 main 函数结束整个程序。

3.1　C 语句

微视频 3-1 :C 语句

C 语句(C statement)从功能上讲,是指定一种要完成的行为。C 标准中对语句没有给出明确的定义,但给出了清晰的语句形式,一般有如下 6 种。

1. 表达式语句(expression statement)和空语句(null statement)

表达式加分号构成表达式语句。例如“z=x+y;”就是一条表达式语句,意思是到“;”这个位置时,执行对表达式 z=x+y 求值的动作。4+printf("China"); 也是表达式语句,; 表示去执行函数 printf,然后完成相加。没有表达式,仅有一个 “;”,称为空语句,它不做任何动作。

2. 跳转语句(jump statement)

跳转语句包括 break 语句、continue 语句、goto 语句和 return 语句。这 4 条语句以 “;” 作为结束,指定程序下一步执行的位置。

---

① 在实际过程中,声明和定义被编译器另外处理。

3. 复合语句（compound statement）

用 {} 括起来的 0 条或多条语句或者声明构成一条复合语句，例如：

```
{
    int t;
    z=x+y;
    t=z/100;
    printf("%f",t);
}
```

一条复合语句的外层用 () 括起来，形成 ({...}) 的形式，构成一条复合语句表达式。表达式的值就是 {} 中最后一条语句所含表达式的值。例如，有代码

```
#include<stdio.h>
#include <stdlib.h>
int main(void)
{
    int x=4,y=6;
    printf("%d\n",({x-=y+2;x+10;}));//输出复合语句表达式 ({x-=y+2;x+10;}) 的值
    return 0;
}
```

执行后输出值为 6。({x-=y+2;x+10;}) 就是由复合语句 {x-=y+2;x+10;} 加 () 构成的复合语句表达式。其中输出的 6 就是这条复合语句表达式中，最后一条语句中的表达式 x+10 的值。

4. 选择语句（selection statement）

选择语句包括 if 语句、if-else 语句、switch 语句。

5. 迭代语句（iteration statement）

通常称为循环语句，包括 while 语句、for 语句、do 语句（do-while）。

6. 标签语句（labeled statement）

标签包括 "identifier: 语句" "case: 语句" "default: 语句"。综上所述，C 语言中的语句类型非常有限，但应用起来非常灵活，本章只介绍表达式语句，其余语句会在后续章节中详细阐述。

3.2　表达式语句

表达式后加上 ;，就构成表达式语句，如果表达式中有函数作为操作数，要先要完成函数的执行过程，得到函数产生的返回值后，才能执行表达式。

例 3.1　表达式语句实例。

```
#include <stdio.h>
#include <math.h>
```

```
int main(void)
{
    int x=6,y=5,sum=0;        // 变量声明,这里也称变量定义,不是语句
    sum=x+y;                  // 这是一条表达式语句,程序要执行它,要有;
    double s=10.2;
    s=x+sqrt(s);              // 有函数的表达式语句,先执行函数 sqrt(s),求出 s 的
                              // 平方根后再做加法和赋值运算
    printf("sum=%d\n ",sum);  // 这是一条有函数的表达式语句,最后要有;
    return 0;
}
```

“;”在 C 语言中占很重要的地位,它是表达式语句的标识,也是声明的标识。此例中的两条表达式语句,如果没有“;”,就只能算作表达式,而不是语句,编译时会出错。

3.3　输入输出函数

微视频 3-2：输入输出函数

所谓数据输入输出是对计算机而言的。数据输出是指从计算机向外部输出设备(显示器、打印机、网络设备、并串口设备等)输出数据。数据输入是指从输入设备(键盘、鼠标、扫描仪、摄像机、网络设备、并串口设备等)向计算机输入数据。

本节主要介绍 4 个常用的输入输出函数,它们是字符输入函数 getchar、字符输出函数 putchar、格式输入函数 scanf、格式输出函数 printf。

这些函数都是 C 语言编译系统中提供的库函数。在使用库函数时,要用预编译指令“#include”,将包含函数定义的“头文件”包括到一个源代码中,否则编译器会出错。

3.3.1　getchar 和 putchar 函数

getchar 函数的作用是从输入缓冲区读取一个字符,并返回该字符的 ASCII 码值,或在遇到文件结束时返回 EOF。在 Windows 系统中,组合键 Ctrl+Z 通常表示输入结束(EOF),而在 UNIX/Linux 系统中,这一角色由组合键 Ctrl+D 承担。getchar 函数的原型为:

```
int getchar(void)
```

输入缓冲区是一块特定的内存区域,用于暂存来自输入设备(如键盘)的数据或要向输出设备(打印机)输出的数据。由于输入设备的操作速度通常远低于计算机 CPU 的处理速度,缓冲区的存在就是为了协调这种速度差异。当数据从键盘等输入设备输入时,首先被存放在输入缓冲区中。CPU 在执行读取数据的指令时,会直接从该缓冲区提取数据。输出数据的处理过程则相反:从 CPU 发出的数据首先被暂存到输出缓冲区,然后被输出设备逐步提取。从一个比喻的角度看,输入和输出缓冲区可以类比为工厂的原材料仓库和成品仓库。

当 C 程序执行 getchar(); 语句时,如果缓冲区中没有字符,程序会等待用户输入。输入的字符首先被存放到缓冲区。当输入回车键之后,getchar 从缓冲区中提取一个字符并返回其 ASCII 码值。例如,如果用户从键盘顺序输入 A、B、C 并输入回车键(在 Windows 操作系统中,回车键表示了两个字符 '\r' 和 '\n',在 Linux 系统中,只是一个字符 '\n'),如果是 Windows 系统,缓存区中就得到了 4 个字符('\r' 为回车字符,用于触发 getchar 执行),如图 3-3 所示。

图 3-3　缓冲区示意图

当缓冲区有数据时,getchar 从缓冲区顺序取出一个字符。例如有 char ch; ch = getchar();,getchar 从缓冲区取出字符并赋给 ch。如果再次执行 getchar();,因为此时缓冲区存在字符,则 getchar() 直接执行,取出字符 'B',而不用等待输入。

putchar 的功能是向输出设备(显示器)输出一个字符。该函数的原型为:

```
int putchar(int ch);。
```

ch 为要输出的一个字符,它可以是常量或变量。

例 3.2　从键盘输入一个字符,并输出到显示器。

```
#include <stdio.h>
int main(void)
{
    char ch;
    printf("please input a char:\n");  //这是一条表达式语句,最后有 ;,下同
    ch=getchar();                      //程序执行到此处时,等待用户输入字符,最后按回车键
                                       //回车键结束后,getchar() 从缓冲区得到字符并赋给 ch
    putchar(ch);                       //把 ch 输出到显示器中
    putchar('\n');                     //输出一个换行符常量
    return 0;
}
```

代码执行的一种实例结果如下:

```
please input a char:
a↵
a↙
```

当使用 getchar 函数读取字符时,需要注意回车键输入的换行符(\n)也会被送入缓冲区。例如,如果要使用 getchar 连续输入两个字符并分别赋值给 ch1 和 ch2 两个变量,用户在输入第一个字符后按回车键会导致换行符也进入缓冲区。因此,如果用户输入字符 'A' 后按回车键,然后输入字符 'B',实际上缓冲区中将包含字符 'A'、换行符以及字符 'B'。

为了使 ch1 和 ch2 分别接收字符 'A' 和 'B',用户应该连续输入 'AB',然后按回车键。这样,第一次调用 getchar 会读取 'A',第二次调用 getchar 则会读取 'B'。换行符会留在缓冲区中,直到下一次读取。

■■■ **例 3.3** 从键盘输入两个字符并输出。

```
#include <stdio.h>
int main(void)
{
    char ch1,ch2;
    printf("please input chars :\n");
    ch1=getchar();        // 等待输入,直到输入回车键,开始从缓冲区取字符
    ch2=getchar();        // 如果缓冲区有字符,直接取字符,没有则等待输入
    putchar(ch1);
    printf("%d ",ch2); // 注意格式控制符是 %d,输出 ch2 的 ASCII 值
    return 0;
}
```

代码执行的一种实例结果如下:

```
please input chars:
AB ↵
A66
```

这说明 ch2 确定得到 'B' 字符,因为 'B' 的 ASCII 值为 66。如果执行时,输入 A ↵,根据缓冲区规则和 getchar 的执行过程,ch1 得到字符 'A',ch2 得到的是字符 '\n'(参看图 3-3),这样程序不再需要输入 B ↵,就可以直接往后执行。

getchar 和 putchar 两个函数从本质上讲只是函数 fgetc(stdin) 和 fputc(c,stdout) 的两个宏定义,具体见 12.3.1 节。

3.3.2 格式输入函数 scanf

scanf 函数的功能是通过键盘给程序中的变量赋值。该函数的原型为:

```
int scanf(const char *format, address list);
```

这是一个常用函数,在实际应用中通常有两种格式,下面分别介绍。

(1) scanf(" 格式控制符列表 ", 地址列表);

此函数会根据提供的格式控制符列表,解析从键盘输入的字符,并将转换后的数据顺序存储到地址列表中指定的变量中。这里的地址指的是变量在内存中的位置,可以使用取地址运算符 & 加变量名来获取。例如,&x 是变量 x 的地址,变量的值存储在这个地址对应的内存中。

假设编译系统为 int 型变量 x 分配了 4 个字节的空间,并假设这个空间的起始地址是 1234567(仅作示例,实际地址由系统分配且对编程人员通常是透明的),则 1234567 即为 x 的地址,x 的值存储在从这个地址开始的 4 个字节内,如图 3-4 所示。

图 3-4　int 型变量的地址示意图

例 3.4 用 scanf 函数获取从键盘输入的数据，并赋给一个变量，然后输出此变量的值。

```
# include <stdio.h>
int main(void)
{
    int x;
    scanf("%d", &x);      //%d 是格式控制符,& 是取地址符,&x 获取 x 的地址
    printf("x=%d ", x); //输出变量的值
    return 0;
}
```

代码执行的一种实例结果如下：

678 ↵
x=678

当在键盘上输入数字 "678" 并按 Enter 键后，这些字符连同回车符都被存入到输入缓冲区中。scanf 函数根据提供的格式控制符，首先从缓冲区中按顺序读取字符 '6'、'7' 和 '8'。接着，scanf 函数将这三个字符组合并解释为十进制整数，并将该整数存储在变量 x 所指向的内存地址中。

scanf 函数的工作机制是基于所提供的格式控制符，从输入缓冲区中提取字符序列，并将这些字符序列转换成相应格式的数据。然后，它将转换后的数据存储到指定的变量内存地址中。因此，在使用 scanf 函数读取数据时，实际上是将数据直接存储到目标变量的地址中。这类似于发送电子邮件的过程：发件人不需要知道收件人的具体姓名，只需要知道其邮箱地址。一旦邮件发送到指定的邮箱，邮箱的所有者就能接收到邮件。

（2）scanf(" 格式控制符和非格式控制符混合 ", 地址列表);

在实际编程中，这种用法是不推荐的，因为它容易导致错误。这种格式要求输入数据时，非格式控制符按照代码中的原样输入，有格式控制符的地方换成相应变量的值。非格式控制符一旦有一处不匹配，就会导致输入结果错误。

例 3.5 scanf 函数的混合格式应用。

```
# include <stdio.h>
int main(void)
{
    int x;
    scanf("x= %d", &x); //这里的 x= 是非格式控制符
    printf("x =%d ", x);
```

```
        return 0;
    }
```

代码执行的一种实例结果如下：

```
x=678 ↵                          // 这里的 x= 就是 scanf 函数中 x=,必须原样输入
x=678
```

因此,建议在使用 scanf 函数时,双引号内除了"格式控制符"之外,尽量不要加入别的字符。下面是一个用 scanf 函数一次输入多个变量值的例子。

例 3.6 用 scanf 函数一次给多个变量赋值。

```
# include <stdio.h>
int main(void)
{
    int x, y;
    scanf("%d%d", &x, &y);      // 接收两个值,分别送到变量所在地址
    printf("x= %d, y=%d ", x, y);
}
```

通过键盘给多个变量输入值和给一个变量输入值的方法大体相同。给两个变量赋值就写两个格式控制符,然后在地址列表中写上对应变量的地址,以此类推。

虽然 scanf 函数中不加非格式控制符,但在键盘上输入多个数值时要用分隔符区分开,例如输入两个整数 12 和 34 给两个变量,不能写成 1234,中间要用分隔符隔开,分隔符可以是空格、回车键或者 Tab 键,一般都使用一个空格把数据分开。例 3.6 执行时的输入和运行结果如下：

```
12 34 ↵
x=12,y=34
```

如果输入的变量是 char 型,就不需要空格隔开,如果加了空格,空格也被认为是一个字符,送给相应的变量,例如,有：

```
char ch1,ch2;   scanf("%c%c", &ch1, &ch2);
```

则输入时两个字符之间不要用空格隔开,如输入成 A　B ↵,ch1 得到字符 A,ch2 得到是中间的空格符。

在输入多个变量时,初学者常常把格式控制符之间加逗号,例如写成 scanf("%d,%d", &x, &y);,这样看起来好像清楚明了,但在实际编程中,不推荐这样做。使用 scanf 输入数据时要注意以下 3 个常见问题。

(1) 格式控制符与地址列表的个数要对应。

第 2 章讲 printf 函数时,说格式控制符和表达式列表在顺序、个数上要对应。同样地,scanf 函数中格式控制符在顺序、个数上也要与地址列表的顺序、个数对应。

例 3.7 格式控制符与输出地址列表个数不一样的情况。

```
# include <stdio.h>
int main(void)
{
    int x;
    char ch;
    scanf("%c%d", &ch);              //地址列表中,少一个地址值
    printf("ch = %c, x= %d\n", ch, x);
    return 0;
}
```

用 gcc 编译后,代码执行的一种实例结果如下:

```
c 88 ↵
    ch = c, x = 0
```

从语法上讲,代码没有错误,但结果不是预期的。这是因为数 88 没有给出存放的内存地址。输出 x=0,是因为 x 所在内存空间并没有得到输入数据,0 是 x 分配空间里的不定值(环境不同,有可能不是 0 值)。

例 3.8 数值和字符混合输入。

```
# include <stdio.h>
int main(void)
{
    int x;
    char ch;
    scanf("%d%c ", &x,&ch);         // int 型变量放在前,char 型变量放在后
    printf("ch = %c, x= %d\n", ch, x);
    return 0;
}
```

当希望通过 scanf 函数给整型变量 x 输入数字 89,并给字符型变量 ch 输入字符 'c' 时,正确的输入格式应该是"89c",不带空格。如果输入为"89 c"(即 89 和 c 之间有一个空格),则输出的结果可能会是"ch=,x=89"。原因在于,当 x 成功读取到数字 89 后,紧跟其后的是一个空格字符。由于 %d 格式控制符只识别数字,它会在读取到非数字字符(此处是空格)时停止。因此,接下来的空格字符将被 %c 格式控制符读取并存储到 ch 变量中。这就导致 ch 的值成为了空格字符的 ASCII 码值。

(2) 输入的数据类型要与所需要的数据类型一致。

在 C 语言中使用 scanf 函数时,关键在于确保从键盘输入的数据类型、scanf 函数中的输入格式控制符以及对应变量的定义类型之间的一致性。这是因为 scanf 函数依赖于格式控制符来正确解析和转换输入数据,并将其存储到指定类型的变量中。

例 3.9 格式控制符不能把输入的字符正确解释为数值。

```
# include <stdio.h>
int main(void)
{
    int x;
    scanf("%d", &x);
    printf("x= %d\n", x);
    return 0;
}
```

在 gcc 编译器下,如果这样执行输入,结果如下:

b ↵
x=0 ↙

当使用 %d 格式控制符与 scanf 函数尝试读取一个整数时,如果输入中的第一个字符是非数值字符(如这里输入的 b),则 scanf 函数无法将其解释为数值。因此,关联的变量 x 将不会被赋予新的值,所以这里 x 输出 0。这个 0 在不同运行环境下,可能是其他值。因为在 C 语言中,未初始化的局部变量的值是不确定的。

对于 %d、%f 以及其他用于解释成数值的格式控制符,空格、回车键都是区分数值与数值的分隔符。当 scanf 遇到这些分隔符时,会跳过它往后取数字字符,直到遇到分隔符或非数字字符为止。然后根据格式控制符把读取后的数字字符解释成相应类型的数值,给到指定的地址中,同时把跳过和取出的字符移出缓冲区。

(3) scanf 函数之前使用 printf 函数提示输入。

可以预见,编程人员在使用 scanf 函数之前,先用 printf 函数提示用户输入信息及格式,会让用户比较容易理解,减少输入数据格式错误。

例 3.10 用 printf 函数提示用户输入数据。

```
# include <stdio.h>
int main(void)
{
    int x, y;
    printf("Please enter two integers separated by a space:\n");   //提示输入
    scanf("%d%d", &x, &y);
    printf("x= %d, y=%d\n", x , y);
    return 0;
}
```

执行结果如下:

Please enter two integers separated by a space:

```
34 29 ↵
x= 34, y=29 ↙
```

此程序在执行时,根据输出的提示就知道要输入的个数和数据类型,且两数之间用空格分开,这样程序就显得友好。

3.4 顺序结构程序设计

C 语言程序设计有三种基本结构:顺序结构、选择结构和循环结构。顺序结构会按照代码顺序执行语句,每一条语句被执行一次,也只能执行一次,它是最简单的程序结构,同时也是思维从 C 语句转换到 C 程序的起点,是学习后续选择结构和循环结构的基础。

从源代码来看,一个 C 程序从 main 函数入口开始,从前至后,按序执行,一直到 main 函数体中语句执行完毕,程序结束。下面看实例。

例 3.11 输入三角形的三边长,设计程序输出三角形面积。假设三角形的三个边长为 a, b, c,且三角形的面积公式为 area $= \sqrt{s(s-a)(s-b)(s-c)}$(称海伦公式),其中,$s = (a+b+c)/2$。

分析:要输出三角形的面积,需要知道它的三条边,这三条边的值如何得到呢? 有一种办法是由执行程序的人从键盘输入得到,由前面的知识可知,C 语言为我们提供了一个 scanf 函数,它可以接收从键盘传来的数据。

但输入的三条边的数据要进行存放,所以代码需要事先定义三个变量,分别命名为 a, b, c(用其他变量名也可以),其数据类型可定义为 double。当 scanf 函数接收到输入的数据并存放到 a,b,c 中之后,就可以进行面积计算了。

根据上面的面积公式,要先计算出 s,这很好做,用一条语句 s=(a+b+c)/2; 即可完成。因为用到了变量 s,所以在此条语句之前要先定义变量 s。

在用 s=(a+b+c)/2; 语句计算出 s 之后就可以求面积了(定义成 area)。根据三角形的面积公式,先求表达式 s*(s-a)*(s-b)*(s-c) 的值,然后求此值的平方根,就可以计算出三角形面积 area。如此一来,实现平方根的计算成了需要面对的问题。

在 C 语言给定的基本运算符中,没有计算平方根的运算符,但 C 语言库函数中给出了函数 sqrt,用 sqrt(x) 可以得到 x 的平方根,平方根的数据类型为 double 型。sqrt 函数在 math.h 头文件中,因此在代码开始时,要用 #include 把头文件 math.h 包含进来。

所以,计算 area 只要用 area=sqrt(s*(s-a)*(s-b)*(s-c)); 语句即可实现,注意变量 area 也要先定义。

当这条语句执行完成后,area 中的值就是三角形的面积值,此时这个值是存放在变量 area 内存中,并不能从显示器上看到,但题目要求输出这个值,因此,再用一条 printf 函数表达式语句就可以实现输出。写出算法的步骤如下:

Step 1　输入三边长。请求用户输入三角形的三边长 a,b,c。

Step 2　计算半周长。计算三角形的半周长 s=(a+b+c)/2。

Step 3　计算面积。计算三角形的面积 area $= \sqrt{s(s-a)(s-b)(s-c)}$。

Step 4　输出结果。显示计算出的三角形面积 area。

程序代码如下：

```
#include<stdio.h>
#include<math.h>                          //包含头文件,使得sqrt函数可以正确使用
int main(void)
{
double a,b,c,s,area;                      //变量定义成double型,注意s,area也在此定义
printf("Please enter the length of the three sides separated by a
space:\n");
scanf("%lf%lf%lf",&a,&b,&c);             //输入三个变量的值
s= (a+b+c)/2;
area=sqrt(s*(s-a)*(s-b)*(s-c));          // sqrt函数求出平方根
printf("a=%-7.2lf, b=%-7.2lf, c=%-7.2lf, area=%-7.4lf\n",a,b,c, area);
return 0;
}
```

以上代码执行时，从 main 函数入口，函数体内的语句按顺序执行，执行完一条语句后，接着执行下一条语句，每一条语句完成自己的功能。程序执行结果如下：

```
Please enter the length of the three sides separated by a space:
21.35   35.8   41.65↵
a=21.35    b=35.80    c=41.65    area=382.1644
```

这里如果变量定义成 float 型，不定义 double 型可以吗？当然可以，这主要取决于编程人员想要数据精确到什么程度。如果数据精度要求不高，就可以定义成 float 型，后续代码根据数据类型不同进行相应修改即可。例如，scanf 语句中的 lf 要改成 f；因为常量 0.5 被看成是 double 型数据，要写成 0.5f，sqrt() 计算出面积值后，需要强制转换成 float 型，再赋给 area。

有些读者还有疑问，在 printf 语句中，为什么要输出 a,b,c 呢，不输出这三个值可以吗？当然也可以。如果不想输出 a,b,c，只输出 area，只要把 printf 语句改成 printf("area=%-7.4lf\n",area); 即可。其他的如格式控制符中的占位数据也可以根据自己的需要修改。

在编程中，代码用于指导计算机执行特定任务。程序严格遵循编写的代码，其执行结果直接依赖于这些代码。因此，编程人员需要熟悉计算机语言。以 C 语言为例，当需要从键盘接收变量值时，可以使用 scanf 函数编写相应代码，让计算机等待并处理输入数据。若任务是计算平方根，sqrt 函数会被用到。

要使计算机完成一个任务，关键是先明确解决该任务的具体步骤。当这些步骤明确后，才能编写代码让计算机执行。例如，在计算三角形面积的案例中，必须先确定半周长（s），然后应用海伦公式来计算面积。如果对三角形面积的计算方法不了解，就无法编写有效的代码。因此，编写代码的前提是先确定解决任务的步骤，广义上这被称为算法。只有当算法确定后，才能编写出执行该算法的代码。因此，学习 C 语言的过程，实质上也是在培养算法思维。

算法的设计质量直接影响程序的效果。以三角形为例，三边长度需满足特定条件（两边之

和大于第三边,且每边长度大于 0),否则程序可能出错。在例 3.11 中,若没有考虑到实际输入数据时可能出现不满足这些条件的情况,程序的质量和健壮性就不够,若依据实际情况来看,算法就不够缜密。读者在学习完第 4 章之后,可考虑如何改进这个程序,以增强其稳定性和准确性。

■例 3.12 从键盘输入一个大写英文字母,要求改用小写字母输出。

分析:可以定义两个 char 型变量 c1、c2,c1 用于存放从键盘输入的英文大写字母,c2 用于存放它的小写字母。

首先用 getchar 接收从键盘输入的大写字母,并赋给 c1,这一过程就可以用语句 c1=getchar(); 实现,如果执行了这条语句,当从键盘上输入一个大写字母后,c1 的值就是所输入的字母。

那么,有了 c1 的值后,怎么用代码得到它的小写字母呢? 在介绍 char 型数据时提到,char 型数据是用它的 ASCII 码值存放在内存中的,通过观察大小写字母的 ASCII 值可以发现,小写字母比它的大写字母的 ASCII 码值多 32,所以小写字母 c2 可以直接用 c2=c1+32 计算得到。

得到了 c2,要输出这个小写字母,只要用语句 printf("%c ",c2); 就可以让程序完成输出 c2 的功能;当然也可以用 putchar(c2); 输出 c2。程序源代码如下:

```
#include <stdio.h>
int main(void)
{
    char cl,c2;
    cl=getchar();         //输入字符,并赋给 c1,getchar 返回值是 int 型
    c2=cl+32;             //把大写字母转换成小写字母
    printf("%c ",c2);     //以 %c 把整数解释成字符;用 putchar(c2); 也可以
    return 0;
}
```

■例 3.13 输入 a、b、c 三个值,求方程 $ax^2+bx+c=0$ 的根。

分析:通过一元二次方程的求根公式可以得到两个根的数学表达式分别为

$$x1=\frac{-b+\sqrt{b^2-4ac}}{2a} \text{ 和 } x2=\frac{-b-\sqrt{b^2-4ac}}{2a}$$

如果令 $p=-\dfrac{b}{2a}$,$q=\dfrac{\sqrt{b^2-4ac}}{2a}$,则 $x1=p+q$,$x2=p-q$。所以编程时采用如下步骤。

Step 1　输入 a,b,c 三个变量。用 scanf 函数就可以实现,因为 scanf 函数的作用是从键盘接收数据到内存变量中,要接收 a,b,c 三个变量,代码可写成 scanf("%f%f%f",&a,&b,&c);。

Step 2　计算出 b^2-4ac,并把结果放在一个变量中。考虑到后面计算 q 时要用到 b^2-4ac 的结果,所以先定义一个变量 disc,把这一结果保存下来,用语句 disc=b*b-4*a*c; 完成。注意中间的 * 不能丢,C 语言中不能缩略写法 4ac 表示 4*a*c。

Step 3　计算 p。用语句 p=-b/(2*a);。

Step 4　计算 q。应用 Step 2 的结果 disc，用语句 q＝sqrt(disc)/(2*a); 完成。

Step 5　计算 x_1, x_2。用两条语句即可完成：x1＝p＋q; x2＝p-q;。

Step 6　输出 x_1, x_2。用 printf 函数输出结果。

在这 6 个步骤中，凡是代码涉及的变量都要先定义，然后再使用。定义变量的数据类型根据实际需要决定，这里是求一元二次方程的根，输入数据、计算的中间数据和求得的根一般是小数，因此下面的代码把所有变量的数据类型定义为 float，当然也可以定义为 double，这个看编程人员的需要。整个代码如下：

```c
#include <stdio.h>
#include <math.h>
int main(void)
{
    float a,b,c,disc,x1,x2,p,q;              // 先定义变量,disc 存放 b²-4ac 的结果
    printf("Please enter a, b, and c, separated by spaces:\n");
    scanf("%f%f%f",&a,&b,&c);                // 完成 Step1
    disc=b*b-4*a*c;                          // 完成 Step2
    p=-b/(2*a);                              // 完成 Step3
    // 完成步骤 4。因 sqrt 得到的值是 double 型,强制转换成 float 型
    // 如果前面变量定义的是 double 型,这里就不用强制转换
    q=(float)sqrt(disc)/(2*a);
    x1=p+q;                                  // 完成 Step5
    x2=p-q;                                  // 完成 Step5
    printf("\nx1=%5.2f\nx2=%5.2f\n",x1,x2);  // 完成 Step6
    return 0;
}
```

程序代码执行结果如下：

```
Please enter a, b, and c, separated by spaces:
3.2 12.6 3 ↵
x1=-0.25
x2=-3.68 ↙
```

本章详细讨论了 C 语言中语句的概念与分类、常用的输入输出函数，以及基础的顺序结构程序设计。在学习 C 语言的过程中，虽然理解和掌握语法结构非常重要，但更关键的是将这些理论知识应用于实际的编程实践中。通过这样的实践，我们不仅可以提升编程技能，还能够培养出关键的算法思维。如在例 3.13 中所展示的，我们逐步分析并解决了计算一元二次方程根的问题。这种逐步分析和解决问题的过程，是算法思维的基础，也是提高编程思维的核心所在。C 语言作为一种编程语言，是实现算法的有效工具之一。在学习 C 语言的过程中，训练算法思维和编程思维才是核心。这要与实践相结合，并通过经验的归纳、总结，从而不断提升编程水平。

习　题

1. 写一个程序,功能是从键盘接收三个英文字母,并按输入顺序的反向输出出来,然后,换行输出这三个字符 ASCII 码值的和。要求用 getchar 接收字符,用 putchar 输出字符。

2. 输入一个圆的圆心坐标(定义两个变量,分别接收两个坐标)以及圆周上一个点的坐标(全部为 float 型数据),编程计算并输出这个圆的面积。

3. 输入一个平面点的坐标以及一条直线方程 $y=ax+b$ 中的 a 和 b,计算这个平面点到直线的距离,并输出,精确到小数点后两位。

提示:如果用到绝对值的计算,程序代码中要把 math.h 包含进来,求绝对值的函数为 fabs(x)。

4. 编程从键盘中输入 3×3 的行列式的 9 个元素值,计算并输出该行列式的值。

5. 编程从键盘中输入一个二元一次方程组 $\begin{cases} ax+by=c \\ dx+ey=f \end{cases}$ 中 a,b,c,d,e,f 这六个数据,求 x,y 的值并输出。

提示:把 a,b,c 都乘以 e,把 d,e,f 都乘以 b,那么,$x=(c*e-f*b)/(a*e-d*b)$。输入数据时,要确保 $(a*e-d*b)$ 的值不为 0。

6. 华氏温度 F 与摄氏温度 C 的转换公式为 $C = \dfrac{5}{9}(F-32)$,请编程输入一个华氏温度,并输出其对应的摄氏温度。

| 第 4 章 | 选择结构程序设计 |

选择结构是程序设计中的核心概念之一，它允许程序根据不同的条件执行不同的代码路径。通过选择结构，程序员能够编写出能够根据不同情境变化做出反应的代码，这不仅是程序设计的基本要求，也是提高程序质量和用户体验的关键。选择结构的应用范围很广泛，从简单的条件判断到复杂的程序流程控制，都体现了其不可替代的作用。C 语言作为一种广泛使用的编程语言，提供了丰富的选择结构工具，包括 if、else 和 switch 语句。这些工具不仅是新手程序员的基础知识，也是高级程序员日常工作中不可或缺的一部分。

本章将深入探讨 C 语言中的选择结构。首先，介绍 if 语句的基本概念和用法，它是最简单也是最直观的选择结构；然后，讨论 if-else 语句，提供了更为复杂的条件判断能力；最后，介绍 switch 语句，它在处理多种可能性时更为高效和清晰。

4.1 if 语句和 if-else 语句

微视频 4-1：if 语句和 if-else 语句

4.1.1 基本的 if 语句和 if-else 语句

（1）if 语句和 if-else 语句用来表达不同的执行分支。if 语句的基本结构为：

```
if ( 表达式 )
    语句 1
```

这里从 if 开始到语句 1 结束合在一起称为一条 if 语句。if() 中表达式结果必须是一个标量值。

if 语句的执行规则是：当表达式值为非 0 时执行语句 1，为 0 时不执行语句 1，整条 if 语句执行完毕。例如，有一条 if 语句：

```
if(a>50)
    b=b+20;
```

当程序执行到 if 语句时，如果变量 a 的值为 60，则由于 if() 中表达式 a>50 的值为 1，因此将执行语句 b=b+20;。if 语句执行完毕后，程序将继续执行 if 语句后面的语句。

在 if 语句中，if 后面只有一条语句属于 if 语句。若需要在表达式为非 0 时，执行多条语句，要用 {} 把这些语句括起来，形成一条复合语句，这条复合语句就是这里 if 语句基本结构中的语句 1。

例如，如果想让代码实现这样的功能，在 a 大于 50 时，b 和 c 两个变量的值均要加 20，a 小

于等于 50 时,b、c 均不加值。则要写成如下代码:

```
if(a>50)
{
    b=b+20;
    c=c+20;
}
```

根据 if 语句执行规则,当 a 的值大于 50 时,执行复合语句中两条语句,b、c 均加了 20。反之,这条复合语句不执行,b、c 值均不变,达到前面的要求。但如果写成:

```
if(a>50)
    b=b+20;
    c=c+20;
```

则根据 if 后面只能有一条语句属于 if 语句,则只有 b=b+20; 属于 if 语句。当 a 的值大于 50 时,执行语句 b=b+20;,此时 if 语句执行完毕,然后执行 if 语句后的下一条语句 c=c+20;。

因此,在 a 值大于 50 的情况下,代码也能使 b 和 c 均加 20,好像也满足了规定的要求,但是如果 a 小于等于 50,因为 a>50 的值为 0,则 if 语句不执行 b=b+20;,此时 if 语句执行完毕,根据规则,程序将继续执行 if 语句后面的语句,这里就执行 c=c+20;,程序把 c 也加了 20。所以此代码并没有达到我们的要求。

一条 if 语句如果后面加上 {},代码可以写得非常长,但不管多长,这都只算一条 if 语句。

(2) if-else 语句的基本结构形式为:

```
if ( 表达式 )
    语句 1
else
    语句 2
```

请注意,这四行合起来是一条 if-else 语句。

if-else 语句执行规则为:当表达式的值为非 0 时执行语句 1,不执行语句 2 ; 当表达式的值为 0 时执行语句 2 而不执行语句 1。执行完程序继续执行其后面的语句。

如果 if 或 else 之后想执行多条语句,也需要分别用 {} 把这些语句括起来,形成一条复合语句。else 之前一定要有 if,且 if 和 else 之间只能有一条语句。

例如下面的代码:

```
int a=10,b=20;
if(a>b)
    printf("a");
else
    printf("b");
```

这个代码的后 4 行全部合在一起是一条 if-else 语句,执行这条语句时,输出 "b",如果第一

行代码改成 int a = 20,b = 10;,则整个代码输出"a"。再看代码:

```
int a=10,b=20;
if(a>b)
{
    a=a*10;
    printf("%d",a);
}
else
{
    b=b*10;
    printf("%d",b);
}
```

这里除第一行外,后面的代码虽较多,但只是一条 if-else 语句。但基本结构中的语句 1 和语句 2 均是一条复合语句。其执行规则依旧是 if-else 语句的执行规则。这里当 a>b 的值是非 0 时,执行 if 后面的复合语句,不执行 else 后面的复合语句;当 a>b 的值是 0 时,不执行 if 后面的复合语句,执行 else 后面的复合语句。因此,上面代码的执行结果是输出"200"。

if 后面只能有一条语句,这是语法规定,如果有代码:

```
int a=10,b=20;
if(a>b)
    a=a*10;
    printf("%d",a);
else
{
    b=b*10;
    printf("%d",b);
}
```

就会导致语法错误,因为按 if-else 语句语法规则,if 后面只一条语句属于 if 语句,所以这里属于 if 语句的只有 a=a*10;,printf("%d",a); 现在就是另外一条语句,与 if 语句无关,这就导致 else 之前没有 if。如果要修改正确,只要把 if 下面的两行语句用 {} 括起来,形成一条复合语句,就符合 if-else 语句语法规则了。

下面举一个综合性的例子,请注意代码中的注释说明。

例 4.1　if 语句和 if-else 语句的应用举例。

```
#include<stdio.h>
int main(void)
{
    int a=10, b=0, c=1;
```

```
if(a>0)          // a 为 10,表达式 a>0 的值为 1,非 0,执行 b=-1; 语句
    b=-1;
b++;             // 这条语句不属于 if 语句,执行完后,b 为 0
if(a>20)         // 表达式 a>20 的值为 0,不执行 b=-1; 语句,b 的值还是 0
    b=-1; b++;   // 虽然这两条语句写在了同一行,但 b++; 语句不属于 if 语
                 // 句。执行完 if 语句,仍要执行它,所以 b 此时为 1
if(a > 0)        // a > 0 的值为非 0,执行一条复合语句,里面两条语句都执行
{
    b++;         // 执行完后 b 为 2
    c++;         // 执行完后 c 为 2
}
if(a < 0)        // a<0 的值为 0,不执行 b--; 语句,而是执行 else 后面的语句
    b--;
else             // 这里 else 与 if 一样,后面只跟一条语句
    c++;         // 执行后 c 为 3
// 下面这条 if-else 语句代码虽然较长,但它只是一条 if-else 语句
if(c > 0)        // c>0 的值为非 0,执行其后的一条复合语句,内含有两条语句
{
    a++;         // 执行后 a 为 11
    b++;         // 执行后 b 为 3
}
else             // 下面的一条复合语句(内含三条语句)不执行
{
    c = 0;
    a = 1;
    b = 2;
}                // if-else 语句结束
printf("a=%d,b=%d,c=%d\n",a,b,c);
return 0;
}
```

程序执行的结果为:

```
a=11,b=3,c=3
```

例 4.2　输入两个 int 型数据,输出它们中的较大者。

分析:用 scanf 函数接收两个 int 型数据 a 和 b。现在要输出它们中的较大者,如果找到两者的较大值,则输出这个值就可以。所以,定义一个变量 max,首先把 a 赋给变量 max;然后比较 b 与 max 哪个大,如果 b 比 max 大,则把 b 赋给 max。这样保证 max 一定是 a、b 中较大的数,这个功能用 if 语句就可以实现。在保证了 max 是两者中的较大值后,用 pritnf 函数输出

max。具体代码如下:

```c
#include<stdio.h>
int main(void)
{
    int a,b,max;
    printf("input two numbers: ");
    scanf("%d%d",&a,&b);        //接收两个整数
    max=a;
    if (b>max)
        max=b;
    //程序执行到此,max 一定是 a、b 两数的较大者
    printf("max=%d\n ",max);
    return 0;
}
```

上面的代码是一种算法思路,也可以直接把 a 和 b 进行比较,如果 a 大于 b,输出 a,否则输出 b,所以用 if-else 语句来实现,具体代码如下:

```c
#include<stdio.h>
int main(void)
{
    int a,b,max;
    printf("input two numbers: ");
    scanf("%d%d",&a,&b);
    if (a>b)
        printf("max=%d\n",a);
    else
        printf("max=%d\n ",b);
    return 0;
}
```

另有一种更简单的方法,在输入 a、b 的值后,用条件表达式输出最大值,语句为 printf("max=%d",(a>b?a:b));。

从这个例子可以看出,同一个问题有不同的算法思路,代码也就不一样。如果从代码的简洁性来看,则第三种最好。

例 4.3 输入两个实数,然后由小到大顺序输出这两个数。

分析:当使用 scanf 函数从键盘接收两个数值 a 和 b 时,需要考虑它们的相对大小。具体来说,存在两种情况:一是 a 小于或等于 b,另一是 a 大于 b。在第一种情况下,可以直接使用 printf("%f,%f", a, b); 语句按顺序输出 a 和 b。然而如果遇到第二种情况,这种直接输出的方法就不再适用。

为了确保无论输入值的顺序如何,我们总是能按照从小到大的顺序输出这两个数,可以引入一个条件判断和数值交换的步骤。具体来说,当用户输入 a 和 b 之后,先通过一个 if 语句判断 a 是否大于 b。如果是,就用代码交换 a 和 b 的值,使得 a 成为较小的一个。这样在执行 printf("%f,%f", a, b); 时,无论原始输入如何,输出都将保持正确的输出顺序。

通过这种方式,不仅处理了数值大小的问题,还增强了程序的健壮性,确保了在不同输入情况下都能得到预期的结果。代码如下:

```
#include<stdio.h>
int main(void)
{
    float a,b,t;
    scanf("%f %f",&a,&b);
    //当 a 小于等于 b,if 语句不执行它里面的复合语句,直接执行后面的
    //printf 语句。反之,则互换数据
    if(a>b)
    {                       //下面这三条语句实现 a 和 b 的互换
        t=a;                //第 1 步,把 a 给一个中间变量 t,如 a 当是 5,t 为 5
        a=b;                //第 2 步,把 b 赋给 a,如 b 是 4,此时 a 由 5 变成 4
        b=t;                //第 3 步,把 t 的值赋给 b,b 就是 5
    }                       //不管输入的 a,b 值如何,程序执行到此处,a 都不大于 b
    printf("%5.2f,%5.2f\n",a,b);
    return 0;
}
```

上述情况,可以参考例 4.2 的第二种方法,用 if-else 语句解决。

4.1.2　if 语句和 if-else 语句的嵌套

考虑到 if 或 if-else 语句本身就是一条语句,因此可以作为 if-else 语句基本格式中的"语句 1"或"语句 2",按照这一语法结构,就可以写出许多看起来非常复杂的语句形式,如图 4-1 所示的两个实例。

if(表达式1)	if(表达式1) {
if(表达式2) 语句2	if(表达式2) 语句2
else 语句3	else
else	if(表达式3) 语句3 }
语句4	else
	if(表达式4) 语句4
(a) if-else语句嵌套实例1	(b) if-else语句嵌套实例2

图 4-1　if-else 语句的嵌套两个实例

这里,一条 if-else 或 if 语句中又包含了 if-else 语句或 if 语句,这种形式的语句,称为 if 语句或 if-else 语句的嵌套。其实,图 4-1(a) 和图 4-1(b) 都只是一条 if-else 语句,仔细观察图 4-1 中左边那段代码,当把:

```
if( 表达式 2) 语句 2
else 语句 3
```

看成是一条 if-else 语句时,则左边的代码可以简化为:

```
if( 表达式 1)
    一条 if-else 语句
else 语句 4
```

这就是一条 if-else 语句,中间的"一条 if-else 语句"就是 if-else 语句基本格式中的语句 1。执行这种嵌套的 if-else 语句,同样是按照 if-else 语句的基本规则。在这里,如果表达式 1 的值为非 0,就执行它后面的那条 if-else 语句,不执行语句 4,否则执行语句 4。执行完成后,整个 if-else 语句执行完毕。

再看图 4-1 右边那段代码,现把:

```
if( 表达式 2) 语句 2
else
    if( 表达式 3) 语句 3
```

看成为一条语句,这里称为"语句 A";语句"if(表达式 4)语句 4"是一条 if 语句,这里称为"语句 B",则图 4-1 右边的整个代码的简单形式为:

```
if( 表达式 1)
    语句 A
else
    语句 B
```

也就是说图 4-1 右边框内就是一条 if-else 语句。同样地,因为"if(表达式 3)语句 3"是一条 if 语句,所以语句 A 就是一条 if-else 语句。

总之,不管形式上多么复杂,只要按照 if-else 语句或 if 语句只算一条语句,就很容易理解嵌套的 if-else 语句或 if 语句,并确定它们的执行过程。

建议编写程序代码时,最好用 {} 把 if 和 else 后面的语句括起来,写成复合语句的形式。如图 4-1 右边所示的形式,如果只看 {},外层的 if-else 语句就是如下所示的简单的 if-else 语句:

```
if( 表达式 )
{ 一条 if-else 语句 }
else
{ 一条 if 语句 }
```

这样的书写能简化代码阅读难度。可能读者会问,如果没有 {},图 4-2(a)的代码如何理解呢? 能不能理解为图 4-2(b)的配对方式呢?

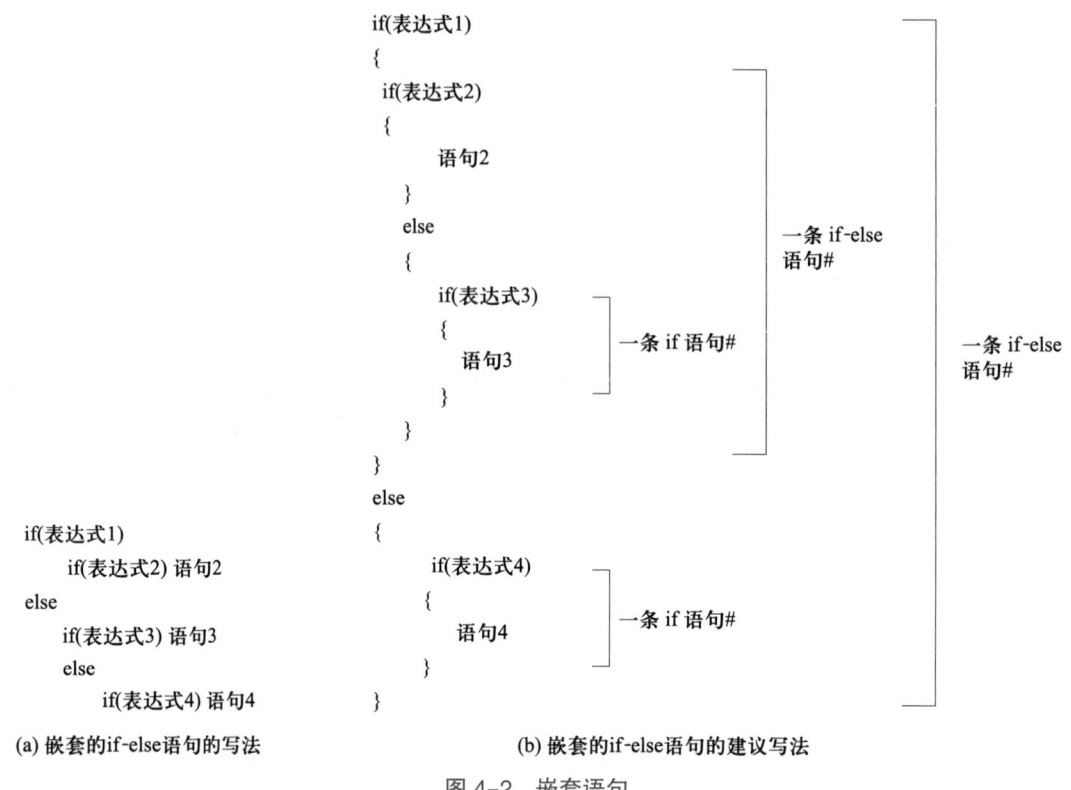

(a) 嵌套的if-else语句的写法   (b) 嵌套的if-else语句的建议写法

图 4-2 嵌套语句

答案是不能。因为 C 语言中规定,else 总是与它前面最近的 if 配对,以避免二义性。因此,图 4-2(a)中最后一个 else 与它前面最近的 if 配对,也就是:

```
if(表达式 3)
    语句 3
else
    if(表达式 4) 语句 4
```

作为一条 if-else 语句,其中"if(表达式 4)语句 4"作为这条语句中 else 后面的语句。既然这一段代码是一条语句,且是 if-else 语句,我们用"语句 C"简称这段代码。则图 4-2(a)中的代码可以简化成:

```
if(表达式 1)
    if(表达式 2) 语句 2
else
    语句 C
```

同样地,这里的 else 也与它前面最近的 if 配对,形成 if-else 语句,因此这段代码的后三行就是一条 if-else 语句,这条语句作为第一行 if 后面的一条语句,形成一条 if 语句,所以图 4-2 (a)中的代码实质上是一条 if 语句。如果用 {} 来写,就是:

```
if( 表达式 1)
{
    if( 表达式 2)
        语句 2
    else
    {
        if( 表达式 3)
            语句 3
        else
            { if( 表达式 4) 语句 4}
    }
}
```

这段代码最外层 {} 是一条复合语句,这条复合语句中也只有一条 if-else 语句,其中,第一个 else 后面也是一条 if-else 语句。这段代码看起来复杂,但如果表达式 1 的值为 0,则整段代码什么都不做。

例 4.4 输入一个 float 型的数据 x,根据公式 $y=\begin{cases} x, & x \leq 1 \\ 2x-1, & 1 < x < 10 \\ 3x-11, & x \geq 10 \end{cases}$ 计算 y 的值。

分析:根据题目需求,随着输入值 x 的不同,程序需要分三种情况计算 y 的值。可以这样考虑,把这三种情况首先分成两种情况,第一种情况是 x 小于等于 1,另一种是其他情况,这样应用 if-else 语句,在 if 后面的语句中处理 x 小于等于 1 的情况;在 else 后面的语句中处理其他情况。因为其他情况又有两种,所以在 else 后面的语句中再用一条 if-else 语句分别处理这两种情况,代码如下:

```
#include <stdio.h>
int main(void)
{
    float x,y;           // x 接收输入值,y 为根据公式计算的结果
    scanf("%f",&x);      // 从键盘接收 x 的值
    // 如果输入值 x 小于等于 1,则只执行下面的 y=x; 语句
    if(x<=1)
        y=x;
    // 下面的 else 处理 x 大于 1 的情况,因为它又有两种情况,所以,else 后
    // 面用一条 if-else 处理
    else                 // 后面的 if-else 语句作为这个 else 后面的一条语句
    {
```

```
    if( x<10)              // 因为能执行到此处,x 一定大于 1。if() 中的表达式
                           // 没有必要写成 1<x && x<10,当然,写也可以
        y=x*2.0f-1;        // 此句也可以写成 y=x*2-1;,但不要写成 y=x*2.0-1
    else                   // 如果大于等于 10,执行下面的这条语句
        y=3*x-11;
    }
    printf("%5.2f",y);
    return 0;
}
```

当然,此题也可用三条 if 语句来处理完成,代码如下:

```
#include <stdio.h>
int main(void)
{
    float x,y;
    scanf("%f",&x);        // 从键盘接收 x 的值
    if(x<=1)               // 逻辑表达式值为 1 时,执行下面的这条语句
        y=x;
    if(x>1 && x<10)
        y=x*2.0f-1;
    if(x>=10)
        y=3*x-11;
    printf("%5.2f",y);
    return 0;
}
```

从这个实例中可以看出,对于同一任务可以有多种实现方法,读者可以分析一下,哪种代码相对较好。

例 4.5 输入一个分数,根据分数输出评定的等级。90 分以上输出优,80 ~ 89 分输出良,70 ~ 79 分输出中,60 ~ 69 分输出及格,60 分以下输出不及格。

分析:在例 4.4 中,我们学习了如何使用 if-else 语句处理多种情形。这种方法的核心是将情况分为两大类:一种特定情形和其他所有情形。首先,用 if 语句处理特定情形,然后用 else 语句处理剩余的情形。

如果剩余情形仍有多种可能,我们可以重复此方法,将其分为一个特定情形和其他情形,如此循环直至剩余情形只有一种。

以本例的分数评级为例,这里有 5 种不同的评级情况。首先,可将 90 分以上的情况作为一个特定类别处理,并将其余情况置于 else 语句中。在 else 部分,我们继续将剩余情形分为80 分以上和 80 分以下的情况。最后,通过嵌套 if-else 语句细分这些情况,以实现精确的分类处理。代码如下:

```
1.  #include <stdio.h>
2.  int main(void)
3.  {
4.      int score;        // 这里只考虑分数为整数的情况,可以换类型
5.      scanf("%d ",&score);
6.      if(score >=90) // 处理 90 分及以上的情况
7.          printf(" 优 \n");
8.      else            // 以下只有一条复合语句,负责处理 90 以下的其他情况
9.      {               // 从这里起到 printf(" 处理结束 \n"); 前,只是一条 if-else 语句,
10.                     // 把 90 分以下的 4 种情况分成 80 分以上和其他情况两种
11.         if(score >=80)
12.             printf(" 良 \n");
13.         else        // 处理 80 分以下的情况
14.         {
15.             if(score >=70)
16.                 printf(" 中 \n");
17.             else
18.             {
19.                 if(score >=60)
20.                     printf(" 及格 \n");
21.                 else
22.                     printf(" 不及格 \n");
23.             }
24.         }
25.     }
26.     printf(" 处理结束 \n");
27.     return 0;
28. }
```

这段代码虽然看起来复杂,实际上 main 函数只包含以下三条语句。

(1) scanf("%d", &score); 用于从键盘接收输入并存储在变量 score 中。

(2) 嵌套的 if-else 语句(第 6 ~ 25 行)。

(3) printf(" 处理结束 \n") ; 表示处理结束。

当输入的 score 大于等于 90,如为 95 时,程序首先执行嵌套的 if-else 语句。由于 95 满足条件 score >=90(第 6 行),程序执行 printf(" 优 \n") ;,并跳过最外层的 else 分支(第 9 ~ 25 行)。接着,执行第 26 行的 printf(" 处理结束 \n") ;。

当输入的 score 小于 90,如为 75 时,程序进入嵌套的 if-else 语句。此时,score >=90 的值为 0,故程序进入 else 分支(第 9 ~ 24 行)。在这个 else 分支中,由于 score >=80 的值为 0(第 11 行),程序继续进入下一个 else 分支(第 14 到 24 行)。在这里,score >=70 的值为 1 (第 15

行),因此执行 printf(" 中 \n") ;,并跳过其余部分,整个 if-eles 语句执行完成。最后,执行第 26 行的 printf(" 处理结束 \n") ;。

总的来说,嵌套的 if-else 语句遵循与基本 if-else 相同的执行规则。每个 if 或 if-else 结构都可以看作是单独的 if-else 语句,按顺序判断条件,执行相应的分支。

4.2   switch 语句

微视频 4-2：
switch 语句

如果要处理的问题选择分支比较多,编程时就要用到多层 if-else 语句嵌套,这种情况下代码会显得复杂,不便于分析和理解代码。例 4.5 中就是如此,if-else 中嵌套了多层 if-else 语句。为此,C 语言提供了另一种用于多分支选择的 switch 语句,可以简单方便地实现多层嵌套的 if-else 逻辑。其常用的格式为:

```
switch(表达式)
{
    case  常量表达式 1： 语句 1；[break;]
    case  常量表达式 2： 语句 2； [break;]
    …
    case  常量表达式 n： 语句 n ；[break;]
    [default：语句 n+1；[ break;]]
}
```

上述格式描述的就是一条常用的 switch 语句。除此之外,switch 还有一种特殊用法,在本章后续部分有阐述。switch() 中的表达式称为控制表达式(controlling expression)。控制表达式和常量表达式的结果应该是一个整数类型(包括字符型和枚举类型)。

{} 部分是 switch 语句块,其实就是一条复合语句。语句块中用 [] 括起来的部分表示内容可有可无,且代码中每一行的顺序也无固定顺序,例如 default: 一行可以放在 {} 中任何一行的位置。

语句块中的“语句 1”到“语句 n+1”代表的并不只是一条语句,可以是多条语句,也可以没有语句。

case 和后面常量表达式的值合起来看成是一个标签,且称常量表达式的值为标签值。

switch 语句的执行规则有以下三条。

(1) 首先计算控制表达式的值,然后在语句块中找与控制表达式值相同的标签值,如果找到,就开始执行这个标签后面的语句,逐条语句顺序往下执行,一直执行到最后的语句 n+1,结束整个 switch 语句。

(2) 如果在执行语句的过程中,执行到 break 语句就结束整个 switch 语句,并执行 switch 语句之后的语句。

(3) 如果没有找到与控制表达式值相同的标签值,则执行 default 后面的语句,并一直执行到最后一条语句或执行到 break 语句时,结束 switch 语句。如果没有找到与控制表达式相同的标签值,也没有 default,则直接结束 switch 语句。

◼ **例 4.6**　输入 1 ～ 7 中的任意一个整数,将数值转换成英文的星期输出(例如如果输入 7,则输出 Sunday)。

　　分析:为了实现根据用户输入的数字(1 ～ 7)来输出对应的星期几,我们可以有效地使用 switch 语句,这种方法避免了使用冗长的 if-else 语句嵌套。

微视频 4-3:
switch 语句的应用

　　首先使用 scanf 函数获取用户输入的数字,并将这个数字存储在一个变量中。接着将这个变量用作 switch 语句中的控制表达式。

　　然后在 switch 的语句块中,指定 1 ～ 7 七个整型常量作为标签值,并在每一个标签后面输出对应的星期几,同时要考虑到,如果用户输入的数据不在 1 ～ 7 这 7 个数字内,程序做其他处理。先看一下如下代码:

```c
#include <stdio.h>
int main(void)
{
    int num;
    printf("input a integer number: ");
    scanf("%d",&num);
    switch (num)
    {
        case 1:printf("Monday\n");
        case 2:printf("Tuesday\n");
        case 3:printf("Wednesday\n");
        case 4:printf("Thursday\n");
        case 5:printf("Friday\n");
        case 6:printf("Saturday\n");
        case 7:printf("Sunday\n");
        default:printf("error\n");
    }
    return 0;
}
```

　　执行时,如果输入 5,swtich 语句首先计算 switch 语句中控制表达式的值,这里控制表达式只有一个变量 num,其值为 5,根据 switch 语句的执行规则,找到 case 后面与控制表达式值 5 相同的标签值,为 switch 语句块中的第五行。代码开始执行 case 5: 后面的语句,并一直执行到 switch 语句块的最后一条语句。因此代码执行的结果为:

```
input a integer number: 5↵
Friday
Saturday
Sunday
```

```
error↙
```

这个输出结果显然不符合题目要求,输入 5 时只输出对应的 Friday,不应该有其他结果的输出,也就是说,这里只能执行对应 case 5 后的那条语句,然后就要结束 switch 语句。如何使程序执行时达到这一要求呢? 根据前文,switch 语句在执行时,如果遇到 break;,就结束 switch 语句,利用这一点,可以在每一个输出星期几的语句后面加上 break;,让程序执行完一条输出语句后结束 switch 语句。修改的代码如下:

```c
#include <stdio.h>
int main(void)
{
    int a;
    printf("input integer number: ");
    scanf("%d",&a);
    switch (a)
    {
        case 1:printf("Monday\n"); break;
        case 2:printf("Tuesday\n"); break;
        case 3:printf("Wednesday\n"); break;
        case 4:printf("Thursday\n"); break;
        case 5:printf("Friday\n"); break;
        case 6:printf("Saturday\n"); break;
        case 7:printf("Sunday\n"); break;
        default:printf("error\n");
    }
    return 0;
}
```

再输入 5,执行结果就为:

```
input integer number: 5 ↵
Friday↙
```

请思考,如果在这个程序代码中,把 switch 语句块的最后一行移到语句块的第一行,执行时输入 10,会输出什么结果?

例 4.7 输入一门课程的成绩(int 型),如果成绩在 90 ~ 100 分,输出"优",80 ~ 89,输出"良",60 ~ 79,输出"及格",60 分以下输出"不及格",用 switch 语句实现编程(假设成绩是区间 [0,100] 上的整数)。

分析:这里如果直接使用成绩值作为 switch 语句控制表达式,会导致过多的 case 标签,因为成绩从 0 到 100 分共有 101 种可能。因为需要从 case 0: 一直写到 case 100:,这种方法会使代码冗长且难以维护。

为了简化这个过程,可以利用成绩的特性。例如,成绩在 80 ～ 89 分之间时,用成绩除以 10 的结果(整数部分)都是 8。同样地,成绩在 90 ～ 99 分之间时,这个结果是 9,这个规律也适用于其他分数范围。因此,可以将成绩除以 10 的结果作为 switch 语句的控制表达式,这样原本 101 种情况可以被有效地缩减为 11 种情况(即 0 到 10 的整数),使代码更加简洁和易于理解。

```
switch(score/10)
{
    case 10: printf("优 \n");break;
    case 9: printf("优 \n");break;
    case 8: printf("良 \n");break;
        ......
    case 1: printf("不及格 \n");break;
    case 0: printf("不及格 \n");break;
}
```

进一步地,注意到标签值 0 到 5 后都是输出"不及格",所以可以进一步缩减代码,这 6 种情况统一用 default 处理。代码如下:

```
switch(score/10)
{
    case 10: printf("优 \n");break;
    case 9: printf("优 \n");break;
    case 8: printf("良 \n");break;
    case 7: printf("及格 \n");break;
    case 6: printf("及格 \n");break;
    default: printf("不及格 \n");
}
```

这里还可以进一步优化,注意到标签值 10、9 后面都是输出"优",7、6 后面都是输出"及格",那么利用 case 标签后可以没有语句和遇到 break; 结束的规则,可以写成如下代码:

```
#include <stdio.h>
int main(void)
{
    int score;
    scanf("%d",&score);
    switch(score/10)
    {
        case 10:
        case 9: printf("优 \n");break;
```

```
        case 8: printf(" 良 \n");break;
        case 7:
        case 6: printf(" 及格 \n");break;
        default: printf(" 不及格 \n");
    }
    return 0;
}
```

假设输入的 score 为 76，那么 score/10 为 7，此时程序找到标签值为 7，执行它后面的语句，但它后面没有语句，但也没有 break;，所以继续执行后面的语句，即 case 6: 后面的语句，输出 "及格"，然后执行 break;，结束 switch 语句，也达到题目的要求。

再考虑一个问题，如果用户输入的不是 0 ～ 100 的整数，比如大于 100 的整数，那么代码也会输出不及格，因此这个程序代码实用性较差，请读者自行修改。

例 4.8 从键盘输入 '+'、'-'、'*'、'/' 中的任意一个字符和两个 float 型数据，然后把这个两个数做相应的算术操作，并输出结果。

分析：这里可用 switch 语句进行处理。第一步是定义一个字符型变量 op 来接收用户输入的运算符（'+'、'-'、'*'、'/'），以及两个 float 型变量 var_1 和 var_2 来存储参与运算的两个数值。

第二步，在 switch 语句中，以 op 作为控制表达式。为每种运算符定义一个 case 标签，即分别为 case '+'、case '-'、case '*' 和 case '/'。在每个 case 标签中，根据运算符的不同，编写相应的运算表达式。例如，在 case '*' 标签中，程序将执行 var_1 * var_2 的乘法运算，并输出结果。具体代码如下：

```
#include <stdio.h>
int main(void)
{
    float var_1,var_2;
    printf("please input two numbers:\n");
    scanf("%f%f",&var_1,&var_2);
    // 下面输入一个字符,用 getchar(); 把上面输入时仍在缓冲区的换行符取走
    // 以免影响 op 的接收。因为 scanf 接收数值时,换行符会放在缓冲区
    getchar();
    printf("please input a operator(+-*/):\n");
    char op=getchar();
    switch(op)
    {
        case '+': printf("%.2f+%.2f=%.2f\n",var_1,var_2,var_1+var_2);break;
        case '-': printf("%.2f-%.2f=%.2f\n",var_1,var_2,var_1-var_2);break;
        case '*': printf("%.2f*%.2f=%.2f\n",var_1,var_2,var_1*var_2);break;
        case '/': printf("%.2f/%.2f=%.2f\n",var_1,var_2,var_1/var_2);
    }
    return 0;
```

```
}
```

代码执行实例如下：

```
please input two numbers:
5.2 6.9↵
please input the operator(+-*/):
- ↵
5.20-6.90=-1.70↙
```

在这个例子中，op 接收到 '-'，执行 case '-': 后的语句，输出计算结果，再执行 break;，结束整个 switch 语句。

对于 switch 语句有以下点需要说明。

(1) 在 switch 语句块中可以放其他语句或定义变量，如果语句不在 case 或 defalut 的后面，则不会被执行。因为 switch 语句只执行 case 或 default 后面的语句，因此不建议 switch 语句块在 case 或 default 之外使用其他语句；变量虽然能申请空间，但不执行初始化。

▌**例 4.9** 在 swtich 语句块中放入语句或定义实例。

```
#include <stdio.h>
int main(void)
{
    int a=2;
    switch (a)
    {
        a++;
        int b=3;
        printf("a = %d,b=%d\n", a,b);
        case 1:printf("one, a=%d,b=%d\n", a,b); break;
        case 2:printf("two a=%d,b=%d\n", a,b); break;
        case 3:printf("three a=%d,b=%d\n", a,b); break;
        default:printf("error\n");
    }
    return 0;
}
```

输出结果是 two,a=2,b=16 ↙，这里 16 是一个垃圾值（执行时可不同）。可见 switch 语句块的前 3 行中，语句没有执行，定义的变量也没有初始化。

(2) switch 语句中语句块部分的 {} 不是必须的，{} 可以看成是一条复合语句，即可以认为 switch() 之后只跟一条语句，这与 if-else 类似。下面这样写也符合语法。

```
#include <stdio.h>
int main(void)
```

```
{
    int a=2;
    switch (a)
        case 2:printf("two\n");        //只有一条件语句且没有 { }
    return 0;
}
```

甚至可以写成"switch (a) case 0: case 1: case 2:printf("two\n");",这条语句相当于"if(a==0 ||
a==1 || a==2) printf("two\n");"。

但不能写成：

```
switch (a)
case 2:printf("two\n");
    case 3:printf("three\n");          //非法
```

这里编译系统会认为 case 3 部分不是 switch 语句块中的内容。

在实际中并不经常用这种写法,只是强调复合语句在 C 语言中的重要作用。

（3）"case 常量表达式:"后面可以有多条语句,包括 switch 语句本身,且不必有 {}。

■■■■ 例 4.10 ■ 编程输出界面,如图 4-3 所示。根据界面提示,使程序根据用户选择运行。按 1
时退出,程序结束;按 2 时计算,当选择计算后,显示如图 4-4 所示界面,提示按键选择计算平
方还是立方,用户按键选择后,提示用户输入计算的数据,并给出结果,如图 4-5 所示。

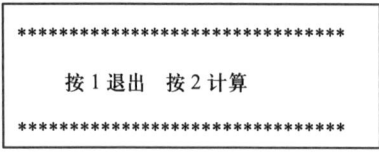

```
*********************************
     按 1 退出   按 2 计算
*********************************
```
图 4-3   开始界面

```
*********************************
     按 1 退出   按 2 计算
*********************************
   按 1 计算平方   按 2 计算立方
```
图 4-4   按数字键 2 后的界面

```
*********************************
     按 1 退出   按 2 计算
*********************************
   按 1 计算平方   按 2 计算立方
请输入要计算的整数：5
```
图 4-5   按数字键 1 并输入 5 后的结果界面

这里先给出代码,然后进行分析。

```
#include <stdio.h>
#include <conio.h>
int main(void)
{
    char select=0;                    //选择项
    int x=0;
```

```
        printf("*****************************\n\n");
        printf(" 按 1 退出按 2 计算 \n\n");
        printf("*****************************\n");
        select =getch();              //getch() 接收字符但不显示字符,在 conio.h 中声明
        setbuf(stdin, NULL);          // 清空输入后的缓冲区,避免对后面输入产生影响
        switch (select)
        {
        case '1': break;              // 当 select 是 1 时,退出整个 switch 语句
        case '2':                     // 当 select 是 2 时,进行计算处理,执行下列语句
            printf(" 按 1 计算平方按 2 计算立方 \n\n");
            select =getch(); setbuf(stdin, NULL);      // 再输入选择的数据
            printf(" 请输入要计算的整数:");
            scanf("%d",&x);           // 接收用户输入的数据
            switch(select)            // 根据刚才输入的选择决定执行的方式
            {
            case '1': printf("x 的平方 =%d\n",x*x);  break;
            case '2': printf("x 的立方 =%d\n",x*x*x); break;
            default: printf(" 选择错误 \n");
            }
            break;                    // 这个 break; 语句是第一层 switch 的退出
        default: printf("error\n");
        }
        return 0;
    }
```

　　这段代码中,外层 switch 语句中的 case '2': 后面有很多语句,甚至还有 switch 语句,把这个 switch 看作一条语句。

　　(4) case 标签后只能接语句,不能定义变量。如果在 case 标签后面必须定义变量,则应把它们用 {} 括起来,构成一条复合语句。例如:

```
case 2: int b=8;
    printf("%d\n",b);
    break;
```

是错误的,应该写成:

```
case 2: {
    int b=8;
    printf("%d\n",b);
    }
        break;。
```

switch 语句特别有用,它根据控制表达式的值来确定执行流程的起始位置。这种结构在高级编程语言中普遍存在,只是具体语法有所不同。掌握了 C 语言中这些结构的用法,将会使学习其他编程语言更加容易。

本章重点介绍了 C 语言中的三种关键选择结构:if 语句、if-else 语句和 switch 语句。在学习这些选择结构时,理解其语法结构和执行规则当然重要,但更关键的是通过它们来锻炼解决问题的能力。用韩愈《师说》中的话讲,语法是"小学",解决问题的思路才是"大学",如果只记语法,而不应用它去解决问题,就是"小学而大遗"。

习　题

1. 写出例 4.1 中有几条 if 语句,几条 if-else 语句?

2. 编程输入一个数值,如果此值大于等于 100,输出"大于 100",否则输出"小于 100"。

3. 编程输入两门课的成绩,如果两门课的成绩都大于等于 60 分,则输出"均及格",否则输出"至少有一门课不及格"。

4. 编一个程序,输入 x 的值,按数学公式 $y=\begin{cases} x+5, & x\leqslant 0 \\ 2x-1, & 0<x<7 \\ 2x-\sqrt{x}, & x\geqslant 7 \end{cases}$,计算 y 的值并输出。

5. 某公司依据业绩发放不同比例的奖金。业绩达不到 10 万元的奖金数为业绩的 1%;达到 10 万元但少于 20 万元的奖金数为业绩的 1.5%;达到 20 万元但少于 40 万元的奖金数为业绩的 2%;达到 40 万元但少于 60 万元的奖金数为业绩的 2.5%;60 万元以上的为 3%,编程实现输入一个员工的业绩,输出奖金数。要求用 if-else 和 switch 两种语句编写两个不同的程序。

6. 输入三个 double 型的数,把它们由小到大输出。

7. 用 if-else 语句的嵌套实现下面的分类输出,x、y、z 值由键盘输入。

当 $x>y,z>0$,则输出"A 类";

当 $x>y,z<=0$,则输出"B 类";

当 $x<y,z>0$,则输出"C 类";

当 $x<y,z<=0$,则输出"D 类"。

8. 输入 A ~ Z、a ~ z 或 0 ~ 9 当中的任一个字符,判断它是大写字母、小写字母还是数字。

9. 从键盘输入月份,然后根据月份用 switch 语句输出季节名。

10. 输入一个 1 到 10 的整数,输出一个以这个数字开始的成语,如果输入的数超出 1 ~ 10 的范围,则输出"输入数据错误!",要求用 switch 语句实现。

11. 输入一个年份,判断它是不是闰年。符合下列两个条件之一的为闰年:① 年份能被 4 整除,且不能被 100 整除;② 能被 400 整除。

12. 输入年、月、日三个数据,用 switch 语句输出该日期是该年的第几天。

13. 有一个奖励分配,分为 A、B、C、D 四个等级。其中 B 等级又分三个等级 1、2、3。A 等级奖励为 10 万元,B 等级 1、2、3 分别为 8 万元、7.5 万元、6.5 万元,C 等级为 6 万元,D 等级为 3 万元。编程输入等级后,输出相应等级的奖励数。

第 5 章　循环结构程序设计

电子教案：第 5 章 循环结构程序设计

在计算机科学与程序设计中,我们经常遇到需要反复执行某一代码片段以实现特定功能的场景,比如,计算 1 ～ 100 的整数之和。由于计算机在执行重复任务的时候表现出了显著的效率,所有高级编程语言都提供了专门的结构来实现代码的循环执行,这被称为循环结构。循环的本质是基于一定条件下反复执行某一代码片段。这种循环逻辑是结构化程序设计中的三大核心结构(顺序结构、选择结构和循环结构)之一。

在 C 语言中,能实现循环的语句有 while 语句、do 语句、for 语句以及 goto 语句,其中 goto 语句在实际中较少使用。前三种语句被归类为迭代语句,俗称循环语句;goto 语句只是一种跳转语句,允许程序从一个位置跳转到另一个指定位置。因为应用 goto 语句,也可以实现循环执行一段程序代码,所以把它列入本章进行简单阐述。

5.1　while 语句

微视频 5-1： while 语句和 do 语句

while 语句的格式如下:

```
while ( 控制表达式 )
        一条语句
```

语句部分称为循环体,控制表达式的结果应是一个标量。while 语句的执行规则是:首先计算控制表达式的值,如果为非 0,则执行语句,再计算控制表达式的值,不断重复;否则整个 while 语句执行完毕。

while 语句的执行流程图如图 5-1 所示。

若控制表达式值为非 0 时,要执行多条语句,则需要把这些语句用 {} 括起来,形成一条复合语句。

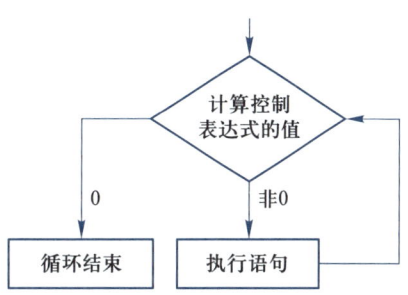

图 5-1　while 语句的执行流程图

例 5.1　求 1+2+3+⋯+100 的值

分析:想要做这个加法,可以先定义两个变量 i 和 sum,i 初始化为 1,sum 初始化为 0。首先把 i 加到 sum 中,即执行 sum=sum+i;,此时 i 为 1,也就是把 1 加到了 sum 中,然后把 i 自加 1,i 变成 2,再次执行 sum=sum+i;,sum 的值就是 1+2 的值,一直重复"sum=sum+i; i++",直到 i 大于 100,此时 sum 的值就是 1+2+3+⋯+100 的值。所以解决这个问题,只要把 sum=sum+i 和 i++ 重复 100 次。基于这种思路,利用 while 语句就可以实现上述求和。代码如下:

```c
#include <stdio.h>
int main(void)
{
```

```
int i=1,sum=0,n=100;          // sum 存放 1+2+…+i 的和,先初始化为 0
while(i<=n)
sum+=i++;                      // 做完加法并赋值给 sum 后,i 自加 1
printf("1+2+3+...+%d=%d\n",n,sum);
return 0;
}
```

代码执行过程:在进入 while 语句之前,i 的值设为 1,sum 的值为 0。这里一定要让 sum 初始化为 0,因为如果不初始化为 0,仅定义变量 sum,则 sum 的值是不确定的,这样第一次执行 sum+=i++ 后,sum 的值就是这个不确定值加 1,显然这会导致最终求和的结果不正确。

进入循环后,先计算控制表达式 i<=n 的值,为非 0,根据 while 语句的执行规则,执行循环体语句 sum+=i++;。i++ 是后缀表达式,先用 i 的值,若 i 为 1,执行 sum=sum+1,sum 变为 1。接着 i 自增 1 变为 2,这样就执行完一轮循环,按照 while 语句的执行规则,回到控制表达式,计算其值,此时 i 的值是 2,因此控制表达式 i<=n 的值仍然为 1,继续执行循环体语句。

每执行一轮循环,i 增加 1,sum 也增加 i。直到 i 为 100 时,i<=n 的值仍然为 1,sum 继续加 i,并自加 1,i 变为 101,回到控制表达式,发现此时 i<=n 的值变为 0,所以 while 语句执行完毕,到此为止,sum 的值就是 1+2+…+100 的值。

根据程序执行规则,继续执行 while 语句后面的语句,这里就是执行 printf 语句,输出结果,整个 main 函数执行完毕,程序结束。上述代码的执行结果是:

```
1+2+3+…+100=5050 ✓
```

现在考虑一个问题,如果把 sum+=i++; 拆开写成两条语句,写成如下程序代码,执行后会出现什么样的情况?

```
#include <stdio.h>
int main(void)
{
    int i=1,sum=0,n=100;    // sum 存放 1+2+...+i 的和,先初始化为 0
    while(i<=n)             // while 后只有一条语句属于 while 语句
        sum+=i;
        i++;
    printf("1+2+3+...+%d=%d\n",n,sum);
    return 0;
}
```

while 循环仅将其紧随的一条语句作为循环体。所以这里只有 sum+=i; 被视为 while 语句的循环体。在这个例子中,由于 i 的值没有在循环中改变(始终为 1),控制表达式 i<=n 的值永远为非 0,导致循环无限执行。这种在程序执行中,无法靠自身控制终止的循环称为"死循环"。

为了避免这种情况,要确保 i 的值在每次迭代后都增加,需要将 sum+=i; 和 i++; 两条语句都包含在循环体内。这可以通过使用大括号 {} 来实现,将两条语句合并成一条复合语句。

```
while(i<=n)
{
    sum+=i;
    i++;
}
```

从这个例子可以看出,如果要想循环体执行有限次数,一种方法就是在循环过程中改变某些值,使得控制表达式的值有机会变成 0 以结束循环。当然,不通过控制表达式,用 break; 语句也可以强制退出,这在 5.5 节中加以介绍。

■■■■ 例 5.2 统计从键盘输入的一行字符的个数。

分析:在之前的章节中,我们学习了当用户从键盘输入一串字符并按 Enter 键时,这些字符会按照输入顺序存入计算机的缓冲区。通过使用 getchar 函数,可以逐个地从缓冲区中读取字符。

为了连续读取缓冲区中的字符,可以利用 while 循环。在这个循环中,getchar 函数被用来反复地从缓冲区提取字符。每次提取一个字符时,代码检查该字符是否是换行符。如果字符不是换行符('\n'),则将计数器加 1,以记录已读取的字符数量。一旦读取到换行符,循环便会终止。

因此,while 循环中的控制表达式定为 '\n' != getchar()。此表达式先执行 getchar(),即从缓冲区中获取字符,然后把获取的字符与 '\n' 比较,得到整个表达式的结果。这意味着,只要获取的字符不是 '\n',表达式的值就为非 0,循环将持续运行。以下是具体的实现代码。

```
#include <stdio.h>
int main(void)
{
    unsigned charNum=0;          //用于统计字符的个数,初始化为 0
    printf("Input a string:");
    while('\n'!=getchar())       //把获取的字符与 '\n' 比较形成控制表达式
        charNum ++;
    printf("Number of characters: %u\n", charNum);
    return 0;
}
```

执行结果实例如下:

```
Input a string:chinese people↵
Number of characters: 14
```

特别提醒,while(控制表达式)后不加";",看下面的代码。

```
#include <stdio.h>
int main(void)
{
```

```
unsigned charNum=0;
printf("Input a string:");
while(getchar()!='\n');                //注意与例 5.2 相比,最后多了";"
    charNum ++;
printf("Number of characters: %u\n", charNum);
return 0;
}
```

如果输入字符串是 "chinese people",预期的输出应为 14,即字符串的长度。然而,实际输出却是 1。这种情况发生的原因是代码在 while 循环的语句中多加了一个分号。

在 C 语言中,分号表示空语句。根据 while 语句的语法规则,循环体只能包含一条语句。因此,这个额外的分号成了 while 循环体中的一条空语句,而 charNum ++ 不再被视为 while 循环的一部分。因此,在执行过程中,每次循环时,只有空语句被执行,而 charNum ++ 没有被执行,导致最终输出结果为 1。

要解决这个问题,只需要去除 while 语句后面的分号,确保 charNum ++ 能够正常作为 while 循环的一部分。

总之,while 只与它后面紧邻的一条语句构成 while 语句,这条语句通常是用 {} 括起来的复合语句。

5.2 do 语句

除了 while 语句,在 C 语言中,do 语句也能用于循环执行一个过程。其一般形式为:

```
do
一条语句
while( 控制表达式 );
```

注意 while(控制表达式)后面必须要有";",控制表达式的结果必须是标量。do 和 while 之间的那条语句为 do 语句的循环体。

do 语句的执行规则为:先执行循环体中的语句,再计算控制表达式的值,如果控制表达式的值非 0,再次执行语句,直到控制表达式的值为 0,结束 do 语句。do 语句的执行流程图如图 5-2 所示。

和 while 语句相同,do 语句的循环体也只能有一条语句,如果要执行多条语句,必须把它们用 {} 括起来,形成一条复合语句。如果 do 和 while 之间有多条语句,且没有用 {} 括起来,就会出现错误。

某些编译器不要求 do 语句的循环体中有语句,甚至空语句都可以没有,如 VC++ 所用编译器,但有些编译器,如 gcc 就要求循环体必须有语

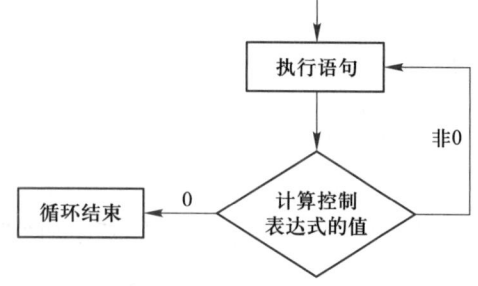

图 5-2 do 语句的执行流程图

句,至少要有一条空语句,这些根据具体编译器具体实践即可。

例 5.3 用 do 语句求 $1+2+3+\cdots+100$ 的值。

分析:先定义一个变量 sum,赋初始值为 0,用于存放和值,再定义一个变量 i,让它从 1 变到 100,循环体用一条复合语句,首先把 i 加到 sum 中,然后把 i 加 1,控制表达式设定为 i<=100。

如果 i<=100 的值为非 0,也就是当 i 的值小于或等于 100 时,继续执行循环体语句,否则结束 do 语句。具体代码如下:

```c
#include <stdio.h>
int main(void)
{
    int i=1,sum=0;          // sum 存放 1+2+…+i 的和,并初始化为 0
    do
    {                       // 这里的循环体是一条复合语句
        sum+=i;
        i++;
    } while(i<=100);        // 注意最后加 ;
    printf("1+2+3+…+100=%d\n",sum);
    return 0;
}
```

代码执行的结果是"$1+2+3+\cdots+100=5050$ ↙",与例 5.1 的结果一样。这里有必要再次说明,"do...while(控制表达式);"整个被认为是一条 do 语句。

do 语句和 while 语句之间有一个关键区别。在使用 do 语句时,它会先执行一次循环体的代码,然后再计算控制表达式的值。根据这个值的结果,决定是否继续执行循环体。而在 while 语句中,首先会计算控制表达式的值,然后根据这个结果来决定是否执行循环体的代码。

换句话说,do 语句保证至少执行一次循环体,无论控制表达式的值如何。而 while 语句在开始执行循环体之前,会先判断控制表达式的值是否为真,只有在控制表达式为真时才会执行循环体的代码。

例如,如果把例 5.1 和例 5.3 中的 int i=1; 都改成 int i=101;,再次分别执行各自代码,则例 5.1 执行后 sum 的值为 0,而例 5.3 执行后 sum 的值为 101。这是因为例 5.3 中是先执行一次循环体,因为 i=101,所以 sum 被赋成 101,然后计算控制表达式的值,计算结果为非 0,结束循环。而例 5.1 中是首先计算控制表达式的值,因为 i 值为 101,所以控制表达式的值为 0,不执行循环体中的语句,while 语句结束,因此,sum 还是初始值 0。

do 语句和 while 语句的这个区别可以影响到程序的执行流程和逻辑,因此在选择使用 do 语句还是 while 语句时,需要根据具体的需求和逻辑来决定。

do 语句和 while 语句都需要一个控制表达式,这个表达式的值决定了是否继续执行循环体。但是有些初学者错误地认为控制表达式只能是关系表达式,比如像 i<=100 这样的形式。实际上,控制表达式可以是任何类型,只要它最终的结果是一个标量值就可以。

换句话说,控制表达式可以是任何合法的表达式,只要它的最终结果可以被解释为一个值。do 语句和 while 语句就可以根据这个值是 0 或非 0 来决定是否继续执行循环。

因此,用 do 或 while 语句时,可以根据具体的需求和逻辑,选择合适的控制表达式来控制循环体的执行。

这里给一个实例,用逗号表达式 sum+ =i,i=i+1,i<=100 作为控制表达式,用 do 语句计算 1+2+…+100 的值。

例 5.4 在 do 语句的循环体中只有一条空语句,如何设计控制表达式,实现求 1+2+3+…+100 的值。

```c
#include <stdio.h>
int main(void)
{
    int i=1,sum=0;                  // sum 存放 1+2+…+i 的和,初始化为 0
    do
        ;                           // 这里的循环体是空语句
    while(sum+=i,i=i+1,i<=100);     // 控制表达式为逗号表达式
    printf("1+2+3+…100=%d\n",sum);
    return 0;
}
```

当进入循环体时,首先执行空语句,然后计算控制表达式。第一个子表达式 sum+ =i 实现 sum 加 i,第二个子表达式 i=i+1 实现 i 增 1,第三个子表达式 i<=100 实现结束循环的控制。因为整个逗号表达式的值就是最后一个子表达式的值,所以,表达式 i<=100 的值决定了 do 语句是否继续执行循环体语句。同时,前面的两个子表达式实现了把 i 加到 sum 中和 i 增 1 的运算。

例 5.5 输入一个正整数,用 do 语句输出此数各个位上的数字,中间用空格分开。

分析:在处理正整数 n 时,利用取模运算 n % 10 可提取其个位上的数字。首先,程序输出这个个位数。随后,为了获取并输出十位数,可以将 n 除以 10(n=n / 10),这样操作会将原本位于十位的数字移至个位。例如,如果最初 n 的值是 123,执行 n=123 / 10 后,n 将变为 12(两整数除法将产生整数商),通过这种方式,又能够用取模运算 n % 10 得到原十位上的数字。

利用这个规律,可以使用 do-while 循环来实现连续的操作:首先输出 n 当前个位上的数字(使用 printf("%d ", n % 10)),然后更新 n 的值(n=n / 10)。这个过程会一直重复,直到 n 的值减少到 0,即所有的数字都已经被依次输出。代码如下:

```c
#include<stdio.h>
int main(void)
{
    int n;
    scanf("%d",&n);
    do
    {
        printf("%d ",n%10);         //输出此时 n 的个位上的数字
        n=n/10;
```

```
        }while(n);                    //注意这里的控制表达式是 n 变量
        return 0;
}
```

上述代码执行的一种结果：

1234↵

4 3 2 1

在这个实例中,while 中的控制表达式只有一个变量 n。根据 C 语言的逻辑规则,非 0 值表示真,因此当 n 的值不为 0 时,循环体会继续执行;当 n 的值为 0 时,do 语句结束。当然,这里也可以将控制表达式显式地写为 n!=0,但由于 C 语言支持非 0 即真的逻辑规则,直接使用 n 作为控制表达式更为简洁。

5.3 for 语句

微视频 5-2:for 语句和循环的嵌套

除了上面讲的两种循环语句,C 语言还提供了一种非常重要且应用广泛的循环语句——for 语句。

5.3.1　for 语句的基本格式

在 C89 标准中,for 语句的基本格式为:

```
for( 表达式 1; 表达式 2; 表达式 3)
    一条语句
```

for 语句与 while 语句类似,它将紧邻在 for(...) 后面的一条语句作为它的循环体,而且循环体可以是一条空语句";"。

for 语句的 () 中有三个部分,中间用";"隔开。表达式 1 在循环语句开始时执行,表达式 2 是控制表达式,必须返回一个标量值,它用于判断循环是否继续执行。表达式 3 通常用于改变某些值,例如循环次数的值。

for 循环的执行规则如下:首先执行表达式 1,然后计算表达式 2 的值。如果这个值为非 0,就执行循环体语句;执行完循环体语句后,计算表达式 3 的值,然后再次计算表达式 2 的值。如果表达式 2 的值为非 0,则继续执行循环体,如此循环,直到表达式 2 的值为 0,才结束整个 for 循环语句。for 语句的执行流程图如图 5-3 所示。

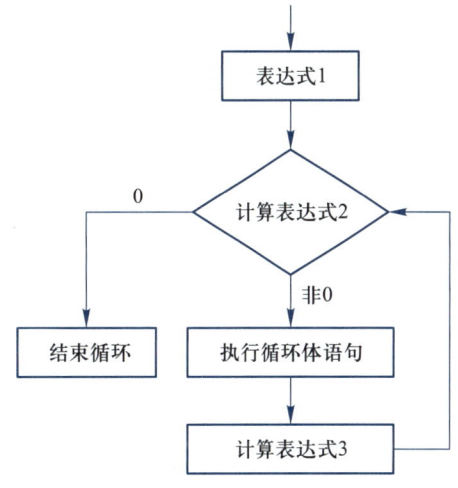

图 5-3　for 语句的执行流程图

注意到表达式 1 只在开始执行 for 语句时执行一次,后面就不再执行。如果循环体含有多条语句,也必须用 {} 括起来形成一条复合语句,这与前面 if 语句、if-else 语句、switch 语句、while 语句和 do 语句一样。

在 C99 标准以后,for 语句的格式改为:

```
for ( 子句 ; 表达式 2 ; 表达式 3)
    一条语句
```

其中,子句(Clause)可以是表达式,也可以是变量的定义及初始化,在此处定义的变量,作用范围只在 for 语句内有效,离开 for 语句无效。其他与前面介绍的一样。

例 5.6   用 for 语句实现求 $1+2+\cdots+100$ 的值。

```c
#include <stdio.h>
int main(void)
{
    int sum=0,i;
    for(i=1;i<=100;i++)        // 表达式 1 :i=1,表达式 2 :i<=100,表达式 3 :i++
        sum=sum+i;             // 这条语句是 for 语句的循环体
    printf("sum=%d\n",sum);
    return 0;
}
```

对于 for 语句,在初始阶段,执行表达式 1(i=1),此时 i 被赋值为 1。紧接着,执行表达式 2(i <=100),其计算结果为非 0,根据 for 语句的逻辑,执行循环体语句(sum+ =i;),此时 sum 被赋值为 1。

随后,执行表达式 3(i++),i 的值增加到 2。再次计算表达式 2,其结果依然为非 0,因此循环体再次执行。这个过程将重复进行:每次迭代 i 的值增 1,sum1 累加 i 的当前值,直到 i 达到 100。在 i 为 100 时,表达式 2 依然为非 0,循环体执行后,执行表达式 3,i 变为 101。接着再次计算表达式 2,这时其值为 0,因此 for 语句执行完毕。最终,sum 的值为 5050。

如果应用 C99 标准以后的版本,上述代码的 i 可以不用在 for 语句前面定义,而是在 for 语句内部定义,写成:for(int i=1;i<=100;i++),但这样定义的 i 只能在 for 语句内部有效。

例 5.6 虽然简单,但 for 循环的应用非常广泛。接下来的两个例子将展示通过在循环体中添加不同的语句,可以实现更为复杂的功能。

例 5.7   用 for 语句输出斐波那契数列(Fibonacci Sequence)的前 10 个数。斐波那契数列的开始两个数为 1、1,以后每个数都是它前面两个数的和,如:1 1 2 3 5 8 13…。

分析:为了输出前 10 个数,首先定义了两个变量 preData 和 nextData,并将它们初始化为数列开始的两个值 1。由于数列的规律是前面两个数相加等于后面一个数,因此可以使用循环来处理这种重复性的工作。在这里使用 for 语句。题目要求输出前 10 项,已经有了初始的两个数据,所以只需要进行 8 次前项加后项的操作。因此,for 语句中的表达式 1 写为 "i=3",表达式 2 写为 "i<=10",表达式 3 写为 "i++"。

有些人可能会认为,先输出第一项和第二项,然后在循环体中通过 nextData =

preData + nextData 计算新项,并输出新项的值即可。因此,写成如下代码。

```
printf("%d,%d", preData, nextData);     //输出开始两个数1,1
for (i = 3; i <= 10; i++)
{
    nextData = preData + nextData;      //将前面两项相加,得到新项
    printf(",%d ", nextData);
}
```

然而,上述代码输出的结果并不是斐波那契数列,而是 1, 1, 2, 3, 4, 5, 6, 7, 8, 9。问题在于循环中的 preData 值始终为 1,并没有随着迭代更新。这导致在计算新项 nextData 时,前一项的值始终为 1,而斐波那契数列要求的是紧邻的前两项相加。

所以在循环体中,如果用 nextData = nextData + preData 计算数列的新项,那么此处的 nextData 在做加法之前的值应该是下一轮计算新项时的 preData。但随着赋值的进行,nextData 的值被改,导致下一轮再计算新项时,所用的 preData 值不正确。

比如,本轮在用 nextData = nextData + preData 计算新项 5 时,nextData 为 3,preData 为 2,计算后 nextData 变成了 5,但如果循环进入下一轮后,再用 nextData = nextData + preData 计算新项时,preData 应该是 3 才对,而不是 2。如何使下一轮计算新项时,把本轮的 nextData 为 3 的值变成在下一轮计算新项的 preData 呢? 这里采用的方法是在本轮加法计算新项前,用一个变量把 nextData 的值先保留下来,等计算完本轮新项 nextData 后,再把它赋给 preData,这样下一轮计算新项时,用 nextData = nextData + preData 就可以正确计算新项。具体代码如下:

```
#include <stdio.h>
int main(void)
{
    int i,preData=1,nextData=1,tempData=0;
    printf("%d,%d",preData,nextData); //输出开始两个数1,1
    for(i=3;i<=10;i++)
    {
        tempData=nextData;              //暂存当前的nextData
        nextData=preData+nextData;      //计算新的nextData
        printf(",%d",nextData);         //把本轮计算的新项输出出来
        preData=tempData;               //把相加前的nextData作为下一次的preData
    }
    return 0;
}
```

程序执行结果为:

```
1,1,2,3,5,8,13,21,34,55
```

还有一种无须定义临时变量的方法来更新前两项,使它们在计算后一项时自动切换。循

环体的代码如下：

```
nextData=preData+nextData;
preData=nextData-preData;
printf(",%d",nextData);
```

例如计算新项 5 时，preData 是 2，nextData 是 3；执行第一句 nextData 变成 5，执行第二句，preData 变成 3，这正好是计算下一项 8 所需要的前两项。

补充一点，斐波那契数列是一个非常神奇的数列，如果你计算出更多的项，你会发现越往后，前一项除以后一项的值越接近 0.618 这个黄金分割比例。更加神奇的是，自然界还有很多植物和现象与斐波那契数列相吻合，例如许多花朵有 1,2,3,5,8 等花瓣数量，向日葵的籽数、树干的分支数都与数列高度契合。有兴趣的读者可以进一步查找相关资料。

例 5.8 用 for 语句求π的近似值。其中：$\dfrac{\pi}{4}=1-\dfrac{1}{3}+\dfrac{1}{5}-\dfrac{1}{7}+\dfrac{1}{9}-\cdots$

分析：当计算 π/4 时，观察到相关的公式涉及无穷多项的相加。由于在编程中无法处理无限项，因此通常选择计算有限项，比如前 20 000 项。每个加数的计算是重复性工作，适合使用 for 循环来实现。在循环中，每次迭代的加数可以通过相应的代码调整。

假设使用 double 类型的变量 pi 来存储 π/4 的计算结果。每个加数的分母比前一个加数的分母大 2。因此，可以设置 for 语句，表达式 1 为"i=1"，表达式 2 为"i<40 000"，表达式 3 为"i=i+2"。这样，每个加数可以表示为 1.0/i（这里的 1.0 不能简写为 1）。如果不考虑各项符号，实现的代码可以写成：

```
for(i = 1; i < 40000; i = i + 2) {
    pi = pi + 1.0 / i;
}
```

然而，上述代码中 1.0/i 始终为正数，没有考虑符号的变化，因此不能正确计算出 π/4。实际上，求和公式中相邻项的符号是交替的。为了实现这一点，我们可以在循环体中增加一条语句，使得 1.0 在 1.0 和 −1.0 之间交替变化。具体做法是引入一个 double 类型的变量 sign，初始值为 1.0。然后将每项写为 sign/i，在执行 pi=pi+sign/i 后，将 sign 的值乘以 −1。这样，在下一轮循环时，加数的符号就发生了变化。具体代码如下：

```
#include <stdio.h>
int main(void)
{
    double pi=0,sign=1.0;
    int i;
    for(i=1; i<40000;i=i+2)        // 这里 i 被赋初值为 1
    {
        pi=pi+sign/i;             // 把第 i 项加到 pi 中
        sign=-sign;              // 为下一轮循环变化符号
```

```
    }
    printf("pi=%10.9f\n",pi*4);
    return 0;
}
```

根据 for 语句的执行规则,i 先被赋值为 1,表达式 2 的值为非 0,则执行 for 循环体中的语句。因 pi 初始值为 0,所以 pi 的值被赋成 sign/i,即 1.0 ;接下来执行 sign=-sign;,sign 由原来的 1.0 变成了 −1.0,回到表达式 3,i 变成了 3,此时表达式 2 的值为非 0,再次执行循环体,此时 sign/i 变为 −1.0/3,正好是整个和式的第二项,依次类推。

最后的输出结果是 pi=3.141 542 654 ✓。如果考虑到逗号表达式的用法,上述代码中的整个 for 语句换成以下代码,其余不变,也可以得到正确的结果值。

```
for(i=1;i<40000; i=i+2,sign=-sign)   // 把逗号表达式作为 for 中的表达式 3
    pi=pi+1.0*sign/i;
```

总之,C 语言的写法非常灵活,多多实践,可以熟能生巧。

5.3.2 for 语句的特殊格式

前面讲述的 for 语句的一般格式中,for() 中的三个表达式是齐全的,但 C 语言中允许出现一些特殊形式,即三个表达式可以部分有或都没有,但不管是哪种情况,两个“;”不能省略。例如,for(;i<=100;i++)、for(;;)、for(i=1;;i++) 等,都符合语法结构。如果没有表达式 2,其值默认为非 0。

虽然表达式可以省略,但整个 for 语句的执行规则是不变的,就是先执行表达式 1,如果没有,则不予处理;然后执行计算表达式 2,如果值是 0,for 语句执行完毕;如果值是非 0 执行循环体(如果没有表达式 2,按非 0 处理),最后执行表达式 3(没有则不执行),再回到表达式 2,依次重复执行。

▇▇▇ **例 5.9** 用 for 语句实现从键盘输入一组字符,并输出。

分析:可以使用 getchar() 函数来不断接收字符,同时使用 putchar() 函数输出它。为了程序的灵活性,不强制执行程序的人(用户)输入多少字符,所以不能使用类似于“i < 某个值”的表达式。当输入结束时,getchar() 函数会返回一个值为换行符 '\n' 的字符,所以 for 语句控制表达式(表达式 2)写成 (c=getchar()) !='\n',进而实现不断接收和输出字符的功能,无须使用 for() 循环中的表达式 1 和表达式 3。代码如下:

```
#include <stdio.h>
int main(void)
{
char c;
for(;(c=getchar())!='\n';)     // 这里只存在表达式 2
    putchar(c);
putchar('\n');
```

```
return 0;
}
```

运行实例结果如下：

```
zhongguo ↵
zhongguo ↙
```

本例与例 5.2 比较，while 语句和 for 语句都可以方便地实现同样的功能，一般来说，while 语句能实现的 for 语句都能实现，for 语句是循环结构中最强大、最灵活的语句。

▌例 5.10　模拟一个简单的倒计时计时器，用户可以设定计时的秒数，程序将每秒递减直到计时结束。

分析：用户首先输入倒计时的总秒数。然后程序进入一个 for 循环，该循环每秒递减 seconds 变量的值并输出剩余时间，直到 seconds 变为 0。这个例子展示了 for(; 条件表达式 ;) 循环在实际工程应用中的使用。代码如下：

```
#include <stdio.h>
#include <unistd.h>              // 包含 sleep 函数
#include<stdlib.h>
int main() {
    int seconds;
    printf("Enter the number of seconds for the countdown: ");
    scanf("%d", &seconds);
    for(; seconds >= 0;)         // 只有表达式 2
    {
        printf("seconds remaining %d\r", seconds);
        sleep(1);               // 等待一秒
        seconds--;              // 更新表达式在循环体内
        system("cls") ;         // Windows 下用, Linux 操作系统下为 printf("\33[2J");
    }
    printf("Time's up!\n");
    return 0;
}
```

第一次输出结果：

```
seconds remaining 10
```

然后在 10 处每隔一秒数字减少 1，直到 0 后消失，并输出 "Time's up!"。但这个循环中使用了 sleep(1) 函数来实现每秒的延迟，然后利用 system("cls") 来擦除上一次输出的内容。这些 C 语言编程的函数需要大家在学习和实践中积累，本书上出现的函数是很少的一部分。

5.4 循环的嵌套

一条循环语句的循环体内包含另一个或多个完整的循环语句,称为循环的嵌套。外层的循环称为外层循环,外层循环的循环体内包含的循环称为内层循环。如果内层循环的循环体中不再嵌套另外的循环,则称这种结构为两层循环或两重循环。如果内层循环的循环体中,还嵌套另外的循环,则称为多层循环(或多重循环)。

简单地讲,循环嵌套是指在一个循环语句的循环体中嵌套另一个完整的循环语句。本章所讲的三种语句(while 语句、do 语句和 for 语句。)均可以彼此嵌套。图 5-4 描述了几个双层循环的例子。

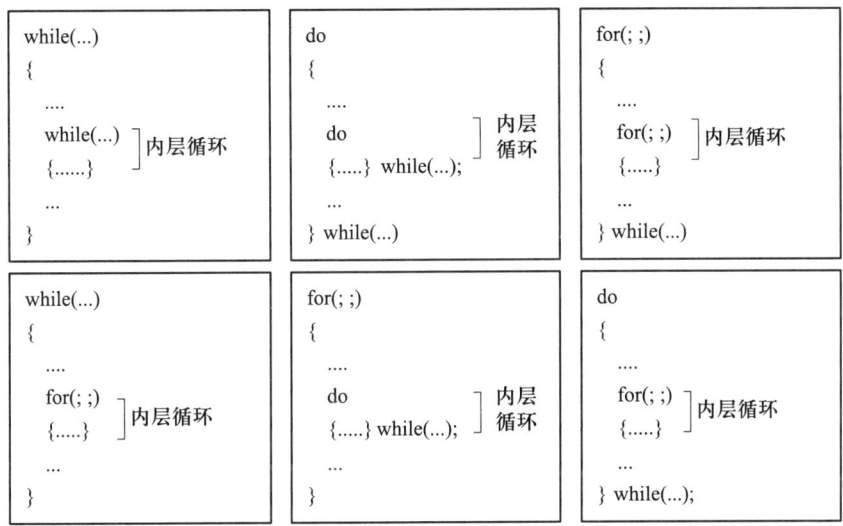

图 5-4 6 个两层循环的示意图

这种结构看似复杂,但只要采用以下两条规则,就能轻松分析它的执行过程。

(1) C 语言中代码的执行规则是执行到一条语句时,按此语句的执行规则把它执行完,再去执行它的下一条语句。

(2) 前面讲的三种循环语句只是一条语句,执行这样的语句时根据它本身的执行规则执行完即可。

观察下面的循环嵌套例子(假设所有变量先前已定义成 int 型,并初始化)。

```
while(i>1)
{
    printf("%d ",i);
    for(j=1;j<i;j++)
    {
        jc=jc*j;
    }
    do
```

```
        jc=jc+5;
    while(a--);
    i++;
}
t++;
```

在这段代码中,我们看到一个由两层循环构成的结构。外层是一个 while 循环(一条 while 语句),而内层则包含两个循环:一个 for 循环(for 语句)和一个 do-while 循环(do 语句)。为了简化理解,可以将 while 循环体内的所有语句视为一条复合语句,这样整个结构就可以被看作是一个简化的 while 语句,后跟着一个 t++; 语句。

代码首先执行 while 语句,完成后接着执行 t++。接下来,我们分析 while 循环的执行过程。如果将每个内层循环视为单独一条语句,那么 while 循环体实际上包含 4 条主要语句:

```
printf("%d ", i);
for 语句
do 语句
i++;
```

当 while 语句的控制表达式的值为非 0 时,这 4 条语句会依次执行。首先是打印语句,接着执行 for 语句。for 语句根据其特定规则执行完毕后,do 语句接着执行,同样按照其规则执行完毕。最后执行 i++;,至此,while 语句完成了一轮循环。

根据 while 语句执行规则,将重新计算控制表达式的值。如果该值仍然为非 0,循环体再次被执行,重复上述 4 条语句,直到 while 语句控制表达式的值变为 0。

例 5.11　输出九九乘法表。

```
1*1=1
1*2=2   2*2=4
1*3=3   2*3=6   3*3=9
1*4=4   2*4=8   3*4=12  4*4=16
1*5=5   2*5=10  3*5=15  4*5=20  5*5=25
1*6=6   2*6=12  3*6=18  4*6=24  5*6=30  6*6=36
1*7=7   2*7=14  3*7=21  4*7=28  5*7=35  6*7=42  7*7=49
1*8=8   2*8=16  3*8=24  4*8=32  5*8=40  6*8=48  7*8=56  8*8=64
1*9=9   2*9=18  3*9=27  4*9=36  5*9=45  6*9=54  7*9=63  8*9=72  9*9=81
```

分析:若用 for 语句输出一行,例如输出第 5 行,代码如下:

```
#include <stdio.h>
int main(void)
{
    int i,j=5;
```

```
    for(i=1;i<=j;i++)              //注意这里的 j 值为 5
        printf("%d*%d=%d  ", i,j,i*j);
    printf("\n");
    return 0;
}
```

执行输出结果为：

```
1*5=5  2*5=10  3*5=15  4*5=20  5*5=25
```

如果把 int i,j=5 中的 5 改成 7,再执行一次,输出结果为:

```
1*7=7  2*7=14  3*7=21  4*7=28  5*7=35  6*7=42  7*7=49
```

也就是说,j 的值为 m,for 语句就输出第 m 行。如果能让 j 的值在执行过程自动从 1 递增到 9,每增 1 就执行一次上述循环,输出一行,就可以正确输出乘法表。

考虑到输出一行后,下一行要换行输出,所以可以把此 for 语句和 printf("\n"); 用 {} 括起来,作为一条 for 语句的循环体,形成一个两层循环,用外层循环调整 j 值,使 j 值依次从 1 递增到 9,每递增一次,执行一次内层循环的 for 语句,完整地输出第 j 行,这样用两层循环就能输出整个乘法表了,代码如下:

```
#include <stdio.h>
int main(void)
{
    int i,j;
    for(j=1;j<=9;j++)              //用循环调整 j 的值,循环体输出乘法表的第 j 行
    {
        for(i=1;i<=j;i++)          //此 for 语句输出 j 行
            printf("%d*%d=%d ",i,j,i*j);
        printf("\n");
    }
    return 0;
}
```

先看外层循环,进入时,j 为 1,表达式 2 :j<=9 的值为非 0,那么执行外层循环中循环体内的语句。首先执行内层循环 for 语句,此时 j 为 1,则内层循环执行后输出"1*1=1";i 变成 2,内层循环 for 语句执行完毕,然后执行语句 printf("\n");,到此,外层 for 语句的循环体执行完一轮,回到外层循环计算表达式 3,j 变为 2,然后计算外层循环表达式 2,其值为非 0,再次进入外层循环的循环体,仍然是先把内层循环的 for 语句执行完毕,输出"1*2=2 2*2=4",再执行 printf("\n"); 语句,一直重复进行,直到外层循环表达式 2 的值为 0 时,外层 for 语句执行完毕。

总之,在执行循环语句时,按规则执行完其循环体中的语句,当循环体中有循环语句时,也依据其执行规则把此语句执行完,然后继续执行其后继语句。

例 5.12 将 100 元换成 50 元、20 元和 10 元零钱,有几种换法?

分析:用这三种纸币去换 100 元的所有方式中,50 元只可能有 3 种情况,0 张,1 张或 2 张,20 元只可能有 0 张到 5 张,共 6 种情况,10 元的只可能有 0 张到 10 张,共 11 种情况。

设在某种换成 100 元的方式中,50 元为 a 张,20 元为 b 张,10 元为 c 张,则 a、b、c 应满足表达式 100==50*a+20*b+10*c 的值为非 0。可以用一个三层循环——去试,先执行 a=0,b=0;时,c 从 0 试到 10,把满足条件的记录下来,然后,让 a=0,b=1,再让 c 从 0 试到 10,如此重复,直到把所有 a、b、c 值的可能组合都试完为止。代码如下:

```c
# include <stdio.h>
int main(void)
{
    int a,b,c;    //a 代表 50 元的张数;b 代表 20 的张数;c 代表 10 的张数
    printf("50 元张数 20 元张数 10 元张数 \n");
    for(a=0;a<=2;++a)
        for(b=0;b<=5; ++b)
            for(c=0;c<=10;++c)
            {
                if(100==50*a+20*b+10*c)        // 表达式的值为非 0,满足条件输出
                    printf("   %-5d%5d%10d\n", a,b,c);
            }
    return 0;
}
```

分析这段代码,最外层循环的循环体实质上只有一条语句,就是第二层的那条 for 语句。第二层循环的循环体也是一条 for 语句,这条 for 语句就是第三层循环。

最外层循环的表达式 2 "a<=2" 的值如果是非 0,就执行第二层的 for 语句,直到把这条语句执行完,再回到最外层 for 的表达式 3 "++a" 直到把它执行完毕。同样,在最外层 for 语句的表达式 2 的值为非 0 时,执行第二层 for 语句,也是按 for 语句本身规则,把它执行完,然后回到最外层 for 语句的表达式 3。执行第二层 for 语句的规则也是这样,把第三层 for 语句执行完,回到它的表达式 2,继续执行。代码最后的输出结果如下:

50 元张数	20 元张数	10 元张数
0	0	10
0	1	8
0	2	6
0	3	4
0	4	2
0	5	0
1	0	5
1	1	3

```
1        2        1
2        0        0
```

解决上述问题的思想是,将所有可能的情况全部试验一次,满足要求的组合输出出来,这种算法思想称为穷举法。循环嵌套是实现穷举法的一种有效手段。

读者可以用类似的算法思路解决"百钱买百鸡"问题,这个问题是我国古代一个著名的数学问题。假设公鸡 5 钱一只,母鸡 3 钱一只,小鸡 1 钱 3 只,现在有 100 钱,要买回 100 只鸡,问公鸡、母鸡、小鸡分别买多少只? 这个问题的扩展问题是"n 钱买 n 只鸡"问题。

5.5 break 语句和 continue 语句

微视频 5-3:
break 语句、
continue 语句和
goto 语句

C 语言中提供了 break 和 continue 两条跳转语句,break 和 continue 语句提供了在循环中进行更精细控制的方式,使得代码可以在特定条件下更有效地执行或跳过特定的代码块,正确使用这些语句可以提高代码的效率和可读性。

当执行循环时,如果在循环体中执行到 break 语句,就结束当前循环语句。就像在 switch 语句中一样,执行到 break; 结束 switch 语句。

如果在循环体中执行到 continue 语句,则不执行循环体中 continue; 后面的所有语句,强行执行下一轮循环。如果是 for 语句就直接去计算表达式 3,如果是 do 语句和 while 语句就直接执行它们的控制表达式。

简单地讲,break 语句中止整个循环,而 continue 语句中断当前一轮的循环体,进入到下一轮。

例 5.13 找出一个比 100 大且能被 47 整除的整数,并输出。

分析:在比 100 大的数中去找能被 47 整除的整数,可以用循环从 101 开始往上,一个一个数地进行测试,看哪个数能被 47 整除,如果能被 47 整除,就输出这个数,然后用 break; 结束循环语句,如果不能整除,不执行输出,用 continue; 继续测试下一个数。本例用 for 语句实现,因为并不能确定到底到哪个数结束,所以很难写出其表达式 2 的具体形式,因此 for 语句表达式 2 省略,即它的值一直认定为非 0。程序代码如下:

```c
#include <stdio.h>
int main(void)
{
    int i=0;
    for(i=101;;i++)          // 没有控制表达式,也就是表达式 2,默认其值为非 0
    {
        if(i % 47 !=0)       // 不能被 47 整除
            continue;        // 直接到下一轮循环,下面两条语句不执行
        printf("%d\n",i);    // 能执行到这个语句,则表明 i 一定能被 47 整除
                             // 否则就执行了 continue; 而进入下一轮循环
        break;
```

```
    }
    return 0;
}
```

分析此代码,如果 i 不能被 47 整除,则执行 continue;,此时,回到 for 语句的表达式 3,把 i 加 1,因为没有表达式 2,其值默认是非 0,所以再次执行循环体中的语句。如果 i 能被 47 整除,则不执行 continue;,而是执行 printf("%d\n",i); 语句,输出能被 47 整除的数 i,然后执行 break; 跳出循环,整个 for 语句执行完毕。

本题还有另外一种思路,即循环变量 i 从 1 开始,每轮循环增加 1,在每轮循环中检查 i*47 是否大于 100,大于则输出 i*47,并退出循环。

下面总结循环语句的 5 条注意事项。

(1) 在 for 语句中,表达式 2 的值非 0 时执行循环体,循环体只能是一条语句,如果要执行多条语句,则必须用 {} 括起来,使它变成一条复合语句。

(2) 结束执行循环语句有两种方式,一个是控制表达式的值为 0,另一个是执行了 break;。

(3) 整个程序代码的执行原则是按规则顺序执行语句(有跳转语句按跳转语句规则执行),对于循环语句本身,按照它执行的规则,把它执行完后,再执行其后面的语句。

(4) 循环体中的语句,可以是空语句,如 while(控制表达式);、for(表达式 1; 表达式 2; 表达式 3);、do ; while(控制表达式)。

(5) 多重循环从整体上看只是一条循环语句,不管它的循环体内有多少语句,嵌套几层,执行时逐条语句(包括循环语句)按各自的规则执行。

因为循环结构较为重要,下面再举几个关于循环语句的实例。

例 5.14 从键盘输入一个整数 m,判断 m 是否为素数,是则输出 Y,不是则输出 N。

分析:素数是一个只能被 1 和它本身整除的整数。让程序判断 m 是不是素数,只需要用一个循环,让 m 除以从 2 到 m-1 之间的每一个整数,如果有一个数能整除 m,则 m 就不是素数,否则 m 是素数。从数学上推理,判断一个数是不是素数,只要把 m 除以 2 到 $\sqrt{m}$ 之间的每一个整数,而不用从 2 开始一直判断到 m-1。

因此,用一个循环判断 m 是否能被 2 到 $\sqrt{m}$ 之间的一个整数 i 整除,只要这中间有一个整数能整除 m,说明 m 不是素数,此时就可以用 break; 退出循环。如果是素数,则 i 一定大于 $\sqrt{m}$ 的整数部分。具体代码如下:

```
#include<stdio.h>
#include<math.h>
int main(void)
{
    int m,i,k;
    scanf("%d",&m);
    k=(int)sqrt(m);              //这里把√m强制转换为 int 型
    for(i=2;i<=k;i++)
        if(0 == m%i)             //如果有一个数可以整除 m,则结束循环
            break;
```

```
    if(i>k)                 // 这里如果 i>k 的值为非 0，则 m 就是素数
        putchar('Y');
    else
        putchar('N');
    putchar('\n');
    return 0;
}
```

这段代码中，为什么 i>k 的值为非 0 时就能认定 m 是素数呢？因为如果 i 从 2 到 k 中，有一个 i 值可以整除 m，则代码执行 break; 语句，此时，for 语句中的 i++ 没有执行就会退出循环，因而此时的 i 一定不大于 k。

判断素数的代码还有一种方法，就是先定义一个变量 flag，把它初始化为 0，然后在 for 循环体中这样处理：如果 0==m%i 的值是非 0，即 m 能被 i 整除，则 m 不是素数，执行 flag=1;，并用 break; 退出循环，然后根据 flag 值进行判断，当 flag 为 1 时，则 m 不是素数，为 0 则是素数。程序代码如下：

```
#include<stdio.h>
#include<math.h>
int main(void)
{
    int m,i,k, flag=0;
    scanf("%d",&m);
    k=(int)sqrt(m);
    for(i=2;i<=k;i++)
        if(m%i==0)          // 这是一条 if 语句，是 for 语句的循环体
        {
            flag=1;         // 不是素数就把 flag 赋为 1
            break;
        }
    if(!flag)               // 当 flag 为 0 是素数，则 !flag 为 1，正好输出 Y
        putchar('Y');
    else
        putchar('N');
    putchar('\n');
    return 0;
}
```

■■■■ **例 5.15**　找出 100 到 200 之间的素数，并输出。

分析：这个问题只要用循环来改变 m 的值，然后在循环体内部，用例 5.14 的方法判断 m 是不是素数，是素数就把这个数输出，不是就继续判断下一个 m，程序代码如下：

```
#include<stdio.h>
#include<math.h>
int main(void)
{
    int m,i,k, flag=0;
    for(m=100;m<=200;m++)      // 用循环来改变 m 的值
    {
        flag=0;
        k=(int)sqrt(m);
        for(i=2;i<=k;i++)
            if(m%i==0)
            {
                flag=1;        // 不是素数就把 flag 赋为 1
                break;
            }
        if(!flag)
            printf("%d ",m);
    }
    printf("\n\n");
    return 0;
}
```

在这个程序代码中,考虑到偶数一定不是素数,外层循环中的 for(m=100; m<=200; m++)可以改成 for(m=101;m<200;m=m+2),这样可以大幅减少计算量。

例 5.16　求 $1!+2!+\cdots+8!$ 的值。

分析:先看如何求 n!。因为 $n!=1*2*3*\cdots*n;$,所以可以依照计算 $\sum_{i=1}^{100} i$ 的算法,先定义 int factorial=1;,然后用一个 for 语句,在循环体中执行语句 factorial *=i;,i 从 1 变化到 n。当循环结束后,factorial 的值就是 n!,for 语句如下:

```
for(i=1;i<=n;i++)              //求 n!
    factorial *=i;
```

现要求计算 $1!+2!+\cdots+8!$ 的值,所以在其外层嵌套一个循环,把 *n* 从 1 变化到 8,使内层循环计算 8 次阶乘。考虑到需求是要给出每一个数阶乘的和,所以再定义一个变量 sum 并初始化为 0,每计算出一个数的阶乘,就把此阶乘值加到 sum 中。整个代码如下:

```
#include <stdio.h>
int main(void)
```

```
{
    int factorial =1,sum = 0,n, i;
    for (n = 1; n <= 8; n++)
    {
        factorial = 1;              // 每次计算 n! 之前,把 factorial 赋成 1
        for (i = 1; i <= n; i++)    // 此循环计算 n!
            factorial *= i;
        sum = sum + factorial;      // 把 n! 加到 sum 中
    }
    printf("1!+2!+...+8!=%d", sum);
    return 0;
}
```

代码执行结果为:1!+2!+…+8!=46 233

再考虑一下,这个代码的计算过程中存在大量重复计算。例如计算 5! 时,内层循环计算
了 1*2*3*4*5,接下来 n 由 5 变成 6,内层循环计算 6!,又一次从 1 开始计算 1*2*3*4*5,这种
重复的计算是否可以省略,以减少计算的量呢? 考虑到当求得 n! 后(此时的结果为 factorial),
计算(n+1)! 只要 factorial*(n+1),也就是说,计算(n+1)! 时直接利用 n! 的结果,而不再从 1 开
始计算,这样就避免了重复计算问题。修改的代码如下:

```
#include <stdio.h>
int main(void)
{
    int factorial = 1, sum = 0,n;
    for (n= 1; n <= 8; n++)
    {
        factorial =factorial*n;     // 注意这里,计算后的 factorial 就是 n!
        sum = sum + factorial;      // 把 n! 加到 sum 中
    }
    printf("1!+2!+...+8!=%d", sum);
    return 0;
}
```

可以看到,这个算法比前一种算法节省了很多计算量。所以同一个问题一般有多种算法,
好的算法可以用更少的计算量、更短的时间解决问题。

例 5.17 求两个正整数的最大公约数和最小公倍数。

分析:给定两个正整数 m 和 n,最大公约数不可能比 m 和 n 中的最小者大,所以可以从 m
和 n 的最小者开始,递减 1,逐个整数试验,直到递减到 1,第一个能同时整除 m 和 n 的数就是
它们的最大公约数,把它输出出来,并用 break; 退出循环。

最小公倍数不可能比 m 和 n 中的最大者小,所以可以从 m 和 n 的最大者开始,用循环每

次递增 1,逐个整数试验,第一个能同时被 m 和 n 整除的数就是它们的最小公倍数,输出并用 break; 退出循环。具体代码如下:

```c
#include <stdio.h>
int main(void)
{
    int m,n, gcd,lcm;
    printf("please input m(m>0) and n(n>0):\n");
    scanf("%d%d",&m,&n);
                                        //求最大公约数
    gcd=(m<n?m:n);                      //求 m 和 n 中的最小者
    while(gcd >=1)
    {
        if(0==m% gcd && 0==n% gcd)      //表达式值为 1 表示找到最大公约数
        {
            printf("Greatest common divisor:%d\n", gcd);
            break;                      //退出循环
        }
        gcd --;                         //递减 1 继续试验
    }
                                        //求最小公倍数
    lcm=(m>n?m:n);                      //求 m 和 n 中的最大者
    while(1)   //这里表达式为 1,表示一直循环,要用 break; 强制退出
    {
        if(0== lcm %m && 0== lcm %n)    //表达式为 1 表示找到,输出并退出循环
        {
            printf("Least common multiple:%d\n", lcm);
            break;                      //退出循环
        }
        lcm ++;                         //递增 1 继续试验
    }
    return 0;
}
```

程序运行结果实例如下:

```
please input m(m>0) and n(n>0):
12 15↵
Greatest common divisor:3
Least common multiple:60↙
```

例 5.18　从键盘输入一个奇数 row，在界面上输出一个由 * 组成的菱形，两个 * 之间有一个空格，最长一行 * 数量为 row，比如 row = 7，则输出图案如图 5-5 所示。

分析：在打印这种菱形图形时，需要注意每一行由空格和星号（*）两部分组成，而且每行的空格和星号数量是不同的。分析图形，可以发现这些数量变化的规律。假设菱形总共有 row 行，对于每一行，我们设空格数量为 m，星号数量为 n。初始时，第一行的 m（空格数量）是 row-1，n（星号数量）是 1。接下来，对于上半部分的菱形，每向下一行，m 减少 2，n 增加 2。当到达中间行（第 row/2 + 1 行）时，m 变为 0，n 达到 row。对于下半部分的菱形，情况相反：每向下一行，m 增加 2，n 减少 2。

图 5-5　一个 7 行的菱形图

因此，可以用两层循环来打印整个菱形。外层循环控制行数，内层循环分为两部分：先输出 m 个空格，再输出 n 个星号。打印每一行后，根据上述规律调整 m 和 n 的值。值得注意的是，根据题目要求，每个星号之间需要加一个空格，所以在输出星号时，每个星号后跟一个空格。代码如下：

```c
#include<stdio.h>
int main(void)
{
    int row;                 //存放菱形的行数
    int m,i,j,n=1;           //m 表示空格的个数,n 表示 * 的个数
    printf("Please enter a value for row:");
    scanf(" %d",&row);
    m=row-1;
    for(i=1;i<=row;i++)
    {
        for(j=1;j<=m;j++)    //输出第 i 行前面的空格,个数由 m 决定
            printf(" ");
        for(j=1;j<=n;j++)    //输出第 i 行的 *
            printf("* ");    //* 后有一个空格
        printf("\n");        //输出一行后换行
        if(i<row/2+1)        //根据 * 最多的一行来确定下一行的空格和 * 个数
        {                    //在 * 最多一行的上面,空格和 * 的个数分别减 2 和加 2
            m=m-2;
            n=n+2;
        }
        else
        {                    //在 * 最多的一行及其下面,空格和 * 的个数分别加 2 和减 2
            m=m+2;
```

```
            n=n-2;
        }
    }
    return 0;
}
```

请读者进一步思考,当 row 是偶数时,如何输出类似的菱形图形。

5.6　goto 语句

goto 语句是一种跳转语句,控制程序跳转至指定的标签语句处继续执行,格式如下:

```
goto lable;                 //这是 goto 语句,其中 label 为标签名,由用户定义
    ...
label: 语句                 //这是一条标签语句
```

冒号：分隔标签名和语句,标签名 label 用合法的标识符命名且在函数中唯一。标签语句可以在 goto 语句的前面或后面。当执行到 goto lable 时,直接到 label: 处执行其后的语句。例如:

```
L1: ch=getchar();           //标签语句
if(ch!= 'y')
    goto L1;                //跳转到 L1,继续读取字符
```

这里的 goto L1 的作用是直接跳转到带 L1 标签的语句处执行。这个代码段的作用是从键盘接收字符,直到接收到字符 'y' 结束,这样的方式也可以循环执行一段代码。

虽然在某些特定情况下,goto 语句有助于简化程序结构,例如在多层嵌套循环中跳出,或在错误处理时可以避免重复代码。但在编程实践中,通常建议尽量避免使用 goto,以提高代码的可读性和可维护性。主要原因如下。

(1) goto 语句可以让程序跳转到代码中的任何位置,造成代码可读性低,增加了理解代码逻辑的复杂性。

(2) 过度使用 goto 语句会导致所谓的“意大利面条代码”,即代码结构混乱、逻辑复杂,难以追踪程序的执行路径,导致结构性混乱,代码维护和调试变得非常困难。

(3) goto 语句可导致程序跳过一些重要的初始化或清理工作,从而引入难以发现的错误,增加错误风险,例如它可能导致程序跳过释放资源的代码,从而引起内存泄漏,削弱了代码的健壮性。

(4) C 语言中的结构化流程控制语句(如 if、while、for、switch、break 和 continue)通常可以替代它,且能提供更加清晰、更可维护的代码结构。

(5) 现在随着程序规模的增长,使用 goto 语句会使得代码越来越难以维护。在复杂的系统中,不恰当地使用 goto 语句也可能会导致意料之外的结果和难以追踪的错误。

5.7　循环语句和 switch 语句

　　前面阐述的三种循环语句（while 语句、do 语句和 for 语句）都是非常正规地从开始处执行，例如 for 语句从表达式 1 处进入，while 语句先执行控制表达式，do 语句从 do 后面执行。现在利用 goto 语句来试验一下，直接跳转到循环体中的某条语句执行，这些循环语句是否可以执行并正常结束。

例 5.19　用 goto 语句直接跳转至循环体内的某条语句。

```c
#include <stdio.h>
int main(void)
{
    int y=5,i=-3;
    goto label;   //用 goto 语句直接跳转到 label 指向的标签语句执行
    for(i=8;i<0;i++)
    {
        y=20;
        label:printf("i=%d ,y=%d\n",i,y);  //标签语句
    }
    return 0;
}
```

发现编译无错误，代码执行结果如下：

```
i=-3 ,y=5
i=-2 ,y=20
i=-1 ,y=20
```

　　这表明，可以用 goto 语句让 for 语句直接从它的循环体中的某一语句开始执行。例 5.19 中，通过 goto 语句直接转到 printf 语句执行，输出 i=-3 ,y=5，表明并没有执行 for 语句中的表达式 1，也没有执行 y=20;，但后面还是根据 for 语句的执行规则，把 for 语句执行完毕。同样，应用 goto 语句也可以使 while 语句和 do 语句从它们的循环体中间某条语句开始执行，并随后按循环语句本身的执行规则把整条循环语句执行完。

　　在第 4 章中我们探讨了 switch 语句的执行规则。如果把 switch 语句中的 "case 常量表达式 :" 理解为标签（label），那么 switch 中的控制表达式就相当于跳转到这些标签的 goto 语句，这样每个 "case 常量表达式 : 语句 " 就代表了不同的标签处的语句。

　　利用这个理解，可以在循环体中使用 switch 语句。通过在循环体的某个位置放置 "case 常量表达式 :"，就可以实现从循环体的特定部分开始执行的效果。这样做可以在一定程度上简化代码，提高程序的灵活性和运行效率。

例 5.20　分析下列代码的输出结果。

```c
#include <stdio.h>
```

```
int main(void)
{
    int i=-5;
    int y=1;
    switch(y)
    {
        for(i=8;i<0;i++)
        {
        case 0: y+=2;
        case 1: y+=3; printf("y=%d ",y);
        }
        case 2: printf("y=%d ",y+100);
    }
    return 0;
}
```

上述程序代码看起来复杂,实质上很简单。如果把 case 0: 和 case 1: 看成是标签的话,for 语句就是下面这段代码:

```
for(i=8;i<0;i++)
{
    case 0:y+=2;
    case 1:y+=3;printf("y=%d ",y);
}
```

去掉标签就是:

```
for(i=8;i<0;i++)
{
    y+=2;
    y+=3;
    printf("y=%d ",y);
}
```

可以看到,这是一条完整的 for 语句。

在例 5.20 中,执行 switch 语句时,变量 y 的值为 1。因此,程序跳转到 case 1: 语句并执行。这类似于使用 goto 语句跳转到标签处。执行 y+=3; 后,y 的值变为 4,并输出 y=4。由于这段代码位于 for 语句循环体中,for 循环继续执行。接下来,程序执行 for 语句中的 i++ 部分,并遵循 for 循环的执行规则。需要注意的是,for 循环的表达式 1 没有被执行。for 循环的执行结果如下:

```
y=4 y=9 y=14 y=19 y=24
```

当 for 语句执行完毕后,由于没有遇到 break 语句,程序继续执行 switch 语句块中的后续语句,也就是执行 case 2: 后面的语句,此时输出 y=124。因此,例 5.20 的最终运行结果是:

```
y=4 y=9 y=14 y=19 y=24 y=124
```

在特定情况下,这种用法可以带来处理上的便利。例如,有 k 个数据需要处理,每次只能处理 m 个数据,最后剩下 n 个数据(n 小于 m)。在常规情况下,我们会编写一个循环,每轮循环处理 m 个数据,循环结束后再处理剩余的 n 个数据。

在这种情况下,可以利用 switch 语句从循环体的特定位置开始执行处理 n 个数据,然后继续执行完整的循环。例如,假设需要向某设备发送 26 条数据,但由于硬件限制,每次最多只能发送 3 条。在这种情况下,可以结合使用 switch 语句和循环语句来编写代码。

```
int i=0;
switch(1)                 //注意常量为 1,直接执行 for 循环体中的第二条语句
{
    for(;i<26/3;i++)      // 26/3 的值为 8
    {
    case 0:send(data);
    case 1:send(data);    // switch 语句执行时,从这条语句开始执行
    case 2:send(data);
    }
}
```

此代码先按 switch 语句处理,先执行 for 语句循环体中的 case 1 后面的两条语句发送两条数据,然后再执行循环语句发送剩余的 24 条数据。这个方法的一个经典例子就是编写串口通信程序时发明的一个设备,这个设备后来称为“达夫设备”,有兴趣的读者可以查找相关资料进行详细了解。

本章主要介绍了 C 语言中的循环结构及其相关语句。内容涵盖了循环的基本概念及其在程序设计中的重要作用,详细讲解了三种循环语句(while、do 和 for)的执行过程、语法结构以及适用场景,帮助读者理解它们的差异与应用场景。同时,从语句的角度介绍了嵌套循环的实质和实际应用。此外,还对控制循环流程的关键语句 break 和 continue 的功能及其在中断和跳过循环中的使用方式进行了详细说明,并介绍了 goto 标签语句的语法规则及其在循环和分支结构中的特殊应用。循环语句是所有高级编程语言的核心结构之一,熟练掌握循环的使用方法,不仅能为设计更复杂的程序奠定坚实的基础,还可以显著提高程序的执行效率和代码的灵活性。

习　题

1. 编程算出 1 到 1 000 中(不含 1 000)能被 5 整除的整数之和以及个数。
2. 一个数列样式如 2/1,3/2,5/3,8/5,13/8,21/13,…,编程算出它们前 20 项的和。

3. 从键盘中输入 4 行字符，统计这些字符中小写字母的个数。

4. 找出 10 000 之内的数，它们均满足加 100 后是一个完全平方数或加 168 后是一个完全立方数。

5. 数学上的定积分近似值可以求和的方式来计算，试用循环语句求定积分 $\int_0^1 x^2 \, \mathrm{d}x$ 的近似值（用离散求和的方式进行。$\int_0^1 x^2 \, \mathrm{d}x \approx \sum_{i=1}^{n} x_i^2 * \Delta x_i$，其中，$x_i = \dfrac{i}{n}$，$\Delta x_i = \dfrac{1}{n}$，$n$ 越大越接近于定积分的值）

6. 用循环结构编程，输出如图 5-6 所示的直角三角形的图案。

7. 输入一行字符，分别统计出其中英文字母、空格、数字和其他字符的个数。

8. 输入一行英语语句，统计其单词的个数并输出。

9. 将一个正整数分解质因数。例如，输入 90，输出 90=2*3*3*5。

```
*
***
*****
*******
```

图 5-6　直角三角形图案

10. 输入 20 个 '0' 到 '9' 的字符，如果把它们看成一个整数，判断这个整数是否可以被 3 整除（提示：整数的各位数字加起来的和能被 3 整除，这个数就能被 3 整除。把接收到的某个位上的字符 -'0'，就是整数在这个位上的数字）。

11. 找出 1 到 1 000 中，能被 3 整除，且至少有一个数字是 5 的所有整数。提示：定义一个循环变量 i，遍历 1 到 1 000，在循环体内首先判断这个 i 是不是能被 3 整除，然后用一个循环判断它是不是含数字 5，如果两者都满足，则输出 i。

12. 已知 a,b,c 均为大于 0 的整数，且 a 大于 b，b 大于 c，$a+b+c<100$，输出满足条件 $\dfrac{1}{a^2} + \dfrac{1}{b^2} = \dfrac{1}{c^2}$ 的所有 a,b,c。

13. 计算 $e = 1 + \dfrac{1}{1!} + \dfrac{1}{2!} + \dfrac{1}{3!} + \ldots$，要求精确到 1e-6。

14. 用牛顿迭代法求 $f(x) = 2x^3 - 4x^2 + 3x - 7 = 0$ 在 2.5 附近的近似实根。提示：牛顿迭代法的迭代公式为 $x_{n+1} = x_n - \dfrac{f(x_n)}{f'(x_n)}$，当 x_{n+1} 与 x_n 十分接近时，x_{n+1} 就是方程的根，所以解本问题时，先令 $x_0 = 2.5$，然后用循环求解。

15. 设 i、j、k 均为 int 型变量，则执行完 for(i=0,j=10;i<=j;i++,j--)k=i+j; 语句后，k 的值为多少？分析其执行过程。

16. 先给定头文件代码，然后分析下面代码的执行过程，并给出结果。

```c
int main(void)
{
    int y = 9;
    for(;y>0;y--)
        if(0==y%3)
        {
            printf("%d",--y);
            continue;
        }
    return 0;
}
```

第6章　指针

在计算机科学的世界中,指针是一个基本而强大的概念,它在 C 语言中扮演着至关重要的角色,是 C 语言的核心组成部分。

首先,它提供了一种有效的方式来访问和操作内存,这在处理数组和数据结构时特别重要。理解和正确使用指针,对于编写高效、灵活且可维护的 C 程序来说是关键。

本章将介绍指针的基础知识,包括其定义、初始化、引用以及如何通过指针间接访问变量,着重以指针指向的数据类型阐述指针的特点。

除此之外,本章将探讨指向指针的指针(二级指针),void 指针的使用及其限制。通过对这些概念的学习,理解指针在 C 语言中的作用,以及如何有效利用指针来提升编程的灵活性和效率。

6.1　指针的概念

程序中的数据,一般都放在主内存中,编译系统根据它的类型,为它们分配不同大小的存储空间,例如 VC++6、VS2010、Dev C++ (64bit) 为一个 int 型数据分配 4 个字节,为一个 double 型数据分配 8 个字节等。如果没有特殊限定符(如 register),这些空间一般在主内存中,数据的值也存放在此。

有 int i = 3;double x = 3.4; char ch = 'A';,则各变量值存放方式如图 6-1 所示,左边的数是地址(这里的地址是假设的)。

在图 6-1 中,变量 i 的地址是 12004,ch 的地址是 12016,x 的地址是 12008,它们都由编译器和操作系统给定,不能用代码给定义的变量指定一个存放其值的地址。

在 C 程序中,主要有两种方式来读写内存数据。

(1) 直接访问:程序通过变量名来定位数据的存储地址,然后直接在该地址读写数据。例如,声明 int i = 6; 时,假设变量 i 被分配了地址 12004。那么执行 i=3; 时,数字 3 将被存储到地址 12004。在这个过程中,变量名 i 仅作为内存地址的代号使用。这种使用变量名直接访问内存中数据的方法称为直接访问。

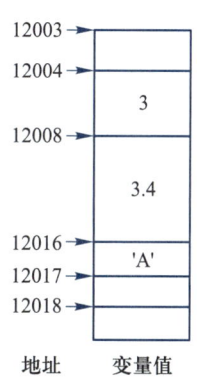

图 6-1　内存地址和变量值示意图

(2) 间接访问:当一个变量(如 p)存储了另一个变量(如 i)的地址时,可以通过 p 的值找到 i 的地址,并间接地读写 i 的值。这种过程不涉及直接使用变量名 i,但可以操作 i 的值,这就是间接访问。为实现间接访问,C 语言引入了指针——一种特殊的数据类型,用于存储数据的内存地址以及该数据的类型。

如果指针的值是数据的内存地址,且包含此数据的数据类型,我们称这个指针"指向"该数据,指向的数据类型为该数据的数据类型,指向的空间为该数据所在的内存空间。例如,在图 6-1 中,假设有一个指针 p,其值为 12008,并包含了 double 型数据的类型信息。我们就说 p 指向 x,其指向的数据类型为 double,指向的空间为存放 x 的内存空间。

指针为何需包含数据类型信息? 这是因为不同类型的数据占用不同大小的内存空间。知道数据的起始地址不足以完整地读取数据,也无法确定内存中数据的解读方式(以什么样的格式存放的,如整数或浮点数存储)。例如,不知道地址 12008 存储的是 double 型数据,我们就无法确定一个完整的数所占用字节的大小。只有有了数据类型,我们才能把内存中的数据完整提取并正确解读为 3.4。

在 C 语言中,& 运算符用于获取变量的地址,同时隐含变量的数据类型。因此,"& 变量"表达式产生一个指向该变量的指针,其类型与变量相同。例如,在图 6-1 中,&x 产生一个指向 x 的指针,数据类型为 double。

理解指针及其指向的数据类型是掌握指针概念的关键。指针之所以在 C 语言中如此有效和灵活,正是因为它们充分利用了数据类型信息。

6.2　指针变量的定义与初始化

微视频 6-1:指针变量的定义与初始化

在 C 语言中,指针被看作是一种特殊的数据类型,称为指针类型。如果指针指向的数据类型不同,则属于不同的指针类型。

在 C 语言中,可以定义指针变量来存放指针类型的数据。根据 C 语言规则,所有变量必须先定义后使用,指针变量也不例外。定义指针变量的一般格式如下:

数据类型 * 指针变量名 ;

这里,"数据类型"指的是指针变量指向的数据类型,而指针变量名前面的"*"表示这个变量是一个指针类型变量,指针类型变量都是存放指针标量。

例如,int *pointer; 定义了一个名为 pointer 的指针变量,它指向的数据类型是 int。

作为一个纯粹的变量,pointer 的数据类型可以写成"int *"。"int *"包含两层意思,* 表示这个变量是一个指针类型,int 指定指针变量指向的数据类型。

再例如,有 float *pa;,它定义了指针变量 pa,pa 指向的数据类型是 float,pa 的数据类型是 float*。这里,尽管 pa 和 pointer 都是指针类型,但它们是不同的指针类型。

就像其他变量一样,指针变量也占用内存空间。一个指针变量分配的内存空间大小取决于操作系统和硬件架构,而与它所指向的数据类型无关。通常情况下,在 32 位系统中,指针变量通常占用 4 个字节(32 位)的内存空间。在 64 位系统中,通常占用 8 个字节(64 位)的内存空间。

如果有定义 int x;,x 会被分配一个内存空间,&x 是这个空间的地址且作为指针指向 x。与这个一样,pointer 被定义成指针变量后,同样被分配一个内存空间,&pointer 也是这个指针变量的内存地址。

以图 6-2 为例,假设存放 pointer 的内存地址是 20000,pointer 的值是 9000。那么,数值
9000 将存储在从地址 20000 开始的 8 个字节的
内存空间中,而且在地址 9000 开始的内存空间中
存放着一个 int 类型的数据。

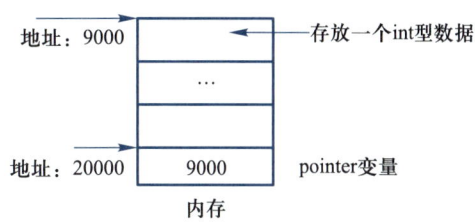

如果把 int 型数据所在内存空间比做一间房
间,则 pointer 的值就是房间号。如果想要处理 int
型数据,可以通过 pointer 值来确定它的位置,然
后根据指针变量指向的数据类型来处理。

图 6-2　指针变量所在空间及其指向的空间

与定义基本数据类型的变量一样,定义一个
指针变量时,经常需要对其进行初始化,由于指针类型的特殊性,初始化时要遵循两条规范。

(1) 赋给指针变量的指针值必须与指针变量指向的数据类型相同(指向 void 型的指针变
量除外),否则编译系统会提示 warning 错误,有些情况下会给出 error 错误。如果忽略 warning
错误,继续执行代码,指针变量应用时以其定义的指向数据类型为准,但程序可能会产生意想
不到的结果。

(2) 不允许赋成除 0 和 NULL 以外的常量,例如 2000、4000 等。

例如:

```
int a=5;
int *p=4000;              //指针变量 p 初始化为一个常量,错误
int *pointer=&a;          //正确,a 的内存空间由编译器分配
```

&a 作为指针与变量 pointer 都是指向 int 型,pointer 可以初始化为 &a,初始化完成后
pointer 指向了 a 这个变量。

如图 6-3 所示,假设系统为变量 a 分配的空间首
地址是 10000;,为指针变量 pointer 分配一个空间首地址为
20000,那么指针变量初始化后,pointer 变量的值就是 10000。

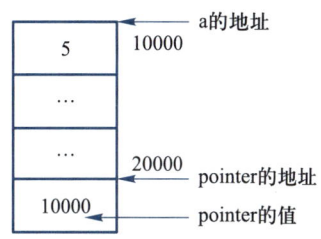

这里不能把 int *pointer=&a; 写成 int *pointer=a;,这
样写表示的意思是把变量 a 的值 5 赋给指针变量 pointer。

错误有两个原因,一是 a 不是指针变量,是 int 型变
量,数据类型不一致,导致编译错误,二是 a 是整数值,操
作系统不允许使用以这个整数值为编号的内存空间。

图 6-3　一种指针变量的初始化示意图

例 6.1 输出变量的地址值。

```
#include <stdio.h>
int main(void)
{
    int a;
    int *p=&a;                  //定义指针变量 p 并初始化为 a 的地址
    printf("%ld ,%ld\n", &a,p); //输出变量 a 的地址值和 p 的值
    return 0;
}
```

代码执行的一种结果为 6422036,6422036 ✓。不同环境下运行的数据不一样,但两个值一定是一样的。

在此代码中,如果把 int *p=&a; 改成 float *p=&a;,则指针变量 p 与 &a 指向的数据类型不相同,两指针属于不同的指针类型,因此编译系统通常会给出指向类型不兼容的 warning 错误。

6.3　指针变量的引用

定义指针变量后就可以引用它。例如,有定义 float *pointer=0,a=100,b=0;,则如下三条语句都属于指针变量 pointer 的引用。

```
pointer=&a;
*pointer=50.0f;
b=*pointer;
```

这里的"*"是解引用(dereference)操作符。指针变量定义完成之后,解引用指针意味着访问指针指向的内存地址中存储的对象。"* 指针"可以理解为指针指向的数据。

第一条语句把指向变量 a 的指针赋给指针变量 pointer;第二条语句把 50.0f 这个浮点类型的常量存放到 pointer 指向的内存空间中,用以修改原来的值;第三条语句是把 pointer 指向的内存空间的值赋给变量 b。

■ 例 6.2　有两个 float 型变量 a、b,通过指针的方式把它们的值互换。

```
#include <stdio.h>
int main(void)
{
    float a=4.3,b=6.5,temp=0,*p1=0,*p2=0;
    p1=&a;          // &a 作为指针与 p1 指向的数据类型一致,可以赋值
    p2=&b;
    temp=*p1;       // 把 p1 指向变量的值即 a 的值,赋给 temp
    *p1=*p2;        // 把 p2 指向变量的值即 b 的值,赋给 p1 指向的变量
                    // 也可理解为把变量 *p2 的值赋给变量 *p1
    *p2=temp;       // 把 temp 的值赋给变量 *p2
    printf("a=%2.1f,b=%2.1f \n",a,b);
    return 0;
}
```

输出结果为 a=6.5,b=4.3 ✓。

这段代码并没有直接对变量 a、b 进行互换,但最后 a 和 b 的值却互换了,这就是利用指针间接访问 a、b 的结果。

下面看一下它的实现过程,先定义了 5 个变量 a、b、temp、p1、p2 并进行了初始化,其中 p1、

p2 是指针变量,指向的数据类型为 float,与 a、b 的数据类型一致。编译系统为这些变量分配内存空间,如图 6-4 所示(地址值是为说明方便假设的)。因为 p1、p2 也是变量,因此也会被分配内存空间。

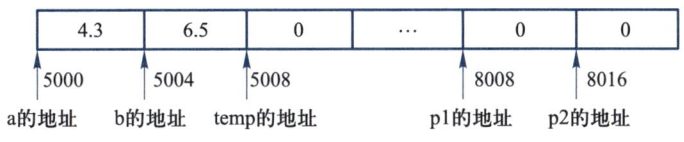

图 6-4　定义并初始化后各变量在内存的情况

当执行完语句 p1 = &a; 和 p2 = &b; 后,指针变量 p1 和 p2 的值分别是 5000 和 5004,分别存入地址为 8008 和 8016 的内存空间中。可以看到,此时 *p1 就是变量 a,*p2 就是变量 b。因为 p1 的值此时是 5000,*p1 就是地址 5000 处存放的对象。

仅有 p1 的值 5000 是不够的,还要知道 p1 指向的数据类型,*p1 才是真正是变量 a。因为只有知道了 p1 指向的数据类型,程序才能知道从 5000 往后提取多少个字节属于一个数据,以及该数据以什么样的格式(参考 1.5.3 节)存放。

接下来执行 temp = *p1;,此时 p1 的值是 5000,结合 p1 指向的数据类型得到 4.3 这个数据,把它赋给变量 temp,则 temp 值为 4.3。

继续执行 *p1 = *p2;,因为 p2 的值是 5004,所以 *p2 得到 6.5,然后把 6.5 这个数据存入 p1(值为 5000)指向的内存空间,这也就间接地把 a 的值就变成了 6.5。

最后执行语句 *p2 = temp;,因为 p2 的值是 5004,所以这条语句就是把 temp 的值 4.3 存入到地址为 5004 开始的内存空间,此时就也间接地把 b 的值就变成了 4.3。

本代码最后实现了变量 a、b 值的互换,实现的方法是先将指针与变量关联,通过指针间接访问和修改变量的值。

有的读者可能注意到,定义和引用指针变量时,都有"* 指针变量名"的形式,但两者区别非常大。定义中的"* 指针变量名"只是定义一个指针变量,它并不表示这个指针变量指向的对象,如果同时对指针变量初始化则是把值赋给指针变量而不是赋给它指向的对象。而引用中的"* 指针变量名",则表示指针变量指向的对象。

例 6.3　指针变量初始化和引用实例。

```
#include <stdio.h>
int main(void)
{
    long a=5;
    long *pointer=&a;      //定义指针变量并对其初始化,把 &a 赋给 pointer
    *pointer=123L;         //引用,把 123 L 这个值赋给 pointer 指向的对象
    printf("%ld,%ld\n",a,pointer);
    return 0;
}
```

在这个实例中,long *pointer = &a; 定义一个指向 long 型的指针变量 pointer,并对其进行

初始化,把 &a 赋给变量 pointer,这里并不是把它赋给 pointer 指向的对象,所以此时指针变量
pointer 的值是 &a。

但在 *pointer=123L; 语句中,*pointer 是指针变量的引用,虽然它与定义时的写法一样,但
此时 *pointer 是 pointer 指向的那个变量,这条语句的作用是把 123L 赋给 pointer 指向的变量,
pointer 本身的值并没有变。因为 pointer 指向变量 a,所以此时变量 a 的值就 123L,如图 6-5
所示。

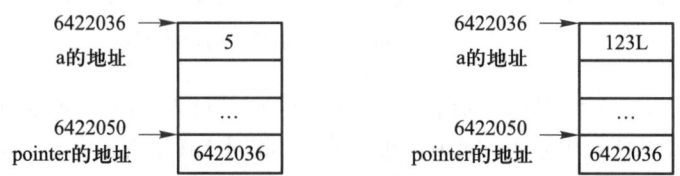

图 6-5   例 6.3 中 main 函数体内前三行的执行示意图

上述代码的输出结果为:123,6422036↙。(由于运行环境不同,运行时所输出的地址值可
能与这个数据不一样。)

引用指针变量要注意以下两个方面的问题。

(1) 指针变量之间赋值要保证它们指向的数据类型一致(指向 void 类型的指针变量除外)。

例 6.4 指针变量赋值实例。

```
#include <stdio.h>
int main(void)
{
    int a=5,b=6;
    int *p1=&a,*p2=0;        //定义指针变量并对其初始化
    p2=p1;                   //把指针变量 p1 的值赋给 p2
    printf("%d,%d\n",*p2,b);
    return 0;
}
```

执行这段代码输出 5,6↙。p2=p1; 这条语句把指针变量 p1 的值赋给 p2,这个语句之所
以没有问题,其实就是它满足上述条件。

如果把 int *p2=0; 改成 double *p2=0;,则 p2 和 p1 指向的数据类型不一致,语句 p2=p1;
编译时就会出现警告错误,强制执行的话结果产生错误,因为 *p2 以 double 型数据规则(字节
长度和存储格式)处理内存中的 0、1 数据。

(2) 定义一个指针变量且没有对它进行有效初始化,或初始化值为 0,不能立即引用其指
向的对象。因为此时指针变量的值是一个垃圾值或是 0,它指向的内存空间不允许被访问。

例如,有 int *pointer; 则立即执行语句 *pointer=3; 会产生错误,因为此时 pointer 值是一个
垃圾值,它可能是 8000,也可能是 67,也可能是 0,而这样的内存空间操作系统都是不允许访
问的,所以把 3 赋给 pointer 指向的空间是不允许的。

接下来,我们应用指针进行两个实例分析。

例 6.5 利用指针变量,用 scanf 函数输入变量的值。

分析:既然指针变量的值是其指向对象的地址,因此可以用 scanf 函数为它指向的变量赋值。前面学习 scanf 函数时,知道 scanf 函数的格式控制符后面是变量的地址列表。以前使用时都是用"& 变量名"作为变量的地址,其实"& 变量名"就是一个指向该变量的指针。

如果定义一个指针变量,它的值是某个变量的地址,则在 scanf 函数的地址列表中,直接用这个指针变量,就可以完成从键盘给相应变量输入值的任务。实例代码如下:

```
#inlcude<stdio.h>
int main(void)
{
    int a,*p;
    p=&a;                   //把 a 的地址赋给指针变量 p
    scanf("%d",p);          //把键盘输入值放到 p 所指向的空间
    printf("%d\n",a);       //这里输出数据就是输入时的数据
    return 0;
}
```

执行结果实例如下:

```
500 ↵
500
```

在这个例子中,scanf 没有用 &a,但 a 接收了输入的值。由此可以看出,scanf 函数的地址列表就是指定数据所存放的地址。

例 6.6 用指针的方式求两个变量之和,并输出。

分析:首先定义了两个 int 型变量,并对它们进行了初始化。然后,定义两个指针变量,分别指向这两个变量。通过指针变量和 * 运算符,可以间接地访问这两个 int 型变量的值,从而可以利用指针求得两个变量之和。代码如下:

```
#include <stdio.h>
int main(void)
{
    int a,b,sum;
    int *p1=&a,*p2=&b;      //定义两个指针变量,分别指向 a,b
    scanf("%d %d",p1,p2);   //输入 a,b 的值,也可写成:scanf("%d %d",&a,&b);
    printf("a,b 的值:%d %d\n",a,b);
    sum = *p1+ *p2;         //*p1 就是 p1 指向的 a,*p2 就是 p2 指向的 b
    printf("\na,b 的和值:%d ",sum);
    return 0;
}
```

代码运行实例结果如下:

```
5 10 ↵
a,b 的值:5 10
a,b 的和值:15
```

此例子演示了如何通过指针的引用来间接访问和操作变量。指针变量要重点关注以下内容。

（1）指针变量存放的是一个地址值，它的数据类型是指针类型，存放指针变量的内存空间一般只有 8 个字节。引用指针变量时，重点考虑的是它指向的数据类型。如果两个指针指向的数据类型不同，则它们属于不同的指针类型。指向不同数据类型的指针变量之间不要赋值（指向 void 型的指针除外）。

（2）指针变量指向的内存空间必须被允许使用；指针变量没有有效赋值不要直接用"* 指针变量"进行引用，否则会产生意想不到的错误。

（3）一个指向某个对象的指针值是该对象字节编号最小的地址，用"* 指针"进行引用时，除了利用了这个对象的地址信息，还利用了指针所包含的指向的数据类型信息。

（4）"* 指针变量"的这种形式在定义和引用时，意义是不一样的。

6.4 指针变量的算术运算

微视频 6-2：指针变量的引用及运算

前一节介绍了指针的引用（即如何通过指针访问和修改一个变量的值），下面来进一步探索指针的更高级用法，即指针的算术运算。指针的算术运算使得处理数组和复杂数据结构变得更加高效和灵活。

指针的算术运算主要包括加法和减法。但与普通的数值运算不同，指针的加法和减法是相对于它们所指向的数据类型的大小进行的。例如：

```
int *p,a=5;
p=&a;                    //p 指向变量 a,&a 也指向变量 a
p=p+1;                   // 这里就是指针变量的加法运算
```

这里的 +1，并不是把 p 的值直接加 1，而是加它指向对象所占有的字节数，通常理解为 +1 后 p 指向下一个这种类型的数据。这也正是 6.1 节所讲述的，指针是与它指向的数据类型密切联系在一起的，所以只要用到指针就一定要考虑到它指向的数据类型。

例 6.7 编程把一个指针值加 1，并输出。

```
#inlcude<stdio.h>
int main(void)
{
    int *p,a=5;
    p=&a;                    //p 的值赋成 &a,p 指向变量 a
    printf("p=%ld\n",p);     //输出当前 p 的值
    p=p+1;
    printf("p=%ld\n",p);     //输出加 1 后 p 的值
```

```
    return 0;
}
```

代码执行的结果如下(不同的计算机或不同的执行时间可能数值不同):

```
p=6422036
p=6422040
```

这里的 p=p+1;执行后,p 的值并不是 6422037,而是加一个 p 指向数据类型占用的字节数。因为这里 p 指向一个 int 型数据,一个 int 型数据在本次使用的系统中占 4 个字节,所以 +1 时一次就加了 4 个字节。

如果把 int *p,a=5; 改成 long double *p,a=5.0;,其余不变,再运行这个程序得到的结果如下:

```
p=6422016
p=6422032
```

因为这里的 p 指向一个 long double 型数据,本次运行的系统中这种类型的数据占 16 个字节,所以 p+1 时,一次就加了 16 个字节。

p=p-1 也是同样的,值会减去一个它指向数据类型所占的字节数。p=p+1 也可以写成 p++ 或者 ++p。

结论是表达式 p+n(n 为整数)的结果为指向 p 以后的第 n 个对象,减法表达式 p-n 的结果为指向 p 以前第 n 个对象。

在 C 语言中,指针除了能够与整数进行加减运算以调整其指向内存地址的位置外,还可以对两个指向相同数据类型的指针执行减法操作。这种情况下,运算的结果并非直接的数值差,而是表示从一个指针到另一个指针之间相隔了多少个该数据类型的元素。

例如,设 p1 和 p2 均为指向 int 型数据的指针变量,若 p1 的值为 5000(即指向内存地址 5000 处的 int 型数据),而 p2 的值为 5100,鉴于每个 int 型数据占用 4 个字节,那么执行 p2 - p1 的结果将是 25,意味着在这两个指针之间存在 25 个连续排列的 int 型数据。

值得注意的是,两个指针变量不允许直接进行加法运算,这是由于 C 语言的语法规则所限制的。

此特性极大地便利了编程人员的工作流程,他们仅需关注指针变量所指向的数据类型及其在内存中的逻辑顺序,无须深究具体字节数层面的细节。这样的运算约定使得程序员能够更高效、直观地处理内存地址及其中的数据。

6.5　void 指针

因为指针变量保存一个内存地址,且指向一个具体数据类型,在引用此类指针变量时,均隐含了指向的数据类型。从理论上讲,内存地址只是一个内存字节单元的编号,所有的地址都可以看成是同一种类型,甚至可以当成 long 型数据看,然而,指针变量需要再指定指向的具体数据类型,这是因

微视频 6-3 :void
指针和指向指针
的指针

为 C 语言需要具体数据类型来处理数据及运算,例如指针的加减运算,字节中存放数据的解释等。例 6.8 给出了一个具体实例。

例 6.8　强制转换指针类型,读取数据并输出。

```
#include <stdio.h>
int main(void)
{
    short value= 200;
    float *pFloat = (float*)&value;    //把指向 short 类型的指针强制转换成指
                                       //向 float 型
    char *pChar = (char*)&value;       //强制转换成指向 char 型的指针
    printf("pvalue=%x,pFloat=%x, pChar=%x\n", &value,pFloat,pChar);
    printf("*pFloat=%f, *pChar=%d\n",*pFloat,*pChar);
    return 0;
}
```

main 函数体中的二、三两句把指向 short 类型的指针分别强制转换成指向 float 型和 short 型的指针,运行代码输出的结果如下(运行环境或时间不同,地址值可能不一样):

```
pvalue=62fe0e ,pFloat=62fe0e, pChar=62fe0e
*pFloat=-471886079708446960000000000000000000.000000, *pChar=-56
```

可以看到,输出的第一行三个值相同,说明 pFloat 和 pChar 都被赋给了 short 型变量 value 的地址值;第二行的 *pFloat 是一个很小的负数,与 value 原来的值 200 差别很大,*pChar 也与 200 不同。从这例子可以看出,指向一种数据类型的指针值可以通过强制转换赋给指向另一种类型数据的指针变量,但引用指针变量得到内存中的值就会有非常大的不同,这就说明指针变量与它指向的数据类型有很大关系。

指针变量之所以需要考虑指向的数据类型,原因有以下 3 个。

(1) 要根据数据类型决定指针所指向的数据用到多少个字节。

(2) 从字节中取出的数据(0、1 表示)以什么数据类型进行解释。

在例 6.8 中,*pFloat 出现这样的结果,是因为原类型是 short 型,占 2 字节,而使用 *pFloat 取值时,因为 pFloat 指向 float 型,所以就从 value 变量的首地址开始往后取 4 字节的数据,并把它用 float 型数据的格式来解释,显然会造成偏差。

(3) 指针变量进行加减运算时的变化量。指针经常要进行加减运算,加减 1 时,指针的值一次改变多少字节由指针指向的数据类型决定。

因此,指针要考虑其指向的数据类型是非常合理的,然而实际情况很复杂,很多时候,事先并不清楚指针变量应该指向什么数据类型,例如在例 6.8 中,当只想把 value 的首地址值传给 pChar 时,可以用 void* 指针做中介进行,并不用强制转换,因为强制转换涉及被赋值的类型,而这在很多情况下是事先难以知道的。另外,如今后学习到的进行内存复制、动态内存分配和释放等方面都有应用。为此,C 语言给出了一种特殊的指针,这种指针指向的数据类型为 void 型。

定义一个指向 void 型的指针变量的格式为:

```
void *指针变量名;
```

这类指针变量称为 void 指针。它不与任何特定的数据类型关联,这意味着一个 void 指针可以指向内存中的任何数据类型,从而提供了一种通用的方式来处理不同类型的内存区域,它也可以接收任意指针变量的值,因为这一特性,void 指针在行业内被戏称为万能指针。例如下面定义了一个 void 指针变量 p:

```
void *p;
```

p 的数据类型是 void*,它指向的数据类型是 void。

void 指针不能直接用“* 指针变量名”方式来取得指向空间的值,原因很简单,这种指针变量指向 void 型,void 型就是无类型。无类型就不知道从指针指向的空间中具体的数据类型,也就不知道如何解释数据,换句话说,指向 void 类型的指针不包含数据类型的确定性信息。如一个指针变量指向 void 类型,则此变量加 1 只加一个字节。

例 6.9 void 指针的应用。

```c
#include <stdio.h>
int main(void)
{
    int a=5;
    float b=10.2;
    void *p;                 //指向 void 型的指针变量
    p=&a;                    //p 和 &a 指向的数据类型不一样,但可以有效赋值
    printf("%ld\n",p);
    p=&b;                    //p 和 &b 指向的数据类型不一样,但可以有效赋值
    printf("%ld\n",p);
    return 0;
}
```

输出结果:

```
6487572
6487568
```

这两个值分别是 a 和 b 的首地址值(使用的系统和执行时间不同,数据可能不一样)。

void 指针不包含指向的数据类型信息,且不能用“* 指针”来获取指针指向的数据,这是因为 void 指针虽然拥有地址,但没有具体数据类型。

但 void 指针可以强制转换成指向其他数据类型的指针,即指定强制转换后的指针指向什么类型的数据(也可以直接赋值给其他类型的指针变量)。

在例 6.9 中,如果想用 p 的值输出 b 的值,可以在 p=&b; 语句后,把 p 强制转换为指向 float 的数据类型:(float *)p。这种转换把指向 void 型的指针转换成指向 float 型的指针,所以一旦执行 *((float *)p) 后,第一个 * 就能根据 p 的值向后提取 4 个字节(假设 float 型占 4 字

节）的 0、1 数据，且知道用 float 的存储格式来解释，从而正确还原出对应的 float 型数据，也就可以正确获取 b 的值。代码如下：

```c
#include <stdio.h>
int main(void)
{
    float b=10.2;
    void *p;
    p=&b;
    printf("%5.1f\n",*((float *)p)); //输出 b 的值
    return 0;
}
```

这进一步提示我们，解引用符 * 是根据指针值以及指针指向的数据类型共同处理内存中的数据，指针值决定数据的起始位置，数据类型决定从起始位置开始取多少个字节的数据，且以什么样的格式去解释内存中的 0、1 数据或存放数据。

6.6　指向指针的指针

对于定义 int x=0; int *p=&x;，我们知道指针变量 p 的数据类型是 int*，换句话说，p 指向的数据类型是 int。因为 p 也是变量，那么能不能定义另一个指针变量，使它指向指针变量 p 呢？这是可以的，这就是指向指针的指针。定义一个指向指针的指针变量，格式为：

数据类型 ** 变量名 ；

这个变量存放一个指针，它指向的空间中存放另一个指针，此指针指向给定的数据类型。这种用两个 * 来定义的指针变量，称为二级指针。二级指针变量的数据类型写成"数据类型 **"，其指向的数据类型写成"数据类型 *"。例如：

```c
int x=5;
int *p=&x,**twoLptr;
twoLptr =&p;
```

这里的 twoLptr 就是一个二级指针变量。它们在内存中的空间如图 6-6 所示，其中左边的地址值是假设的（十六进制表示），具体由编译器决定。

从图 6-6 中可以看到，p 的值为 61fe20，它是变量 x 的地址值，变量 twoLptr 的值为变量 p 的地址值。因此，*twoLptr 这个变量的值就是 p 的值 61fe20，**twoLptr 就是提取 *twoLptr 指向空间的值，即 x 的值。twoLptr 的数据类型是 int**，指向的数据类型是 int*，即指针变

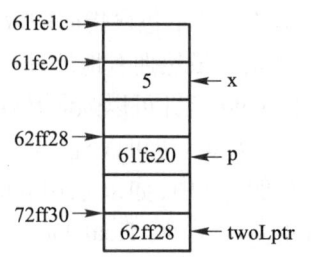

图 6-6　指向指针的指针存放示意图

量 p 的数据类型。

二级指针的一个重要作用就是通过修改 *twoLptr 的值,让 **twoLptr 得到不同的值。

▊▊▊ **例 6.10** 利用二级指针,输出不同变量的值。

```
#include <stdio.h>
#include <stdlib.h>
int main(void)
{
    int x=5,y=6,**twoPtr=0,*onePtr=0;
    twoPtr=&onePtr;              //把指针变量 onePtr 的地址赋给 twoPtr
    *twoPtr =&x;                 //把指向 x 的指针给 twoPtr 指向的空间,即变量 *twoPtr
    printf("**twoPtr: %d\n",**twoPtr);       //这时输出 x 的值
    *twoPtr =&y;                 //把变量 y 的指针给 twoPtr 指向的空间,即变量 *twoPtr
    printf("**twoPtr: %d\n",** twoPtr);       //这时输出 y 的值
    return 0;
}
```

代码执行的结果如下:

```
**twoLptr: 5
**twoLptr: 6
```

二级指针变量之间的赋值要考虑到数据类型的一致性(与 void* 指针之间赋值除外),虽然二级指针变量都指向指针类型,但由于 C 语言中把指向不同数据类型的指针看成是不同的指针类型,因此二级指针变量的数据类型相同指的是它们指向对象的数据类型也相同。

本例中,twoPtr=&onePtr; 能赋值,是因为两者都是指向一个指针,且这个指针都指向 int 型。

值得注意的是,如果只定义了一个二级指针变量而没有进行有效赋值,就不能立即用"* 二级指针变量 = 指针值;"进行赋值,这是因为二级指针变量中的值是一个不确定的值,此时,"* 二级指针变量"就很可能是一个不允许访问的内存空间。要想"* 二级指针变量 = 指针值;"有效,必须保证二级指针变量指向一个可以进行存取的内存空间。例如,如果没有语句 twoLptr=&p;,图 6–6 中的 twoLptr 的值就不是 62ff28,而是一个不确定的值,*twoLptr 就不能有效访问,进一步地 **twoLptr 也不能访问。

本章全面介绍了 C 语言中指针的概念、用法和不同类型。首先解释了内存中数据的存储方式,并介绍了直接和间接内存访问的概念。接着,讨论了指针变量的定义、初始化和引用,介绍了指针运算,包括相对于指针的加法和减法操作。本章还涵盖了 void 指针的使用,解释了它们的灵活性。最后,讨论了二级指针(指向指针的指针)的概念,强调了它们在管理其他指针的内存地址中的用途。

1. 什么是指针？如何定义指针变量？一个指针变量在内存中一般占多少个字节？

2. 有如下定义 float *p;，则 p 指向的数据类型是什么？

3. 有定义 float a=5,b=6, *p=&a;，则 *p 的值是什么？如果执行语句 *p=3;，则 a 的值有变化吗？如果再执行语句 p=&b;，则 *p 的值是什么？p 指向的数据类型是什么？

4. 有定义 unsigned *p;，则直接执行 *p=10; 有错误吗？为什么？

5. 有定义 double erea,*num=&erea;，请在你的实验环境中试验输出 num+1 的值和 num 的值，并比较两者相差多少个字节？然后把 double 换成 char，再比较两者相差的字节数，说明为什么会出现这样的结果。

6. 有 float 型变量 a,b，利用指针变量，把两者中大的数据放在 a 中，小的数据放在 b 中，请编程实现。

7. 如果有定义 float a; int *p;，则执行语句 p=&a; 有什么问题？为什么？

8. 定义 short a, *p=&a; 和定义加上语句 short a, *p; *p=&a; 有什么区别？后者正确吗？为什么？

9. 有两个变量 a、b，请编程实现用指针变量在 scanf 函数中输入 a、b 的值。

10. 有代码 void*p; float a; p=&a;，则语句 *p=5; 正确吗？为什么？

11. 有二级指针 int **p=0;，则 p 指向的数据类型是什么？*p 指向的数据类型是什么？

12. 有如下代码：

```
unsigned a=10,b=20,**p=0,*p1=&a;
p=&p1;
a++;
```

顺序执行后，**p 的值是什么？如果继续执行语句：p1=&b; b+=a;，则 **p 的值是什么？

13. 指出下列代码的错误，并解释原因。

```
#include <stdio.h>
int main(void)
{
    int x = 10;
    float y = 3.14;
    void *ptr1 = &x;
    printf("x = %d\n", *ptr1);
    ptr1=&y;
    printf("y = %.2f\n", *ptr1);
    return 0;
}
```

电子教案:第 7 章
数组

在实际应用中,常常需要同时处理大量同类型数据,例如某班级的学生成绩或某部门的薪资数据。按照之前章节所讲述的内容,似乎只能为每个数据定义一个独立的变量,这显然是不切实际的,编程也非常困难。而且编程人员并不总是能事先预知待处理的数据量是多少,从而无法确定变量个数。为有效应对这类问题,C 语言等高级语言引入了"数组"这一数据类型。

数组是一组同数据类型数据的有序集合,并且数据在内存中是连续存放的。这个有序集合用一个名称进行管理,称为数组名。数组名的命名规则与普通变量命名规则相同。

在 C 语言中,通过使用数组名、中括号 [] 以及下标,能够引用数组中的特定元素以指定不同的数据。通过数组来管理和操作这些数据,比分别定义大量独立变量更有效率,也更方便。

在 C 语言中,可以把数组分为一维数组、二维数组和多维数组(三维以上),本章主要讲述一维数组和二维数组。

数组是一种派生类型。一维数组由一些基本数据类型或结构体类型的数据派生,而二维数组则由一维数组派生,三维数组由二维数组派生等,因此在某种意义上,多维数组是数组的数组。

7.1　一维数组

7.1.1　一维数组的定义及元素表示

微视频 7-1：一维数组的定义和引用

定义一个一维数组的一般格式为:

数据类型　数组名 [常量表达式];

常量表达式确定了一维数组的"元素个数",也就是变量的个数。一维数组中元素的个数称为数组的长度。

例如,int a[10]; 定义了一个数组名为 a 的一维数组,它有 10 个元素,每个元素的类型都是 int 型,可以用作变量,其中 [] 是下标运算符。

在 C 语言中,一维数组通过"数组名 [下标]"的方式表示每个数组元素。下标从 0 开始(而不是 1)一直到"元素个数 -1"。例如"int a[10];"表示定义了有 10 个元素的数组 a,这 10 个元素分别表示为 a[0],a[1]…a[9]。就是一维数组一次性就定义了 10 个变量名。

为什么下标是从 0 开始而不是从 1 开始呢? 如果从 1 开始,那么数组的第 10 个元素就是 a[10],而定义数组时是 int a[10],两个都是 a[10] 容易产生混淆。而下标从 0 开始就不存在这个问题! 所以定义一个一维数组 a[n],这个数组中元素最大的下标是 n-1。

在定义一维数组后,编译系统会申请一段连续的内存空间,用于顺序存放各元素数据,每一个内存空间的数据类型都是定义数组时的指定数据类型。例如,float a[5];,编译系统分配的内存空间如图 7-1 所示(内存地址是假设的)。

图 7-1　一维数组的内存空间示意图

内存空间地址从小到大,下标小的元素地址编码小,每一个空间放一个元素数据,空间大小由元素的数据类型决定。这里假设一个 float 数据占 4 个字节,则每个元素就占 4 个字节。如果一维数组定义为 short a[5];,则每一个元素占 2 个字节。

数组中每一个元素的地址可以用 & 获取,例如,&a[2] 得到下标为 2 的元素地址,在图 7-1 中,这个地址值就是 2012。

7.1.2　一维数组初始化与引用

一维数组的初始化可以使用以下 3 种方法实现。

(1) 定义数组时给所有元素赋初值,这叫"完全初始化"。例如:

```
int arr[5] = {1, 2, 3, 4, 5};
```

将数组元素的初值依次放在一对花括号中,如此初始化之后,arr[0]＝1 ;arr[1]＝2 ;arr[2]＝3 ;arr[3]＝4 ;arr[4]＝5,即从左到右依次赋给每个元素。需要注意的是,初始化时各元素之间是用逗号隔开的,不是用分号。

(2) 可以只给一部分元素赋值,这叫"不完全初始化"。例如:

```
int arr[5] = {1, 2};
```

定义的数组 arr 有 5 个元素,但花括号内只提供两个初值,这表示只给前面两个元素 arr[0]、arr[1] 初始化,而后面三个元素都没有被初始化。不完全初始化时,没有被初始化的元素自动为 0。

需要注意的是,只定义"int arr[5];"而不进行初始化,如果在函数体内部,那么数组各元素的值就不是 0,而是一些随机值。如果在函数体外部定义数组不初始化,则数组中各元素值全部初始化为 0。

如果定义数组时,写成"int arr[5]＝{};",或者数组长度比花括号中所提供的初值个数少,如"arr[2]＝{1,2,3,4,5};",均属于语法错误。

(3) 如果定义数组时就给数组中所有元素赋初值,那么就可以不指定数组的长度,例如:

```
int arr[5] = {1, 2, 3, 4, 5};可以写成:int arr[] = {1, 2, 3, 4, 5};
```

要注意,只有在定义数组并初始化时才可以这样写。

如果定义数组时不进行初始化,则不能省略数组长度。比如定义时写成"int arr[];"编译时就会提示错误。

定义一个一维数组后,就可以对其元素或者变量进行引用,引用的方式为"数组名 [下标]"。这种方式只表示数组的一个元素,对于一维数组而言,它就是一个变量。

在 C99 标准以后,定义一维数组时,元素个数可以是变量表达式,结果为正整数,形成一个变长数组,且规定在执行到定义数组的代码时,变量表达式必须有确定的值。例如:

```
int n;
scanf("&d",&n);
int a[n];                          //或者int b[10+n];
```

但变长数组定义时不能立即进行初始化。

例 7.1 数组的初始化和引用。

```
# include <stdio.h>
int main(void)
{
    int arr[5] = {1, 2, 3, 4, 5};   //初始化一维数组,[] 中的 5 为数组的长度
    int i;
    for (i=0; i<5; ++i)
    {
        printf("%d ", arr[i]);       //这里的 arr[i] 是第 i+1 个元素的引用
    }
    return 0;
}
```

输出结果:

```
1 2 3 4 5
```

定义且初始化一维数组时,arr 表示数组的名字,[5] 表示这个数组有 5 个元素,并分别用 arr[0]、arr[1]、arr[2]、arr[3]、arr[4] 表示。且把花括号内的 1、2、3、4、5 赋给变量 arr[0]、arr[1]、arr[2]、arr[3]、arr[4]。再次强调,下标从 0 开始。

例 7.2 用 scanf 函数手动从键盘对一维数组元素进行赋值。

分析:用 scanf 函数从键盘对一个变量进行赋值时,要给定变量的地址,从键盘读取的数据经解释之后,直接放在给定的地址处。这里,我们要对一维数组的每一个元素赋值,只要用一个循环给 scanf 函数提供每一个元素的地址即可。很显然,这个地址是"& 一维数据名 [下标]"。实例代码如下:

```
# include <stdio.h>
int main(void)
{
    int arr[5] = {0};               //把数组的所有元素初始化成 0
```

```
    int i;
    printf(" 请输入 5 个数 :");
    for (i=0; i<5; ++i)
        scanf("%d", &arr[i] );
    for (i=0; i<5; ++i)
        printf("%d ", arr[i]);
    return 0;
}
```

输出结果:

请输入 5 个数 :1 2 3 4 5
1 2 3 4 5

7.1.3　一维数组名的使用

在 C 语言中, 一维数组名是一个特殊的名称, 定义好以后, 编译系统把数组名指定一个固定的值, 不可更改。这个值就是数组元素存储空间的起始位置, 参看图 7-1, a 的值为 2004。如果有定义 float x;, 则 a=&x; 是错误的, 因为此时赋值符号需要改变 a 的值, 此值指定了数组各元素存放的地址。

数组名除了与运算符 sizeof 和 & 结合指定整个数组外, 在其他表达式中均作为指向数组首个元素的指针应用。从这个意义上讲, 在定义一个数组之后, 也隐含地获得了一个指针。

例如, 有 double num[5]= {4.1,8.3,6.3,5.9,7.2};, 如果一个 double 数据占 8 个字节, 则 sizeof(num) 的值为 40, 因为这里 num 的数据类型为 double[5], 即 5 个 double 数据派生的数据类型, 所占字节数就是 40。

同样地, &num 表示整个一维数组的首地址, 作为指针, 它指向的数据类型也为 double[5], 由前面的知识可知, 这是由 5 个 double 数据派生而成的数据类型。在前一章讲到 "& 变量" 是可以作为指针使用的, 这里 &num 也是一个指针, 它指向整个一维数组, 指向的类型数据为 double[5], 因此 &num+1 作为指针, 其值比 &num 大 40。

除此之外, 在其他情况下, 数组名用到表达式中, 均作为指向数组第一个元素的指针使用。

还以 double num[5]= {4.1,8.3,6.3,5.9,7.2}; 为例, num 作为指针指向的数据是 4, 指向的数据类型是 double 型。因为 num 作为指针加 1 后, 就是加上一个 double 型数据占用的内存空间, 即指向 4 后面的数据, 而一维数组的每一个元素在内存中是顺序存放的, 所以 a+1 的结果作为指针指向数据 8。根据这一规则很容易知道:

```
*num 的值为 4.1;
*(num+1) 的值为 8.3;
*(num+2) 的值为 6.3。
```

基于此, 可以应用指针对例 7.2 进行处理, 因为 &arr[i] 可以写成 arr+i, arr[i] 可以写成 *(arr+i)。重写的代码如下:

```
# include <stdio.h>
int main(void)
{
    int arr[5] = {0};                // 把数组的所有元素初始化成 0
    int i;
    printf(" 请输入 5 个数 :");
    for (i=0; i<5; ++i)
        scanf("%d", arr+i );         // arr+i 就是 &arr[i]
    for (i=0; i<5; ++i)
        printf("%d ", *(arr+i));     // *(arr+i) 就是 arr[i]
    return 0;
}
```

例 7.3 分别用 "一维数组名 [下标]" 和指针表达式的形式输出一个一维数组的全部值。

分析:假如先定义并初始化了一个一维数组,其长度为 N,可用一个循环输出它的每一个元素的值。元素可以用两种方法指定,其一是 "一维数组名 [i]",其二是 *(一维数组名 +i),其中 i 是循环变量,从 0 到 N-1。代码如下:

```
#include <stdio.h>
#define N 5
int main(void)
{
    int i;
    int num[N]={2,3,5,7,9};
    for(i=0;i<N;i++)
    {
        printf("%d ",num[i]);        // 用 "num[ 下标 ]" 表示元素
    }
    printf("\n");
    for(i=0;i<N;i++)
    {
        printf("%d ",*(num+i));      // 数组名作为指针用,*(num+i) 表示元素
    }
    return 0;
}
```

代码执行的结果:

```
2 3 5 7 9
2 3 5 7 9
```

可以看到,两个循环输出的结果是一样的。

7.1.4 数组表达式的实质

在 C 语言中,表达式"数组名 [下标]"指定数组的元素。在这个表达式中,数组名作为指针应用,其值为存放数组元素的起始地址。作为指针,指向数组的第一个元素,指向的数据类型是数组元素的类型。因此,表达式"数组名 [下标]"与表达式"*(数组名 + 下标)"具有相同的结果。

在用 C 语言编程时,经常用到"a[b]"这种形式的表达式,本书中把这个表达式称为"a[b]表达式"。在这个表达式中,a 和 b 均是表达式,且两个表达式的结果必须一个为整数,一个为非 void* 类型的指针(指针不指向 void 类型),且并不强制 b 一定是整数,a 是整数也可以。

> a[b] 实质上就是表达式:*((a)+(b))。

因此,"数组名 [下标]"是"a[b]"的一种特殊形式,这里数组名作为指针应用,且可以写成"下标 [数组名]"的形式。

在例 7.3 中,num[i] 可写成 i[num],num[i+1] 同样可写成 (i+1)[num]。 如有定义 int x=10,*p=&x;,则表示变量 x 有多种写法:

> p[0]、0[p]、(&x)[0]、0[&x]。

这里 p 和 &x 都不是数组名,而是指向 x 的指针。就 p[0]、0[p] 而言,0 是整数,所以这两者都是 *(p+0),也就是变量 x。

就 (&x)[0]、0[&x] 而言,&x 是指针,指向 x,0 是整数,所以这两者都是 *(&x+0),同样是 x。

又例如,有定义 int a[5]={10,20,30},*p;,当执行 p=a+1; 语句后,p[0] 的值就为 20。这是因为当 p=a+1; 被执行后,p 指向 20 这个数据,根据 a[b] 表达式,p[0] 就是 *(p+0),即 *p。很显然,如果再执行 p++;,则 p[0] 的值就变成了 30。

微视频 7-2:一维数组的应用实例

7.1.5 一维数组的应用实例

一维数组是非常重要的数据类型,其拥有非常广泛的应用,下面给出几个应用一维数组的实例。

例 7.4 编程从键盘输入 10 个学生的某门课成绩,并输出最高分。

分析:要用到 10 个成绩并要对它们进行处理,所以采用一维数组存储,定义为 float score[10],然后要给数组中的每一个元素输入一个成绩值,可以利用循环语句进行赋值。

```
for(i=0;i<10;i++)
{
    printf("请输入第 %d 个成绩:",i+1);     //提示用户输入
    scanf("%f",&score[i]);                 // &score[i] 得到数组第 i 个元素的地址
}
```

通过输入,一维数组各元素得到成绩值,在此基础上,找出最大值。首先定义一个变量 max,把它赋值为 score[0] 或者 *score,然后用循环把 max 顺序与每个元素比较,如果某个元素的值比 max 大,则把这个元素值赋给 max,所有元素与 max 比较完成后,max 的值即为一维数组元素中的最大值。代码如下:

```
#include <stdio.h>
int main(void)
{
    int i;
    float score[10];
    /* 输入成绩 */
    for(i=0;i<10;i++)
    {
        printf(" 请输入第 %d 个成绩:",i+1);
        scanf("%f",&score[i]);     // 也可以写成 scanf("%f",score+i);
    }
    float max =score[0];           // 把第 0 个元素的值赋给 max
                                   // score[0] 也可以写成 0[score] 或 *score
    /* 下面的循环找出最大值 */
    for(i=1;i<10;i++)
    {
        if(max<score[i])
            max=score[i];          // 也可以写成 max=*(score+i);
    }
    printf(" 最高成绩是 %5.1f\n",max);
    return 0;
}
```

运行这样的程序代码,要求输入的数据较多,调试一次代码,就需要重新输入数据,过于麻烦。对于初学者,可以学习节省调试时间的小策略,如图 7-2 所示。在左边代码中,数组的值是从键盘输入的,可以在调试之前,先把输入数据的代码注释掉,直接初始化数组,如图 7-2 右边的代码。在调试成功后,再还原成输入数据的代码。

```
float max,score[10];
for(i=0;i<10;i++)
{
  printf("请输入第%d 个成绩: ",i+1);
  scanf("%f",&score[i]);
}
```

```
float max, score[10] ={1,2,3,4,5,6,7,8,9,10};
/*for(i=0;i<10;i++)
{
  printf("请输入第%d 个成绩: ",i+1);
  scanf("%f",&score[i]);
}*/
```

图 7-2 注释输入数据代码示意图

微视频 7-3：指针变量与一维数组

例 7.5 定义两个元素数据类型、长度一致的一维数组,把其中一个数组初始化,然后把它的所有元素值赋给另一个数组对应元素,并输出。

分析:这个问题比较简单,首先定义两个一维数组,并对其中一个进行初始化,再用循环把已初始化数组的所有元素值顺序赋给另一个数组对应元素,最后输出另一个数组的所有元素值。代码如下:

```c
#include <stdio.h>
int main(void)
{
    //定义两个一维数组,并对其中一个进行初始化
    int arr_source[10] = {14, 22, 43,0,0,5}, arr_dst[10];
    int i;
    for (i = 0; i < 10; i++)
    {
        arr_dst[i] = arr_source[i];   //把元素值赋给另一个数组对应的元素
        printf("%3d", arr_dst[i]);
    }
    return 0;
}
```

代码执行的结果:

```
14  22  43  0  0  5  0  0  0  0
```

完成上述编程也可以这样考虑,如果定义一个指针变量 p,首先让它指向一维数组的第一个元素,然后再用一个简单的循环,在循环体内首先把 *p 的值赋给另一个数组对应元素,并输出,然后把 p 的值加 1,使得 p 指向后一个元素,这样也可以输出整个一维数组的元素值,代码如下:

```c
#include <stdio.h>
int main(void)
{
    int arr_source[10]={14,22,43,0,0,5},arr_dst[10],i;
    //p 初始化为指向 arr_source 的第 0 个元素,直接用数组名赋值给 p
    int *p=arr_source; //因数组名不与 sizeof 和 & 结合 , 所以此处数组名作指针用
    for(i=0;i<10;i++)
    {
        arr_dst[i]=*p; //把元素值赋给另一个数组对应的元素
        printf("%3d",arr_dst[i]);
        p++;                //因为 p 指向 int 型,所以 p++ 后 p 指向一维数组的下一个元素
    }
```

```
    return 0;
}
```

从上面的实例可以看出,对于同一个问题,代码可以是多样的,只要算法的思路正确,就可以解决问题。

这里补充一个在实际中常用的复制数据的方法,就是利用库函数 memcpy(函数原型在头文件 string.h 中),用字节复制的形式复制值。这个函数的原型是:

```
void *memcpy(void * restrict dest, const void * restrict src, size_t n)
```

功能是把从地址 src 开始向后的 n 个字节的数据,复制到地址从 dest 开始的空间中。其中,restrict 是 C 语言中的一种类型限定符(type qualifiers),用于告诉编译器对象已经被指针所引用,不能通过除该指针外所有其他直接或间接的方式修改该对象的内容。好处是编译器可以更好地生成更有效率的汇编代码。

在定义了复制的原数组 src 和目标数组 dest 之后,考虑到数组名可作为指针,指向数组的第一个元素,其值为存放数组元素内存空间的首地址,则只要确定了整个 src 数组所占字节数,就可以利用 memcpy 把数组 src 的全部元素值复制给数组 dest。前面讲过,sizeof(数组名)可以返回一个数组所占的字节数,可以利用它得到需要复制的字节数 n。

在例 7.5 中,假设 arr_source 的值是 2000,arr_dst 的值是 5000,则 sizeof(arr_source)就是数组 arr_source 全部元素所占字节数。所以语句

```
memcpy(arr_dest,arr_source, sizeof(arr_source));
```

就可以把从 2000 开始往后的 40 个字节(假设一个 int 占 4 个字节)数据复制到 5000 以后的 40 个字节中。代码如下:

```
#include <stdio.h>
#include<string.h>
int main(void)
{
    int arr_source[10]={14,22,43,0,0,5};
    int arr_dest[10],i;
    //下一条语句把从 arr_source 地址开始的 sizeof(arr_source) 个字节复制
    //到从 arr_dest 地址开始的内存空间中
    memcpy(arr_dest,arr_source,sizeof(arr_source));
    for(i=0;i<10;i++)                    //输出复制的目标数组元素值
        printf("%d ",arr_dest[i]);    //也可写成 printf("%d ",*(arr_dest+i));
    return 0;
}
```

运行结果为:14 22 43 0 0 5 0 0 0 0

例 7.6 把 Fibonacci 数列的前 20 项由大到小输出。

分析:第 5 章讲过 Fibonacci 数列,数列的前两项为 1,以后各项的值是它前面两项的和。

现要求由大到小输出,所以通过 Fibonacci 数列规则计算出前 20 项,并用数组存放起来,然后用循环逆序输出数组元素值即可。

基于此,代码首先定义一维数组 Fib[20],并初始化前两个元素值为 1;然后用循环,在循环体中应用语句 Fib[i]=Fib[i-2]+Fib[i-1];(i 从 2 到 19)计算出各项值;最后再用循环把数组 Fib 中的各元素值逆序输出。代码如下:

```c
#include <stdio.h>
int main(void)
{
    int i=0;
    int Fib[20]={1,1};              // 初始化,开始两个元素赋成 1,其余元素值为 0
    for(i=2;i<20;i++)              // 循环算出其余 18 项,放在相应数组元素中
    {
        Fib[i]=Fib[i-2]+Fib[i-1]; // 可写成:*(Fib+i)=*(Fib+i-2)+*(Fib+i-1)。
    }
    printf(" 逆序输出结果为:\n");
    for(i=20-1;i>=0;i--)          // 这个循环把前 n 项逆序输出出来
    {
        printf("%-6d",Fib[i]);    // 左对齐格式输出一个元素值
        if((20-i)%5==0)          // 每输出 5 个数换一行
            printf("\n");
    }
    return 0;
}
```

运行结果:
逆序输出结果为:

```
6765    4181    2584    1597    987
610     377     233     144     89
55      34      21      13      8
5       3       2       1       1
```

7.1.6 冒泡算法

数据排序是编程领域中常见的任务,其核心是根据特定规则对一组数据进行重新排列。例如,若有一组考试分数,我们可能需要按照从高到低的顺序进行排序;或者给定多名学生的多门课程成绩,按学生的总分或者按姓名进行排序等。这些均是实际生活中常遇到的问题。

在众多的排序算法中,冒泡算法被广泛认为是其中的基础算法之一。为了解释冒泡算法的实现,我们先考虑以下简单的例子。

　　假设一组未排序的一维数组中,表示为 int a[10] = {1, 0, 4, 8, 123, 65, −76, 100, −45, 12};。我们的目标是对其进行升序排序,以使得数组元素的顺序变为 {−76,−45,0,1,4,8,12,65,100, 123}。

　　如何编程实现这一排序呢? 首先,我们可以考虑使用一个循环,从数组的第二个元素开始,遍历至最后一个元素。在此过程中,将每个元素与其前一个元素比较,若前一个元素的值大于当前元素,则交换两者。经过一次完整的循环后,数组中的最大值将被放在数组的末尾。代码如下:

```
#include <stdio.h>
int main(void)
{
    int a[10]={1,0,4,8,123,65,-76,100,-45,12},t,i,j=10;
    for(i=1;i<j;i++)              //注意 j 的值为 10,因为此时是把最大值放在最后
        if(a[i]<a[i-1])          //如果当前元素值比前一个元素值小,则两者互换
        {
            t=a[i-1];
            a[i-1]=a[i];
            a[i]=t;
        }
    for(i=0;i<10;i++)            //输出全部元素
        printf("%d ",a[i]);
    printf("\n");
    return 0;
}
```

　　上述代码执行后,数组各元素的值为: 0 1 4 8 65 −76 100 −45 12 123。

　　可以看到,数组中的最大值移到了最后,但这并没有完成整个数组元素从小到大的排序。

　　如果在上述执行结果的基础之上,再从第二个元素开始,一直到数组倒数第二个元素,进行同样的操作,也就是上述代码中 j 的值改成 9,就可以把此时 a 中的前 9 个元素的最大值移到 a 中的倒数第二个位置,此时数组各元素的值就为: 0 1 4 8 −76 65 −45 12 100 123。

　　按照这样的过程,继续把 j 的值减 1,执行循环语句,直到 j 值为 1,则整个数组就从小到大排序了。j 从 10 减少到 1 可以用一个循环进行,代码如下:

```
#include <stdio.h>
int main(void)
{
    int a[10]={1,0,4,8,123,65,-76,100,-45,12},t,i,j;
    for(j=10;j>=1;j--)          //这里用外循环来调整 j 的值
    {
        /* 此内循环把前 j 个元素的最大值调整到数组的第 j 个位置 */
```

```
        for(i=1;i<j;i++)
            if(a[i]<a[i-1])
            {
                t=a[i-1];
                a[i-1]=a[i];
                a[i]=t;
            }
    }
    for(i=0;i<10;i++)                // 此时数组排序,并输出各元素值
        printf("%d ",a[i]);
    return 0;
}
```

代码执行结果为：-76 -45 0 1 4 8 12 65 100 123。

上述这种排序算法称为冒泡算法。如果你把数组竖着放且第一个元素放在下面,那么当第一次循环即 j 为 10 时,移动最大值,随着前后两个数据的不断互换,较大的值就会往上升,最大值升到最高处;当第二次循环移动次大的数据时也是这样,整个过程与气泡向上冒相似,因此而得名。

7.1.7　折半算法

折半算法又称二分查找,专门用于在有序数组中查询某一特定数据项的存在性。由于其算法逻辑精炼,计算时间短,所以当面对大量数据时,折半算法能够迅速准确地确定目标数据项是否存在。

假设一个已按升序排序的一维数组。当我们需要在最小下标 low 与最大下标 high 之间的元素中查找某一数值 x 时,可以采取如下步骤。

（1）计算中间下标 med = (low + high)/2,并获取该下标处的元素值,随后将其与目标值 x 进行对比。

（2）若 med 下标处的值与 x 相等,表示目标已被找到,查找结束。

（3）若 med 下标处的值大于 x,由于数组已被升序排列,目标值 x 只可能位于下标 low 到 med - 1 之间。此时,将 high 的值更新为 med - 1,并返回第一步继续查找。

（4）若 med 下标处的值小于 x,则目标值 x 只可能位于下标 med + 1 到 high 之间。此时,将 low 的值更新为 med + 1,并返回第一步继续查找。

（5）如果在查找过程中,low 的值超过了 high 的值,这意味着目标值 x 在数组中不存在。

在实际编程中,可以利用循环结构来实现此查找流程。初始时,low 设置为 0,而 high 设置为数组的最大下标,计算 med 并按照上述逻辑进行判断。当找到目标或 low 超过 high 时,循环结束。代码如下：

```
#include <stdio.h>
int main(void)
```

```
{
    int arr[10] ={ -76,-45, 0, 1, 4 ,8 ,12, 65, 100, 123};
    int low=0,high=9,med,x;       // x 为要查找的数据
    prinf("Enter the data you want to find : ");
    scanf("%d",&x);
    while(high>=low)              // 当 high>=low 值为非 0 时,进行查找
    {
        med=(high+low)/2;
        if(arr[med]==x)           // 中间元素值与 x 相等,表示找到,输出后结束
        {
            printf("found!pos is %d\n",med);
            break;                // 退出循环
        }
        else                      // 与 x 不等,有两种情况
        {
            if(arr[med]<x)
                low=med+1;        // 下一次循环在右边查找
            else
                high=med-1;       // 下一次循环在左边查找
        }
    }
    if(low>high)
        printf("No found!\n");
    return 0;
}
```

执行的结果实例如下:

```
Enter the data you want to find :8↵
found!pos is 5↙
```

在这个代码中,while 第一次执行它的循环体时,med 是 (0+9)/2, 即 4。arr[med] 的值此时也为 4,因为 arr[med] 的值比所查找的值 8 小,所以下一次在右边查找。所以 low 改成 med+1, 即 5,high 还是 9,第二次进入循环体后,med 的值就是 7,即 (5+9)/2,arr[med] 的值就为 65,显然它比 8 要大,因此,下一步应该在下标 5 到 6 之间查找,也就是 high 变为 med-1, 即 6,low 不变,还是 5,第三次进入 while 的循环体,此时,med 的值变成 5,此时 arr[med] 的值就是 8,与所查找的数据相等,因此执行 break; 结束循环。

可以发现,只要能找到相应数据,循环结束时 low 一定不大于 high。在此例中,如果要找的数据是 9,前面的两轮循环与找 8 是一样的,但第三轮时,因为 arr[med] 的值是 8,而要找的数据是 9,因此需要继续查找,则 low 变成 med+1, 即 6,high 还是 6,第四次进入 while 循环

体,med 的值为 6,此时 arr[med] 的值是 12,比要找的 9 大,所以 high 要减 1,变成 5,low 还是 6,所以循环结束,表示没有找到。因此,只要找不到对应的数据,循环结束后,low 一定大于 high。

　　折半算法之所以非常快速,原因在于每次比较后都能排除一半的搜索范围。因此在处理大数据集时特别有效。

7.2　二维数组与多维数组

　　在详细探讨了一维数组的概念、应用和操作技巧后,我们为数据的线性存储提供了基础理解。接下来将进入更为复杂和强大的数据结构领域——二维数组和多维数组。

　　二维数组是由多个一维数组组成的数组。它可以被视为一个矩阵,其中每个元素是一个一维数组。二维数组非常适合于表示类似表格的数据结构,例如在图像处理、矩阵运算等领域,二维数组的应用尤为广泛。

　　多维数组是比二维数组更高维度的数组结构。例如,三维数组、四维数组,甚至更高维度的数组都属于多维数组。每增加一个维度,相当于在现有数组的每个元素上再添加一层结构,允许表示更加复杂的数据结构,如三维空间坐标、时间序列数据等。

　　本节将深入探讨二维数组的定义、初始化、存储及数据访问,并通过具体的例子来帮助理解相关概念。

7.2.1　二维数组的定义

　　定义一个二维数组的一般格式为:

```
数据类型  数组名[M][N];
```

微视频 7-4 :定义和引用二维数组

　　M 和 N 均是常量表达式,其结果是一个正整数,分别确定二维数组的行数和列数。它一次性就定义了 M*N 个相同数据类型的变量。

　　例如,float arr[3][4];定义一个名为 arr,且有 3 行 4 列的二维数组。这个二维数组一次性定义了 3*4 个 float 型的变量,这些变量用数组名加行下标和列下标引用,下标从 0 开始。

　　如 arr[i][j] 表示第 i 行第 j 列的变量。引用二维数组中的数据变量时,行下标只能是 0 到“M−1”中的一个整数,列下标也只能是从 0 到“N −1”中的一个整数。

　　可以将二维数组想象成一个表格,其中每一行代表一个一维数组。每行变量个数称为列数。例如:

```
1 2 3 4
5 6 7 8
```

　　就是一个简单的二维数组,有 2 行 4 列,共 8 个变量,1 ～ 8 分别是当前这 8 个变量的值。

　　我们知道一维数组的元素就是一个变量,然而二维数组的元素是该数组的一行,即二维数组的元素是一个一维数组,二维数组有几行,就有几个元素。所以二维数组可以被视为数组的数组。

如前面的 2*4 数组中,它有两个元素,"1 2 3 4"为第一个元素,"5 6 7 8"为第二个元素,这里假设变量的数据类型是 int,由一维数组的知识可知,则这个二维数组元素的数据类型是 int[4]。

与一维数组一样,在 C99 标准以后,二维数组也可以定义成变长数组,例如:

```
int m=6,n=3;
int array[m][n+2];
```

指定行数和列数的表达式值必须是非负整数(有些编译器不支持 0),二维数组才可以定义成功。

7.2.2　二维数组的存储方式

在 C 语言中,如果定义一个变量是 Type 类型(例如 int、float 等),有 M 行和 N 列的二维数组时,编译系统会分配 M * N * sizeof(Type)个字节的连续内存空间。这些空间用于存储数组中的 M * N 个变量。

在这个内存空间被分配之后,数组的名称(即数组名)就表示这段内存空间的起始地址。二维数组的数据是按照元素的顺序连续存储的,类似于一维数组。然而,由于二维数组的每个元素本质上是一个一维数组,所以它们的存储方式是:首先存储第 1 行的所有元素,接着是第 2 行的元素,然后是第 3 行,依此类推。这种存储方式被称为"行优先存储"策略。

例如,定义二维数组 int a[4][3],编译系统会为其分配一个能存放 12 个 int 型数据的连续内存空间,即 48 个字节的空间。假设其第 1 行到最后一行各变量的值分别为 1 到 12,空间的首地址是 6000(数值是假设的,实际地址由编译系统分配),则 a 的值就是 6000。整个数组的数据存储格式如图 7-3 所示。

数组 a 的每个元素是一个一维数组,数组名可分别用 a[0]、a[1]、a[2]、a[3] 表示。它们的值分别是对应行首个元素的地址值,这里分别是 6000、6012、6024 和 6036,可以看出 a 与 a[0] 的值大小一样。

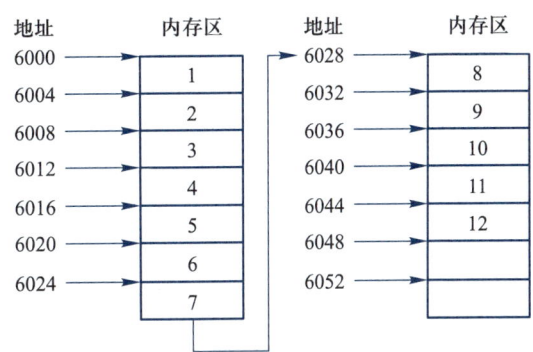

图 7-3　二维数组各变量存储示意图

7.2.3　二维数组初始化与引用

二维数组进行初始化有以下几种方法。

(1) 分行给二维数组所有变量赋初值,以行优先的顺序,对每一个变量进行初始化。例如 int a[3][4] = {{1,2,3,4},{5,6,7,8},{9,10,11,12}};

(2) 所有变量数据在一个 {} 内,按数组变量的存储顺序对各变量赋初值。例如 int a[2][4] = {1,2,3,4,5,6,7,8};

此时,变量 a[0][0]、a[0][1]、a[0][2]、a[0][3] 的值就分别 1,2,3,4 ;a[1][0]、a[1][1]、a[1][2]、a[1][3] 的值就分别 5,6,7,8。

（3）对部分数据变量赋初值。

```
int a[3][4]={{1},{5},{9}};
```

内部 {} 指定某一行的元素值,一行没有满的数据,自动赋成 0。此例中,对二维数组 a 定义并初始化后,二维数组中各变量的数据值如下：

```
1  0  0  0
5  0  0  0
9  0  0  0
```

也可以只对几行赋值,没有给定值的变量均赋成 0。如 int a[3][4] = {{1},{5}};,只赋两行,那么最后一行全部为 0。如果第 1 行不赋值,而要对第 2 行赋值,要写成 int a[3][4] = {{1},{},{9}};,第 0、2 行的第一个变量分别初始化为 1 和 9,第 1 行数据全部为 0。

（4）若对全部变量都赋初值,则定义数组时对第一维的长度可以不指定,但第二维的长度不能省。

```
int a[3][4]={1,2,3,4,5,6,7,8,9,10,11,12};
可以写成:int a[][4]={1,2,3,4,5,6,7,8,9,10,11,12};
```

■ 例 7.7 定义一个二维数组并对其进行初始化,然后求出整个二维数组各数据的和。

分析:本例应用对部分数据变量赋初值的方法,应用二重循环把二维数组所有变量的值相加并输出。代码如下：

```
#include <stdio.h>
int main(void)
{
    int sum=0,i,j;
    int arr[4][3] = {{2,7,3}, {4},{4}, {6}};    //初始化一个二维数组
for(i=0;i<4;i++)                                //用 i 遍历行
    for(j=0;j<3;j++)                            //用 j 遍历列
        sum+=arr[i][j];                         //引用数组的变量并相加
printf("sum=%d \n",sum);
return 0;
}
```

此代码执行后输出结果为:sum=26 ↙。

7.2.4　二维数组名的使用

与一维数组名一样,二维数组名只在 sizeof 或 & 运算符中表示整个二维数组,其他情况均

作为指向它的第一个元素的指针用。

"& 二维数组名"的结果也作为一个指针,它指向的数据类型是整个二维数组的数据类型。例如:有定义 int arr[3][4];,则 &arr 是一个指针,它指向的数据类型是 int[3][4],即整个二维数组的数据类型。

设一个 int 型数据占 4 个字节,则 sizeof(arr) 的值为 48 个字节。

而作为指针,arr 指向二维数组的第一个元素,即第 1 行,所以 arr 作为指针指向的数据类型是 int[4],假设 arr 数组各变量的值如下:

```
21  22  23  24
25  26  27  28
29  30  31  32
```

则作为指针 arr 指向第 1 行"21 22 23 24",指向的数据类型就是 int[4]。根据指针的加减运算法则,arr+1 指向第 2 行,即"25 26 27 28"。

二维数组名同样适用 7.1.3 节提及的"a[b] 表达式"。还以 arr 这个二维数组名为例,arr[n] 就是 *(arr+n),按照 * 运算符运算规则,*(arr+n) 是整个第 n+1 行,因为作为二维数组的一行,是一个一维数组,所以在 C 语言中把 arr[n] 看成是第 n+1 行这个一维数组的数组名。

既然 arr[n] 可作为一维数组名,它适用于一维数组名的一切特性,也就是其值不可更改,只在与 sizeof 和 & 结合时表示整个一维数组,其他情况下均作为指针使用,且指向该一维数组的第一个元素。

为进一步理解表达式"a[b]"在二维数组中的应用,我们定义 int arr[3][4]; 作进一步的说明(下面假设 i、j 均是满足整数范围要求的整数)。

根据"a[b] 表达式"的意义,arr[i] 就是 *(arr+i),在 arr[i][j] 中,如果把 arr[i] 看成一个整体 A,arr[i][j] 就是 A[j],即 *(A+j)。因为 arr[i] 就是 *(arr+i),所以 arr[i][j] 也可以写成 *(*(arr+i)+j),也可以写成 *(arr[i]+j) 或 (*(arr+i))[j]。

综上所述,不论形式上如何变化,都是根据指针、指针指向的数据类型以及整数来决定指向的数据。

例 7.8 有定义 int a[2][3]={{1,2,3},{4,5,6}};,则 *(*a)、*(*a+1)、*(*(a+1)+2) 的值分别是什么?

分析:这里表达式中的数组名 a 均是操作数,均作为指针使用。a 作为指针指向第 1 行,指向的数据类型是 int[3]。

(1) *(*a):a 指向的数据类型 int[3],*a 得到此行,即第 1 行的这个一维数组,一维数组用数组名管理,可看成是第 1 行这个一维数组的数组名,因此,*a 作为指针指向第 1 行的首个元素,指向的数据类型是 int 型。因此,*(*a) 就是第 1 行第 1 个变量,其值也就是 1。

(2) *(*a+1):因为 *a 作为指针指向第 1 行第 1 个变量,指向的数据类型是 int 型,因此,根据指针加法原则,*a+1 指向第 1 行的第 2 个变量,所以 *(*a+1) 的值为 2。

(3) *(*(a+1)+2):因为 a 作为指针指向第 1 行,其指向的数据类型为 int[3],因此 a+1 指向第 1 行,*(a+1) 可看成是第 2 行这个一维数组的数组名,作为指针,*(a+1) 指向第 2 行这个一维数组的首个元素,指向的数据类型为 int 型。根据指针加法原则,*(a+1)+2 指向第 2 行的第 3 个元素,所以 *(*(a+1)+2) 的值为 6,这个也就是 a[1][2]。

■■■ **例 7.9** 应用指向 int 型的指针变量输出二维数组中所有变量值,二维数组中的变量类型为 int 型。

分析:二维数组中的变量是以行优先的顺序存储的,这样可以定义一个指针变量 p,指向 int 型。p 加上 1 后,p 就能指向二维数组中的下一个变量。所以,首先使 p 指向二维数组的第 1 行第 1 个变量,然后用一个循环调整 p 的值,使 p 顺序指向二维数组中的每一个变量,则用 *p 就可以获取二维数组中每一个变量的值。代码如下:

```c
#include <stdio.h>
int main(void)
{
    int a[2][3]={{1,2,3},{4,5,6}},i;
    int *p=*a;
    /* 因为 a 中变量的数据类型为 int,所以定义 p 指向的数据类型为 int 型。
    因为 a 作为指针,指向第 1 个元素,即第 1 行,*a 或 a[0] 可作为这个一维数组的数组名,作为指针,它指向第 1 行的第 1 个元素,即 1,指向的数据类型为 int 型,所以 p 初始化后指向 1。不要写成 int *p=a;,因为 a 与 p 指向的指针数据类型不一致。*/
    for(i=0;i<2*3;i++)         // 二维数组中全部变量个数为行数乘以列数
    {
        printf("%d  ",*p);     // 输出 p 指向的变量值
        p++;                   // p 指向 int 型,所以 p++ 后,p 指向下一个 int 型变量
        if(0 ==(i+1)%3)        // 一行输出完换行
            printf("\n");
    }
    printf("\n");
    return 0;
}
```

7.2.5　二维数组的应用实例

微视频 7-5:二维数组的应用举例

■■■ **例 7.10** 把矩阵 $\begin{pmatrix} 1 & 2 & 3 \\ 4 & 5 & 6 \end{pmatrix}$ 转置,放入另一个矩阵,并输出转置矩阵。

分析:首先定义一个变量类型为 int,2 行 3 列的二维数组 a 存放矩阵的数据,矩阵转置就是把原来第 i 行第 j 列的数据,放到第 j 行第 i 列的位置上,所以要再定义一个 3 行 2 列的二维数组 b 来存放转置矩阵。

可用二重循环把原数组中的 a[i][j] 值赋给 b[j][i] 实现转置,最后输出 b 数组中各变量值。程序代码如下:

```c
#include <stdio.h>
int main(void)
```

```
{
    int a[2][3]={{1,2,3},{4,5,6}};      //二维数组的定义和初始化
    int b[3][2],i,j;                    //定义了二维数组b[3][2],并没有初始化
    for (i=0;i<2;i++)
    {
        for (j=0;j<3;j++)
        {
            b[j][i]=a[i][j];            //把a[i][j]赋给b[j][i]
            //*(*(b+j)+i)=*(*(a+i)+j);  //上句也可以写成这样
            //*(b[j]+i)=*(a[i]+j);      //同样也可以写成这样
            printf("%5d",a[i][j]);      //顺带把原数组输出出来
        }
        printf("\n");                   //输出一行后换一行
    }
    printf("\n\n转置后的矩阵:\n");
    for (i=0;i<3;i++)                   //把转置后的矩阵输出来
    {
        for(j=0;j<2;j++)
            printf("%5d",b[i][j]);
        printf("\n");
    }
    return 0;
}
```

■ 例7.11 有一个 m×n 的矩阵,m 和 n 事先用 #define 定义,要求编程给每一个变量从键盘中输入值,找到并输出它们的最大值及最大值的行下标和列下标。

分析:第一步,用 #define 定义 m 和 n 的值,然后在 main 函数中定义一个 m×n 大小的二维数组 a,并用二重循环从键盘输入数组各变量值。

第二步,用变量 max 记录最大值,首先初始化成二维数组第 1 个变量的值。即用 max＝a[0][0]; 或者 max＝**a; 完成,然后用两个变量 row 和 col 存放 max 所在的行下标和列下标,都初始化为 0。

微视频7-6:指针变量与二维数组

第三步,用一个二重循环让 max 与数组 a 的每一个变量逐一进行比较,当变量 a[i][j] 比 max 大时,把 max 的值调整为 a[i][j],row 和 col 分别调整为 i,j。

这样二重循环运行完后,max 就是二维数组中变量的最大值,row 和 col 就是最大值所在下标。代码如下:

```
#include <stdio.h>
#define m 5
#define n 4
```

```
int main(void)
{
    int a[m][n];                        //定义二维数组
    int i,j,row=0,col=0,max;            //定义并初始化三个变量
    printf(" 请以先行后列方式输入 %d 个数据:\n",m*n);
    for(i=0;i<m;i++)
        for(j=0;j<n;j++)
            scanf("%d",&a[i][j]); // 也可以写成:scanf("%d",a[i]+j);
    max=a[0][0];
    for (i=0;i<m;i++)                   //二重循环遍历二维数组的每一个变量
    {
        for (j=0;j<n;j++)
            if (a[i][j]>max)            //如果有变量值大于 max,记录这个值及下标
            {
                max=a[i][j];           //或者 max=*(a[i]+j);或者 max=*(*(a+i)+j);
                row=i;                 //调整行下标
                col=j;                 //调整列下标
            }
    }
    printf("max=%d,row=%d,col=%d\n",max,row,col);
    return 0;
}
```

程序执行结果:

请以先行后列方式输入 12 个数据:

```
11 23 4 5 24 65 43 52 23 75 61 29↵
max=75,row=2,col=1↙
```

例 7.12 有一个 3*4 的二维数组,并已赋初值,要求输出每一行第 1 个数据地址值和每一行中数据的最大值。

分析:首先,定义一个 3*4 大小的二维数组存放数据,并初始化。因为"二维数组名 [i]"可看成是第 i 行构成的一维数组的数组名,它指向第 i 行的第 0 个变量,其值就是第 i 行的第 0 个变量的地址值,可用 printf 函数输出,地址值用格式控制符 %ld 输出。

对于第 i 行的最大值,参考例 7.11 思路,只需要先定义一个变量 max,把第 i 行的第 0 个变量的值赋给它,然后用一个循环遍历第 i 行各变量值并对 max 进行调整,就可以得到第 i 行的最大值,循环完成后,输出第 i 行的最大值。因为有多行要处理,所以把这一过程在外层加一层循环,让 i 从 0 循环到 2。具体代码如下:

```
#include <stdio.h>
int main(void)
{
```

```
    int arr[3][4] = {1,2,3,4,5,6,7,8,9,10,11,12},max,i,j;
    for (i = 0; i < 3; i++)        //用于调整行
    {
        //输出第 i+1 行第 1 个变量的地址
        printf("row %d:address is %ld,", i+1,arr[i]);
        max=arr[i][0];              //把第 i+1 行第 1 个变量赋给 max
        /*这个循环找出第 i+1 行的最大值。*/
        for(j=0;j<4;j++)
            if(max<arr[i][j])   // arr[i][j] 可以写成 *(*(arr+i)+j) 或 *(a[i]+j)。
                max=arr[i][j];
        printf("max value is %d\n",max);
    }
    return 0;
}
```

代码执行的一个实例结果如下：

```
row 1:address is 6421984,max value is 4
row 2:address is 6422000,max value is 8
row 3:address is 6422016,max value is 12
```

这里的地址值在不同条件下运行的结果可能不一样，但如果一个 int 数据占 4 个字节的话，地址值的差值是一样的。

▆▆▆ 例 7.13 把二维数组 int a[4][3] = {1,2,3,4,5,6,7,8,9,10,11,12} 的相邻奇数行与偶数行互换，并输出。

分析：为了巩固二维数组各变量存储的知识采用了以下方法。因为二维数组变量在内存中是顺序存储，且是行优先存储，所以要把第 i 行与 i+1 行互换，可以先定义一维数组 temp，长度与二维数组的一行相同，且变量类型一致，互换相邻两行时，首先把第 i+1 行内存空间的字节数据复制到 temp 数组的内存空间，然后把第 i 行内存空间字节数据复制到第 i+1 行的内存空间，最后把 temp 数组内存空间的字节数据复制到第 i 行的内存空间。

从例 7.5 中，我们学习了 mencpy 函数。memcpy(b,a,n) 可把从地址 a 开始的 n 个字节复制到以地址 b 开始的空间中，因为 a[i]、a[i+1] 分别可作为第 i 行、第 i+1 行的一维数组名，作为指针它们分别指向各行的首个元素。因为每行所占字节数相同，用 sizeof(a[0]) 统一表示，所以 memcpy(a[i+1],a[i],sizeof(a[0])) 就可以把第 i 行的数据复制到第 i+1 行。代码如下：

```
#include <string.h>
#include <stdio.h>
int main(void)
{
    int a[4][3]={1,2,3,4,5,6,7,8,9,10,11,12};
```

```
    int i,j,byteNum;
    int temp[3];                              // 定义一个临时数组
    byteNum =sizeof(a[0]);                    // 得到一行的字节数
    for(i=0;i<4;i=i+2)
    {
        memcpy(temp,a[i], byteNum);           // 把第 i 行复制到临时数组
        memcpy(a[i],a[i+1], byteNum);         // 把第 i+1 行复制到第 i 行
        memcpy(a[i+1],temp, byteNum);         // 把临时数组复制到第 i+1 行
    }
    for(i=0;i<4;i++)                          // 分行输出互换后的各变量
    {
        for(j=0;j<3;j++)                      // 输出一行的变量
            printf("%d ",a[i][j]);
        printf("\n");
    }
    printf("\n");
    return 0;
}
```

此例中 a[i],a[i+1] 是二维数组元素的一种引用。

此题以另一种思路进行求解。首先遍历行,遍历两对行(第 0 行与第 1 行,第 2 行与第 3 行)。

其次交换行元素。对于每一对行,互换这两行中下标对应的数据。例如第 1、2 两行 "1,2,3,4,5,6",1 和 4、2 和 5、3 和 6 互换。

输出结果:在完成所有成对行的互换之后,遍历整个数组并输出最终结果。

下面为互换的循环代码。

```
// 交换相邻奇数行和偶数行
for (i = 0; i < 4; i += 2)                    // 每次跳过一行,因为每次交换两行
{
    for (j = 0; j < 3; j++)                   // 遍历列
    {
        // 交换行 i 和行 i+1 的元素
        temp = *(*(a+i)+j);                   // 可写成 temp=a[i][j];
        *(*(a+i)+j)=*(*(a+i+1)+j);            // 可写成 a[i][j] = a[i+1][j];
        *(*(a+i+1)+j)=temp;                   // 可写成 a[i+1][j] = temp;
    }
}
```

7.2.6　指向一维数组的指针

可以定义一个指针变量,其指向的数据类型是一个一维数组,这样的指针能通过定义的数据类型,保留完整的一维数组信息(一维数组长度和元素数据类型)。

定义一个指向一维数组的指针变量的格式如下:

```
DataType  (*指针变量名)[n];
```

此方式定义了一个指针变量,这个指针变量指向具有 n 个元素的一维数组,且每个元素都是 DataType 数据类型。换句话说,定义了一个指向数据类型为"DataType[n]"的指针变量。

例如 float(*ar)[30];,定义了一个指针变量 ar,指向一个具有 30 个 float 型变量的一维数组。或者说,ar 指向的数据类型是 float[30]。

要注意的是,ar 是一个指针变量,属于指针数据类型,一般占 8 字节或 4 字节。

*ar 可以看成是访问 ar 指向的一维数组的首个元素。也就是说,*ar 与 ar[0] 是等价的,都是指向一维数组的第一个元素。*ar+j(可写成 ar[0]+j)指向第 j+1 个元素,指向的数据类型均是 float,进一步地,*(*ar+j) 就是该元素。

从指针一章中我们知道,所有指针数据虽然同属于指针数据类型,但 C 语言规定,如果它们指向的数据类型不同,就属于不同的指针类型,它们之间也不能轻易赋值,当然指向 void 类型的指针除外。

如果有指针变量 float *p;,p 虽然也是指针变量,但它与 ar 属于不同的指针类型,因为 p 指向的数据类型是 float,而 ar 指向的是 float[30]。

如果有 float A[10][30];,则因为 A+i(i 为大于等于 0 且小于 10 的整数)作为指针指向的数据类型也是 float[30],那么 A+i 与 ar 所指向的数据类型一致,所以 ar=A;、ar=A+i; 是合理的。

但如果有定义 float A[10][40];,则 A 作为指针指向的数据类型是 float[40],就不能随便写成 ar=A+i;。因为它们作为指针,指向的数据类型不一样。

由于 C 语言在这些方面没有非常严格的限制,很多编译系统对这种情况只是简单地以 warning 错误提示,在有些系统下代码也能运行,但往往会出现问题。这里需要说明的是,如果强行赋值后,被赋值的指针变量所指向数据类型是以其定义为准的。

例 7.14　用指向一维数组的指针输出给定的二维数组全部数据的和。

分析:可以定义一个指针变量 p,它指向一维数组。p 指向的数据类型与给定的二维数组名作为指针指向的数据类型一致。这样 p 通过加减一个整数可以灵活地指向二维数组不同的行,便于得到不同行的变量。

本题要实现的目标是遍历二维数组的每一行和每一列来计算所有元素的和。

遍历行:首先,使用外部循环来遍历二维数组的每一行。在这个循环中,指针 p 通过 p++逐行移动。

遍历列:接着,在内部循环中,使用表达式 (*p+j) 来访问当前行的第 j 个元素。这里,p 指向当前行,而 j 是列索引。

计算和值:通过 *(*p+j) 取出当前元素的值,并将其累加到一个用于存储总和的变量中。

输出结果:完成所有行和列的遍历后,输出计算出的总和。

```c
#include <stdio.h>
int main(void)
{
    int a[2][3]={{1,2,3},{4,5,6}},sum=0,j;
    int (*p)[3];                    //p指向的数据类型为int[3],与a指向的数据类型一致
    p=a;                            //把a的值赋给p。因为a作为指针与p指向的数据类型一致
    for(;p<a+2;)                    //遍历所有行,a+2就是加两个int[3]数据占用的空间
    {
        for(j=0;j<3;j++)            //这个循环把一行的数据加起来
            sum+=*(*p+j);           //*p+j表示指针p所指向的行中的第j个变量
                                    //*(*p+j) 也可以写为 (*p)[j] 或 p[0][j]
        p++;                        //因p指向int[3],则p++;执行后p指向a的下一行
    }
    printf("sum=%d\n",sum);
    return 0;
}
```

例 7.15　对给定大小为 N*N 的方阵,用指向一维数组的指针,分别输出其主对角线(水平向右为 0 度,逆时针转 135 度的对角线)和辅对角线(45 度对角线)上各数值的和。

分析:把方阵用二维数组存储,则主对角线上各数值在二维数组中的行、列下标是相等的,因此,如果用指向一维数组的指针 p 指向第 0 行,则 p+i 就指向第 i 行,该行主对角线上的数值,其列下标也为 i,值为 *(*(p+i)+i),也可以写成 p[i][i],这样用一个循环调整 i 值就可以把主对角线上的数值之和算出来。

又因为辅对角线上的数值,其行、列下标之和为 N-1,因此,第 i 行在辅对角线上的数值,其列下标为 N-i-1,其值为 *(*(p+i)+N-i-1),也可以写成 p[i][N-i-1]。同样用一个循环调整 i 值,可以算出它们的和。整个代码如下:

```c
#include <stdio.h>
#define N 3
int main(void)
{
    int a[N][N] = {{1, 3, 7}, {2, 4, 9}, {3, 6, 12}};
    int (*p)[N],i;                  //定义指针变量p,指向有N个int型元素的一维数组
    int M_sum = 0, A_sum = 0;       //分别放主、辅对角线上的数值之和
    p = a;
    for (i = 0; i < N; i++)
    {
        M_sum += *(*(p + i) + i);           //主对角线上的数值相加
        //根据7.1.4节中"a[b] 表达式",上句也可写成 M_sum += p[i][i];
        A_sum += *(*(p + i) + N - i - 1);    //辅对角线上的数值相加
```

```
        //上句也可以写成 A_sum +=p[i][N-i-1];
    }
    printf("M_sum=%d,A_sum=%d\n", M_sum, A_sum);
    return 0;
}
```

执行代码后输出结果为 M_sum = 17,A_sum = 14 ↙ 。

所以专门设定一个指向一维数组的指针变量,是因为指针变量的值可以改变,而数组名作为指针是不能改变的。改变这样的指针变量,就可以让它指向不同的一维数组,这样能为编程带来灵活性。使用指向一维数组的指针可以使代码的意图更加清晰,提高了阅读性。

通过指向一维数组的指针,可以更清楚地表示数组的大小和边界,这在传递数组大小信息时特别有用;指向数组的指针可以保持数组的数据类型和大小的信息,这种方法提供了一种类型安全且表达清晰的方式来处理固定大小的数组。

7.2.7　多维数组

多维数组是指二维以上的数组,即三维、四维甚至于更高维度的数组。多维数组与二维数组类似。如 int a[2][3][4]; 就定义了一个三维数组 a,a 的数据类型为 int[2][3][4],a 的值是分配给变量空间的首地址,三维数组的元素是一个二维数组,元素的数据类型是 int [3][4]。也可以说,三维数组是由二维数组派生出来的。

同样地,与一维数组名和二维数组名一样,三维数组名的值是第 0 个元素的地址,且不可更改,除了与 sizeof 和 & 结合表示整个数组外,其他情况均作为指向它的元素的指针用,也就是说,三维数组名作为指针指向它的元素,指向的类型就是三维数组元素的数据类型,即二维数组。

四维数组也类似,例如 int b[2][3][4][5]; 定义了一个四维数组 b,b 的数据类型是 int [2][3][4][5]。b 的值是变量空间的首地址,它的元素是一个三维数组,元素的数据类型是 int [3][4][5]。

多维数组中的变量存储策略与一维数组、二维数组一样,都是从低地址到高地址依次顺序存放其元素的,如果是三维数组,先存放第一个二维数组,再存放第二个二维数组,如此等等。四维数组同样,先存储第一个三维数组,然后存储第二个三维数组,如此等等。

同样地,多维数组的初始化也遵循顺序下标初始化器、受指定的初始化器以及两者混合的方式进行初始化。这里不再详细举例,请读者根据前面所学的知识去探索。

7.3　字符数组

字符数组是由字符元素组成的数组。在 C 语言中,字符数组通常用于表示和处理字符串,而字符串处理是编程中的一个基本和常见任务。

如果定义数组时用 "char" 作为数组基本数据类型,就定义了一个字符数组。字符数组也分为一维、二维和多维。例如,char c[10],char ch[3][5] 均是字符数组,数组中各变量是 char 型。

7.3.1 字符数组的初始化

前面讲述的一维、二维和多维数组的初始化方法均适用于字符数组,例如下面是对一维和二维字符数组进行初始化的两个例子。

(1) char ch[10]={ 'I', ' ', 'a', 'm', ' ', 'h', 'a', 'p', 'p', 'y'};,没有初始化的变量自动赋成 '\0'。

(2) char diamond[3][5]={{' ',' ','*'},{' ','*',' ','*'}};,没有初始化的变量自动赋成 '\0'。

以上是逐个字符输入初始化,非常麻烦。因此,C 提供了一种友好的初始化方法,就是用字符串的方式对字符数组初始化。例如,一维字符数组写成:

```
char name[20]={ "zhongguo"}; 或者 char name[20]= "zhongguo";
```

这种方法初始化是把字符串中的每一个字符顺序赋给一维数组的每一个变量。因为字符串除了它本身外,在结尾有字符 '\0',所以定义时指定的元素个数至少要比字符串的字面量个数多 1。

像 char str[4]={"hong"}; 就会产生问题,因为存放这个字符串时需要占 5 个字符的空间,而 str 只定义了 4 字节的空间。

对于一维字符数组,一个元素占一个字节,且顺序存储,下标小的地址小。例如,一维字符数组 char ch[6]="abcd" 在内存中的存储如图 7-4 所示。

图 7-4 中左边的内存编号是为说明方便,是假设的。与其他一维数组一样,数组名 ch 的值为字符数组第 0 个字符所在地址的编号。图 7-4 实例中,ch 的值是 6000,ch 的数据类型是 char[6],ch 作为指针指向的数据类型是 char 型。

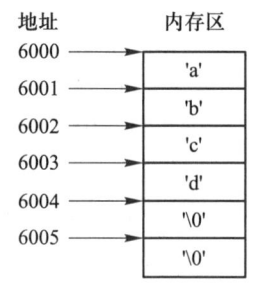

地址	内存区
6000	'a'
6001	'b'
6002	'c'
6003	'd'
6004	'\0'
6005	'\0'

图 7-4   字符数组存储实例

对于二维字符数组,也可用字符串的方式进行初始化,例如:

```
char name[10][8]={"hong","wang","liu"};
```

如果是二维数组,则"数组名 [下标]"也是一个地址值,可以用作下标指定行的一维字符数组名。

一维字符数组与二维字符数组的数组名与前面介绍的完全一致。数组名作为指针均指向数组的第 1 个元素。一维字符数组名作为指针指向的数据类型是 char 型;二维字符数组名作为指针指向的数据类型是 char[n],其中 n 是二维数组一行定义的字符个数。

"二维字符数组名 [i]"或者"*(二维字符数组名 +i)"均可作为第 i+1 行的一维数组名。

7.3.2 字符数组的输入和输出

本节首先介绍函数 scanf 和 gets,用于输入字符串;然后介绍函数 printf 和 puts,用于输出字符串。下面先介绍 scanf 和 gets 函数。

第一种,用 scanf 函数。它的格式控制符用 %s,在 scanf 函数的地址列表中,直接用一维字符数组的数组名。例如:

```
char name[20];
scanf("%s",name);              //地址列表不写成 &name,直接用数组名 name
```

微视频 7-9:字符串处理函数应用案例

因为一维数组名作为指针就是数组的第 0 个元素的地址,这个地址中存放的是字符,这与 scanf 函数要求用地址列表是一致的。%s 格式控制符把输入的内容解释成字符串,顺序存放在以数组名值为地址的内存空间中。

上述代码在执行时就可以从键盘接收一串字符,但输入的字符个数不能超过 19 个,因为这里的一维字符数组只定义了 20 个字符的空间,而接收字符串后要加上一个 '\0'。

例 7.16 从键盘输入字符串给一个一维字符数组,并输出。

```
#include <stdio.h>
int main(void)
{
    char name[20];              //定义一个一维字符数组
    scanf("%s",name);          //接收字符串,存放在 name 值开始的内存空间
    printf("%s\n",name);       //输出字符串,注意应用的数组名 name,作指针用
    return 0;
}
```

代码执行结果如下:

zhongguo ↵

zhongguo ↙

值得注意的是,scanf 接收字符串时有一不足之处,就是从非空格处开始接收字符,遇到空格就结束。

如果输入 " ⊔ zhongguo cheng ↵ ",'z' 前面有空格,scanf 忽略这些空格,从 'z' 处接收字符,到 'c' 字符前的空格结束,所以如果是这种输入,例 7.16 的输出为 "zhongguo"。也就是说程序只接收了 "zhongguo" 这几个字符,并把它们顺序存放到 name 开始的内存空间中,其后的空格和字符都没有被接收。

要用多个一维字符数组接收多个字符串,输入时中间可用空格隔开,但这种输入方式要求每一个字符串本身不能有空格。例如:

```
scanf("%s%s%s",str_1,str_2,str_3);   // str_1,str_2,str_3 为一维字符数组名
```

此处的数组名均作为指针。进一步地,我们可以考虑这样的问题,如果输入的字符串想从一个字符数组 str_1 的第 n 个元素处开始存放,只需要写成:scanf("%s",str_1+n-1);。str_1+n-1 指向第 n 个元素,其值为第 n 个元素的地址。

第二种,用 gets 函数。在实际中,经常要输入中间有空格的字符串,例如英文姓名,姓和名之间通常有空格,这时用 scanf 加 %s 的形式就比较麻烦,所以 C 语言中提供了 gets 函数来接

收字符串数据,gets 函数的原型为:

```
char *gets(char *str);
```

其中 str 是一个指向 char 型的指针变量,用于存储从标准输入读取的字符串。gets 把输入的字符(包括空格字符)全部取出,去掉 Enter 键,在输入字符后再加上 '\0',然后存入到以 str 为首地址的内存空间中,各字符顺序存放。

因此,如果定义了一个一维字符数组 char name[20];,要从键盘读入字符串存放到此数组空间中,只需要执行 gets(name)。

例 7.17 用 gets 函数获取从键盘输入的字符串,并输出。

```
#include <stdio.h>
int main(void)
{
    char name[20];
    gets(name);                    // 接收到的字符从 name 表示的地址处开始顺序存放
    printf("%s\n",name);           // 从地址为 name 处开始输出字符,直到遇到 '\0'
    return 0;
}
```

代码运行的一个实例结果:

```
  zhongguo ⏎              // z 前面有两个空格键
  zhongguo ⤢              // 输出的字符串,z 前面有两个空格键
```

请注意 gets() 中的值,是用于指定输入字符存放的起始位置,因此如果在 char name[20]; 时进行了初始化,写成 char name[20]="I love ";,则想从键盘上接收 "China" 并接到 "I love " 的后面,就应该写成 gets(name+7);。

应用 gets 接收输入字符串时,如果输入的字符个数超过了一维字符数组指定的大小,结果会怎样? gets 还是可以获取所有输入字符,但多出的字符有可能挤占其他变量的内存空间,覆盖其他变量值中全部或部分数据,因此,使用 gets 函数时要特别注意。例如有 char ch[5];int x;,假设数组变量的空间和 x 的空间在内存中位置是相邻的。现有语句 gets(ch);,假设用户输入 6 个字符 abcdef,则输入的最后一个字符 f 和字符 '\0' 就会占用变量 x 两个字节的空间,这样就覆盖 x 的部分数据,使得 x 的值不再是原来的值。如图 7-5 所示,具体实例见例 7.18。

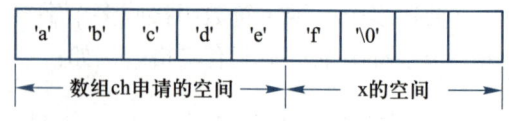

图 7-5   gets 函数多获取字符的问题示意图

例 7.18 使用 gets 函数造成问题的实例。

```
#include <stdio.h>
int main(void)
```

```
{
int x=10; char ch[5];
printf("%ld,%ld\n",ch,&x);      // 输出 ch 和存放 x 的空间地址
gets(ch);
printf("x=%d\n",x);
    return 0;
}
```

运行的实例结果：

```
6422039,6422044
abcdef↵
x=102↙
```

注意到 x 的值已被覆盖。x 本来是 10，但因为输入字符串使得 x 变成了 102（这里 x 以小端字节序存储），所以在 C 语言的 C11 标准以后删除了 gets 函数，使用一个新的更安全的函数 gets_s 替代，但许多编译器（如 gcc）没有很好地支持这一新的函数，而且仍保留了 gets 函数，但 VS 2015、VS 2019 等系统支持 gets_s。

下面介绍用于字符串的输出函数，首先看函数 puts。其原型为：

```
int puts(const char *s) ;
```

此函数的功能是从 s 指定的位置开始，把内存中的字符逐一输出，直到遇到 '\0' 为止，然后换行。

因为一维数组名作为指针指向其第一个字符，所以用 puts 函数输出一个一维字符数组时，通常用 puts（一维字符数组名）。

例如，输出一维字符数组 name，可写成 puts(name);。如果写成 puts(name+1)，则从 name 的第 2 个字符开始输出。

再看 printf 函数，它用格式控制符 %s，把指定地址处开始的数据解释成字符并输出，直到遇到 '\0' 为止。

很显然，如果自定义一个一维字符数组，它的元素中没有字符 '\0'，用 puts 输出就会出现问题，因为找不到字符串结束标识。

例 7.19 输出字符串的几个实例。

```
#include <stdio.h>
int main(void)
{
    char partment[]="Hello world";      // 字符串的最后有 '\0'
    puts(partment);                     // 输出 "Hello world"，并换行，没有问题
    puts(partment+6);                   // 输出 "world"
    char name[5]={'a','b','d','h','d'}; // 空间均被指定字符初始化，无 '\0'
    printf("%s",name);                  // name 没有字符串结束标识，不能正确结束输出
```

```
    puts(name);                          // name 也不能正确输出
    char addr[5]={'a','b','\0','h','d'};    // 注意到中间的 '\0',它是字符串结束标识
    printf("%s", addr);                  // 只输出 ab,并不换行
    puts(addr);                          // 只输出 ab,并换行
    scanf("%s",partment+6);              // 如输入"China",则 partment 变为 "Hello China"
    return 0;
}
```

7.4 指针数组

微视频 7-11：指
向一维数组的指
针和指针数组

　　在编程中,当我们面对需要大量同类型变量的场景时,逐一为每个变量命名变得既烦琐又不实用。为解决这个问题,我们引入了数组的概念。数组允许我们用单一的名称定义一系列同类型的变量,从而简化了代码的编写和管理。这不仅解决了管理大量变量的问题,而且使得数据的处理变得更加方便。

　　同样的逻辑也适用于指针变量。当我们需要处理多个指向同一数据类型的指针时,可以使用数组来组织这些指针。这样的数组,其中的每个变量都是指针类型,并且每个指针都指向相同类型的数据,我们称之为指针数组。这种方法既保持了数据类型的一致性,又提高了代码的可读性和维护性。

　　定义一维指针数组的一般格式如下：

```
DataType *数组名[N];
```

　　该数组有 N 个元素(N 常量,也可以表达式的形式呈现,结果为 N),每一个元素都存放一个指针值,每个指针指向的数据类型都是 DataType(如 int、float 等),也可以说数组每个变量的数据类型为 "DataType *"。

　　定义后,与前面介绍的一般数组一样,数组名作为指针也指向它的第 1 个元素,且不可被赋值。

```
例如,int *pointer[5];
```

　　定义了一个名为 pointer 的一维指针数组,这个数组有 5 个元素,每一个元素均存放一个指针,且每个指针指向的数据类型都是 int 型,或者说每个元素的数据类型为 int*。pointer 作为指针指向它的第 1 个元素,其值不能被修改。

　　由于指针数组中的每个变量都可以指向任意大小的内存块,这使得它在处理不同长度的数据时非常灵活,如不同长度的字符串数组。

　　如有定义：char name[2][10] = { "Hong","Zhangshan"};,在内存中存放的形式如图 7-6 所示(内存应该是线性的,即 'Z' 应该接在第 0 行的最后,这里画了两行,是为了方便说明)。

| H | o | n | g | \0 | \0 | \0 | \0 | \0 | \0 |
| Z | h | a | n | g | s | h | a | n | \0 |

图 7-6　二维字符数组的内存示意图

这里第 0 行就造成了 5 个字节的浪费,如果定义的二维数组 name 用于存放的姓名很多,最长的一个字符串很长,其余很短,就会浪费大量内存。

但如果用一维指针数组来处理,就可以用指针数组存放每一个字符串的首地址,以后就可以用指针数组的变量值找到各个字符串。

例如,char *p[2]={"Hong","Zhangshan"};,这样的写法是把 p[0]、p[1] 初始化为两个字符串的首地址值,而两个字符串字符是作为常量存放于常量区的。

字符串在内存中存放的格式如图 7-7 所示。这里假设 'H' 的地址值是 5000,'Z' 的地址值是 6000。

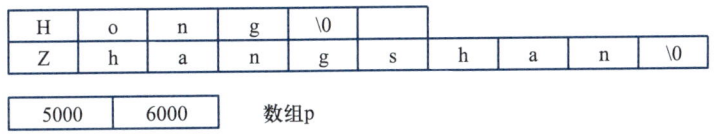

图 7-7　指针数组存放多个字符串的内存示意图

在指针数组 p 中有两个元素,分别是 p[0] 和 p[1]。p[0] 中存放的是第一个字符串的首地址,即 5000 ;p[1] 中存放第二个字符串的首地址,即 6000,所以 *p[0] 的值此时为 ' H ',*p[1] 的值为 ' Z '(运算符 * 的优先级比 [] 低)。

因为 p[0]、p[1] 存放了两个字符串的首地址,因此可用语句 printf("%s,%s ",p[0], p[1]); 输出这两个字符串。因为 p[0] 的值是 5000,而 5000 是字符 ' H ' 的地址,因此,printf 从 5000 这个位置输出字符,直到遇到 '\0' 为止,因此可输出第一个字符串;p[1] 类似。

因为 p 数组中的每一个变量(p[0] 和 p[1])都指向 char 型数据,因此表达式 p[0]+1 就指向第一个字符串的字符 'o',所以 *(p[0]+1) 的值为 'o'。同理,如果要得到第二个字符串中的字符 's',用 *(p[1]+5) 就可以了。

printf("%s,%s ",p[0], p[1]); 也可以写成:printf("%s,%s ",*p, *(p+1));,因为 p 作为指针指向它的第 0 个元素,指向的数据类型为 char*,这里就是指向 5000,所以 *p 的值 5000。p+1 指向数组 p 的第 1 个元素,因此,*(p+1) 的值为 6000。

本例中,由于字符串的字符是存放常量区的,指针数组元素得到的只是字符串的首地址,因此不能修改字符串本身的字符。如用 *p[0]='h' 来修改第一个字符串的首字符是错误的。

这里顺便说明一下,如果想实现字符串中的字符修改,可以用代码显式申请的内存空间,如定义一维字符数组,或者通过动态存储分配的方法(见 10.6 节),然后把空间首地址赋给指针数组的元素。

下面看几个一维指针数组应用的实例。

例 7.20 有 char *p[3]= {"Hong","Zhangshan","Chenxuling"};,应用指针输出每一个字符串的长度(不用 strlen 函数)。

分析:p 是一个一维数组,它有 3 个元素,每一个元素的数据类型都是指针类型 char*。假设系统为此数组分配的空间首地址为 20000,三个常量字符串的首地址分别是 5000、6000、7000,一个指针变量占 8 个字节。

根据初始化,数组 p 中三个元素 p[0]、p[1]、p[2] 的值就分别为 5000、6000 和 7000,如图 7-8 所示。当然,*p、*(p+1)、*(p+2) 的值也分别是 p[0]、p[1]、p[2] 的值,即 5000、6000、7000。

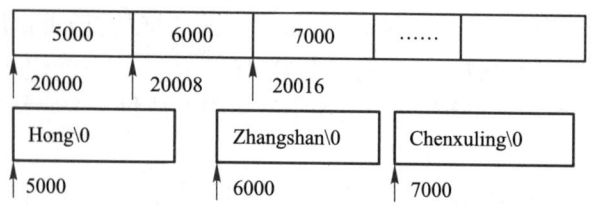

图7-8　p指针数组定义和初始后的内存示意图

从图7-8中可以看出,p[i]指向第i+1个字符串的首字符,因此p[i]+j就指向该字符串的第j+1个字符,*(p[i]+j)就是该字符的值。当然,根据"a[b]表达式",这个字符串的第j+1个字符也可以写成p[i][j]。

比如p[0]的值是5000,它是一个指针,指向的数据类型为char型,因此p[0][0]的值也就是*(p[0]+0)的值,写成数据形式就是"*5000",为'H'。p[0][1]的值就是*(p[0]+1),因为p[0]指向char型数据,所以p[0]+1的值就是5001,写成数据形式就是"*5001",为'o'。

针对此题,首先考虑计算第i+1个字符串的长度。定义一个整型变量length,并将其初始化为0,以用于存储字符串的长度。

接下来使用while循环遍历字符串中的每个字符。在循环中,检查指针*(p[i]+j)是否指向字符'\0',即字符串的终止符。如果不是终止符,length变量增加1,继续计算字符串的长度。一旦遇到终止符,循环终止,此时length变量的值即为当前第i+1个字符串的长度。

为了计算多个字符串的长度,可在while循环上加一个外层循环,用于改变i的值,使得p[i]指向不同字符串的首字符。通过这种方式,可以依次计算每个字符串的长度,并满足题目的要求。具体代码如下:

```c
#include <stdio.h>
int main(void)
{
    char *p[3]= {"Hong","Zhangshan","Chenxuling"};
    int i,j,length;
    for(i=0;i<3;i++)            // i不同,p[i]就指向不同字符串的首字符
    {
        length=0, j=0;         // length存放一个字符串的长度
        // 此循环求初始地址为p[i]的字符串的长度
        while(*(p[i]+j)!='\0')// 也可写成:while((p[i][j])!='\0')
        {
            length ++;
            j++;               // j++后,表达式p[i]+j指向第i+1个字符串的下一个字符
        }
        printf("the len of %dth string is %d\n",i+1, length);
    }
    return 0;
}
```

执行此代码的结果：

```
the len of 1th string is 4
the len of 2th string is 9
the len of 3th string is 10
```

██████ **例 7.21** 给定一个 int 型一维数组 a，把数组中各元素按小到大的顺序输出，且保持数组 a 中各数据位置不变。

分析：在很多实际应用中，我们经常需要对数组进行排序，并且要求不改变原始数据。这可以通过结合指针数组和冒泡排序算法来实现。

首先，定义一个指针数组 p[n]，它与一维数组 a 的元素个数相同。最初，让 p 中的每个元素指向 a 中相应下标的元素。因此，*p[j] 实际上引用的是 a[j]。

然后，使用冒泡排序算法对 p 进行排序。在这个过程中，我们比较的是 *p[j] 和 *p[j+1]。如果 *p[j] 大于 *p[j+1]，我们不交换 a 中的元素，而是交换 p 中的 p[j] 和 p[j+1]。这样 a 的元素保持原样，但我们可以知道排序后的新顺序。

最后，顺序输出 p 中各元素指向的值。这样我们可以得到 a 中元素按从小到大的顺序排列的输出，而不改变 a 本身。代码如下：

```
# include <stdio.h>
#define n 5
int main(void)
{
    int a[n] = {902,21,46,-58,32};
    int i,j;
    int *p[n];                       // 定义一个指针数组,元素个数与 a 的元素个数一样
    int *buf;                        // 交换 p 元素数据时用于存放一个地址中间变量
    for (i=0; i<n; ++i)
    {
        p[i]=a+i;                    // 把 a 中每一个元素的地址顺序赋给指针数组的元素
    }
    // 双重循环实现冒泡算法
    for (i=0; i<n-1; ++i)            // 比较 n-1 轮
    {
        for (j=0; j<n-1-i; ++j)      // 每轮比较 n-1-i 次
        {
            if (*p[j]>*p[j+1])       // 指向的值大,则互换指针数组中的元素值
            {
                buf = p[j];
                p[j] = p[j+1];
                p[j+1] = buf;
```

```
        }
      }
    }                          // 冒泡算法结束
    for (i=0; i<n; ++i)        // 把指针数组元素值指向的数据输出出来
    {
        printf("%d ", *p[i]);
    }
    return 0;
}
```

　　a 中有 5 个元素,假设 a 的第 1 个元素地址是 1000,把每一个元素地址顺序赋给指针数组 p 的各元素,如图 7-9 所示。

数组a:	902	21	46	−58	32
a中各元素的地址:	1000	1004	1008	1012	1016
数组p:	1000	1004	1008	1012	1016

图 7-9　数组 a 各元素地址值顺序赋给 p 的各元素

　　在冒泡算法中,第一轮执行 for(j=0; j<n-1-i;++j) 时,i,j 均为 0,然后执行 if(*p[j]> *p[j+1]),因为 *p[j] 的值为 902,*p[j+1] 的值为 21,显然 if 括号内的表达式值为非 0,因此把 p[0] 和 p[1] 中的值互换,此时 p[0] 的值为 1004,p[1] 的值为 1000,如图 7-10 所示。

数组a:	902	21	46	−58	32
a中各元素的地址:	1000	1004	1008	1012	1016
数组p:	1004	1000	1008	1012	1016

图 7-10　指针数组 p 执行第一次交换后的地址

　　当内部循环执行完一次以后,p 中各元素的值就变成如图 7-11 所示的数据。注意到数组 a 中各元素值始终没有变,但把最大数 902 所在地址调到了指针数组 p 的最后。

数组a:	902	21	46	−58	32
a中各元素的地址:	1000	1004	1008	1012	1016
数组p:	1004	1008	1012	1016	1000

图 7-11　内部循环第一次执行完,p 中各元素的地址值

　　经过整个冒泡算法,最后得到的结果如图 7-12 所示。

数组a:	902	21	46	−58	32
a中各元素的地址:	1000	1004	1008	1012	1016
数组p:	1012	1004	1016	1008	1000

图 7-12　冒泡算法执行完后,指针数组 p 中各元素的值

可以发现,p 数组中从左到右各元素指向的数据是从小到大排序的。因此,要由小到大输出数组 a 的元素值,只要用一个循环输出 *p[i] 的值。

7.5　字符串处理函数及其应用

标准头文件 string.h 中列出了丰富的字符串操作函数,例如字符串比较、获取字符串长度、字符串复制等。在实际应用中,这些函数使用非常多。本节介绍几个经常使用的字符串函数以及它们的一些应用。

1. strcat 函数

strcat 函数的原型为:

```
char *strcat(char * restrict s1,const char * restrict s2);
```

其功能是把地址为 s2 开始的字符串追加到地址为 s1 的字符串后面。

这里要注意的是 s1 必须要存放在一个可修改值的内存空间中,比如用一般形式定义的一维字符数组中,且两个字符串应有 '\0' 结尾。如果字符串 1 是常量字符串,则执行失败。

例 7.22　实现两个字符串的连接。

```
#include <stdio.h>
#include <string.h>                    //引入头文件,否则不能识别 strcat 函数
int main(void)
{
    char name[20]={'A','B','\0'};      //注意最后一个字符 '\0' 不能丢
    char ch[]="abc";
    strcat(name,ch);                   //把 ch 字符串追加到 name 字符串字符 'B' 后面
    printf("%s\n",name);
    char str[]="AB";                   //注意这里的 str 字符串只有 3 个字节的内存空间
    strcat(str,ch);                    //把 ch 字符串追加到 str 字符串字符 'B' 后面
    printf("%s\n",str);
    return 0;
}
```

程序代码执行结果:

```
ABabc↙
ABabc↙
```

这个程序看起来可以正常运行,但仔细分析一下,函数 strcat 的作用是把 s2 开始的字符串追加到 s1 开始的字符串后面。但在上述代码中,数组 str 存放字符的空间只有 3 字节,也就是说这个空间装不下追加后的字符串。因为 str 以后的第 4 个字节不属于 str 数组,但 strcat 函数可以直接使用 str 空间后的内存,这就造成了所谓内存泄漏问题,这种隐性的问题在实际应用

中常常可能更改其他变量的数据,造成程序崩溃。

那么这里为什么又可以正确输出结果呢? 这是因为 printf、puts 之类的函数输出字符串时,从指定的地址开始一直输出字符,直到遇到 '\0' 为止。由于这里输出是从 str 的第一个字符开始,输出过程中也并没有涉及其他变量利用已超越的内存空间。

因此,做字符连接时,要考虑第一个字符串的大小,它的空间要能放下连接后的字符串。从这些实例中可以看出,C 语言有很大的灵活性,但使用时必须掌握其内涵本质,不能浮在函数应用的用法外表上,不然实际应用中代码质量会很差。

值得注意的是 s2 指定的只是被追加字符串开始的地址,并没有要求一定是一维字符数组名,因此我们利用这一条,可以实现灵活的追加。例如:

```
char name[20]="zhang",ch[10]="li song";
strcat(name,ch+2);        //注意这里的 ch+2 是 ch 字符串中空格字符的地址
puts(name);
```

输出为 zhang song,即 name 字符串变成了 "zhang song"。

2. strcpy 函数

strcpy 函数的原型为:

```
char *strcpy(char * restrict s1,const char * restrict s2);
```

strcpy 功能是将地址为 s2 开始的字符串复制到 s1 开始的位置,并在其后加上 '\0'。这里字符串 s1 必须放在可修改值的内存空间中。例如:

```
char str2[]="math",str1[10];
strcpy(str1,str2);
```

str1 字符串变成了 "math"。

与 strcat 函数一样,strcpy 中的 s1、s2 是一个指定复制与被复制开始地址的,因此可以利用这一点实现灵活复制。比如有 char name[20]="wang gan",ch[10]="li song";,只想把 "song" 复制给 name 把 "gan" 替换掉,其余不变,则可写成:

```
strcpy(name+5,ch+3);
```

则 puts(name); 语句输出 "wang song"。

这里有 3 条需要说明。

(1) strcpy 中 s1 不能指向常量区,因为常量区的值不可改变。有如下定义和初始化,char str2[]="math",*str1="Chinese"; // str1 是指针变量,指向常量区。则 strcpy(str1,str2); 是错误的。

(2) 使用 strcpy 时,s1 指向的有效空间要大于 s2 字符串的长度。不然会引起其他内存区数据损坏,造成不可知的后果。

(3) 字符串之间不能直接用 "=" 来赋值,即不能写成 name=ch; 进行字符串的赋值,因为字符串是用字符数组管理的,这样写是把 ch 这个一维字符数组的首地址赋给 name,而 name 作为数组名不允许被赋值。

3. strcmp 函数

strcmp 函数的原型为:

```
int strcmp(const char *s1, const char *s2);
```

功能是比较两个字符串的大小。

比较的规则是,把从地址 s1 开始的字符与从地址 s2 开始的字符自左至右逐个字符比较(包括字符串结尾字符 '\0'),直到出现不同的字符或遇到 '\0' 为止。如全部字符相同,则认为两个字符串相等;否则当第一次出现字符不同时,字符 ASCII 码值大的所在字符串大。

比较结果由函数返回,当 s1 指向的字符串与 s2 指向的字符串相等,函数返回值为 0;当 s1 指定的字符串大于 s2 指定的字符串,函数返回正整数;反之返回负整数。例如:

```
char *str1="A",*str2="B";
x=strcmp(str1,str2);
```

执行函数首先比较 'A' 和 'B',显然前者小,所以并没有继续比较后续的字符 '\0',就可以确定 "A" 比 "B" 小。所以函数计算后返回一个负整数并赋给 x。

上面两条语句,可以合并写成 x=strcmp("A","B");。在 C 语言中,常量字符串的字符是存放在常量区的,它常以字面量的形式出现在代码中,但却是以指向常量区首字符的指针呈现。所以在函数表达式 strcmp("A"、"B") 中,"A"、"B" 用的是指向字符 'A' 的指针和指向字符 'B' 的指针。

再看另一个实例,x=strcmp("compare","computer");

因为两个字符串在这里以常量出现,strcmp 得到是这两个常量区的首地址。执行 strcmp 函数时,开始逐字符比较,显然前面对应字符均相等,直到前一个字符串移动到字符 'a',后一个字符串移动到 'u'。此时显然前者比后者小,所以函数返回一个负整数并赋给 x。

```
x= strcmp("ab","a");
```

这里的 s1 和 s2 均指向字符 'a',均向后移动一个字符进行比较,前者移动到字符 'b',后者移动到字符 '\0',因此判断前者大,x 得到一个正整数。

```
x= strcmp("ab","ab");
```

此例从左到右一直到 '\0' 均相等,因此 x 的值为 0。

4. strlen 函数

strlen 函数原型为:

```
size_t strlen(const char *s);
```

功能是返回一个从地址 s 开始的字符串的长度。这里长度值为字符串中字面字符的个数(不包括 '\0' 在内)。其中 size_t 是一种整型类型的扩展表示。例如:

```
int x=strlen("abcd");                          // x 的值为 4
```

```
int x=strlen("ab\025cd");          // x 的值为 5,\025 是一个转义字符
int x=strlen("ab\0cd");            // x 的值为 2,字符串到 '\0' 处结束
```

5. strlwr 函数

strlwr 函数的原型为：

```
char* strlwr (char *s1);
```

其功能是将 s1 指定字符串中的大写字母换成小写字母。这里的字符串必须存放在可修改的空间中。

例 7.23 在 main 函数中给定一个字符串,遍历每一个字符,把大写字母变成小写字母。并与 strlwr 实现的结果进行对比。

分析：定义一个一维字符数组用于存放字符串,因为要与 strlwr 函数比较,因此,再定义一个一维字符数组,其值与前一个一致。对于第一个字符数组,用一个循环提取数组中的每一个字符,如果是大写字母就把它变成小写字母,直到数组中的字符为 '\0'。代码如下：

```
#include <stdio.h>
int main(void)
{
    char str1[10] ="Zhong Guo";        //定义两个元素值一样的一维字符数组
    char str2[10] ="Zhong Guo";
    int i=0;
    while(str1[i]!='\0')               //用循环遍历每一个字符
    {
        if(str1[i]>='A' && str1[i]<='Z')  //是大写字母就变成小写字母
            str1[i]=str1[i]+32;            //变成小写字母
        i++;
    }
    puts(str1);                        //输出 str1
    puts(strlwr(str2));                //用 strlwr 把 str2 转换后,输出其结果
    return 0;
}
```

strlwr 函数不能直接对常量字符串进行操作,如 strlwr("Zhong Guo"); 是错误的,因为字符串 "Zhong Guo" 存放在常量区,不可修改。而 char str1[10]="Zhong Guo";,是把字符串存放在数组申请的空间中,可以修改,因此 strlwr(str1) 是正确的。

6. strupr 函数

strupr 函数的原型为：

```
char * strupr (char *s1)
```

功能是将由 s1 指定字符串中的小写字母换成大写字母。这里的字符串必须存放在可修

改的空间中。

由于字符数组及字符串处理函数应用范围广,下面再举几个实例加以说明。

例 7.24　从键盘输入 5 人的姓名,存入一个二维字符数组中,并输出。

分析:首先,我们定义一个二维字符数组,用于存储多个人的姓名。每个一维数组代表一个人的姓名。由于姓名中可能包含空格,因此我们使用 gets 函数来输入每个人的姓名。

需要注意的一点是,当使用二维字符数组时,不能直接将二维数组的名称作为 gets 函数的参数。这是因为 gets 函数的参数应该是一个指向 char 类型数据的指针,即一个指向一维字符串首地址的指针。而二维字符数组名作为指针指向的是一维字符数组。

因此,当使用 gets 函数接收一个姓名时,应该在 gets 的括号中使用“二维数组名 [行下标]”的形式,或者使用“*(二维数组名 + 行下标)”的形式。这样可以确保正确地向二维数组的指定行中输入字符串。代码如下:

```c
#include <string.h>
int main(void)
{
    int i;
    char name[5][20];
    for(i=0;i<5;i++)
        gets(name[i]);              // 或者写成 gets(*(name+i));
    for(i=0;i<5;i++)
        printf("\n%s ",name[i]);    // 输出从 name[i] 开始的字符串
    return 0;
}
```

注意这里将 name[i] 应用到 gets 和 printf 中。因为 name[i] 指向第 i+1 个字符串的首字符,且指向 char 型,与 gets 要求的参数类型一致。同样地,printf 中的 %s 对应的也应是输出串的首地址。

例 7.25　在 main 函数中比较两个字符串 str1 和 str2 的大小,并与 strcmp 函数的结果对比。

分析:比较两个字符串的大小是要从开始逐个比较两个字符串中的对应字符,直到对应字符不相等或其中一个字符串结束。因此,可用一个循环来实现。这里用 while 语句,其控制表达式写为“!(result=str1[i]−str2[i])&& str1[i]”。

在循环过程中,如果字符相等,但两个字符串都没有到达最后 '\0' 处,则 result 为 0,!result 为 1,且 str1[i] 的值非 0,所以整个控制表达式的值为 1,继续循环。

如果某处对应字符不等,result 为非 0 值,则 !result 为 0,此时不管 str[i] 是不是 '\0',控制表达式值为 0,循环结束。此时,result 的值就是正数或者负数,根据它就可以判断字符串的大小。

如果两个字符串 str1、str2 前面的字符都相等,此时有字符串 str1 到达了 '\0' 处,则 result 的值有两种情况:一是,str2 没有达到 '\0' 处,则字符串 str2 大,此时,result 的值为非 0,!result 为 0,所以不管 str1[i] 的值是什么,整个表达式的值为 0,循环结束,此时 result 的值可能是正数,也可能是负数,根据它可判断字符串的大小。二是,字符串 str2 也达到 '\0' 处,则两字符串相等,此时 result 的值正好为 0,与字符串相等信息一致。这里,虽然 !result 为 1,但此时 str1[i]

的值为 0,所以整个表达式的值为 0,循环结束。

循环结束后,利用 result 值就能给出字符串比较的结果,下面是具体代码:

```c
#include <stdio.h>
#include<string.h>
int main(void)
{
    char str1[20],str2[30];
    int i=0,result=0;
    printf("输入两个字符串,一个字符串输入结束后按 Enter 键 \n");
    gets(str1);
    gets(str2);
    //while 语句用循环从左到右执行字符比较,直到分出大小或到达字符串尾
    while(!(result=str1[i]-str2[i]) && str1[i])
        i++;
    if(result>0) // 根据正负把结果值统一成 1,-1
        result=1;
    else
    {
        if(result<0)
            result=-1;
    }
    /* 输出结果,与库函数 strcmp 执行的结果一起输出,看结果是否一致。*/
    printf("%d   %d\n",result,strcmp(str1,str2));
    return 0;
}
```

从本实例可以看出,要写出简单且满足复杂实际情况的程序,需要灵活地运用 C 语言的语法和长期地学习、思考、总结和实践。中国先哲们早就从不同的角度谈过学习、思考的意义与作用,“业精于勤荒于嬉,行成于思毁于随。”“学而不思则罔,思而不学则殆。”“问渠那得清如许?为有源头活水来。”。

例 7.26 编程实现某班学生的姓名以及 C_language、higher_mathematics 两门课的成绩输入,并按各学生总分从高到低进行排序后输出。

分析:首先,定义两个一维数组 C_language、higher_mathematics 分别存放两门课程的成绩。接着,定义一个二维字符数组来存放学生的姓名,每行代表一个学生的姓名。

在本例中,我们使用冒泡排序算法对学生的总分进行排序。排序时,需要比较相邻两个学生的总分。如果前一位学生的总分小于后一位学生的总分,则需要交换他们的信息,包括姓名和两门课的成绩。

值得注意的是,姓名以字符串的形式存储,因此在交换姓名时不能直接使用赋值符号,应该使用 strcpy 函数来交换姓名。为了实现这一点,还需要先定义一个临时的一维字符数组

tempName，用于在交换过程中临时存储姓名。整个程序代码如下：

```
#include <stdio.h>
#include <string.h>
#define LEN 20                          //一个学生姓名占用的长度
int main(void)
{
    int i, j, N;                        //N 为学生人数
    float C_language[N], higher_mathematics[N], temp;
    printf(" 输入学生个数:");
    scanf("%d", &N);
    char name[N][LEN], tempName[LEN];
    //第 1 步,用一个循环输入班级学生的数据
    for (i = 0; i < N; i++)
    {
        printf(" 请输入第 %d 个同学的姓名,输完按 Enter 键 :\n", i + 1);
        gets(name[i]);                    // 接收姓名字符串
        printf(" 请输入第 %d 个同学的两门成绩,中间用空格隔开,\
            输完按 Enter 键 :\n", i + 1);
        scanf("%f%f", &C_language[i], &higher_mathematics[i]);
    }
    //第 2 步,用冒泡算法排序
    for (j = N; j >= 1; j--)
    {
        for (i = 1; i < j; i++)
            /* 前一个学生的总分比后一个的小,互换成绩和姓名 */
            if (C_language[i] + higher_mathematics[i] >
                C_language[i - 1] + higher_mathematics[i - 1])
            {
                // 互换 C_language 中的成绩
                temp = C_language[i - 1];
                C_language[i - 1] = C_language[i];
                C_language[i] = temp;
                // 互换 higher_mathematics 中的成绩
                temp = higher_mathematics[i - 1];
                higher_mathematics[i - 1] = higher_mathematics[i];
                higher_mathematics[i] = temp;
                // 下面用 strcpy 对姓名进行互换
                strcpy(tempName, name[i - 1]);  // name[i-1] 看成一维数组名
```

```
                    strcpy(name[i - 1], name[i]);
                    strcpy(name[i], tempName);
                }
        }    //排序完毕
        printf("\n 按总分排序的结果:\n");
        for (i = 0; i < N; i++)
            printf("%s,%3.0f,%3.0f\n", name[i], C_language[i],  \
                higher_mathematics[i]);
        return 0;
    }
```

本章详细讲解了 C 语言中一维数组和二维数组的核心概念。首先探讨了一维数组和二维数组的定义、引用方式和初始化方法。

另外,本章还介绍了 string.h 头文件中一些常用的库函数,并重点讨论了一维数组和二维数组的实际应用场景。理解本章内容的关键在于掌握数组及其元素的数据类型。值得注意的是,当数组名被用作指针时,该指针指向的数据类型即为数组元素的数据类型。

习　　题

1. 输入 10 个数到数组 A 中,输出其最小值和最小值的下标。

2. 给一个 int 型的一维数组输入 5 个数值,并倒序输出。

3. 如果有定义 unsigned arr[10]={1,2,3},*p;,则 arr 的数据类型是什么? arr 指向的数据类型是什么? 表达式 sizeof(arr)/sizeof(unsigned) 的值为什么是数组元素的个数? 当执行 p=arr; 后,*p、p[1] 的值分别是什么? 再执行 p++; 后,*p、p[1] 的值分别是什么?

4. 求一个一维数组各元素的平均值并输出。要求用到指针。

5. 给一个大小为 M×N 的二维数组初始化值,然后用循环找出它的最大值并输出。M 和 N 自己确定为一个整数常量。

6. 有二维数组 int A[5][4]={1,2,3,4,5,6,7,8,9,10,11,12,13,14,15,16,17,18};,试在计算机上输出 A 和 A[0] 到 A[4] 的值,并回答下列问题。

(1) A[i] 和 A[i+1](i 为 0,1,2,3)的值相差多少,为什么是这样?

(2) A 和 A[0] 的值相同吗? A 和 A[0] 所在空间存放的数据类型相同吗? 为什么? A[0] 可以看成一个有 5 个 int 数据的一维数组名吗?

(3) 如果有定义 int (*p)[4];,请问 p 指向的数据类型是什么? 在执行 p=A+1; 后,*p 指向的数据类型是什么? p[0][0] 的值是什么? (*p)[1] 的值是什么?

(4) sizeof(A)/sizeof(*A) 的值是什么? sizeof(A)/sizeof(**A) 的值是什么?

7. 自己定义两个矩阵,并给定元素值,输出它们的乘积,代码写清楚注释,请尽量用指针。

8. 有两个 n×n 的矩阵,赋入各数据初始值,分别把它们在水平方向上连接合并成一个 n×2n 的矩阵,在垂直方向上连接合并成一个 2n×n 的矩阵,并输出。要求用到指向一维数组的指针。

9. 在 main 函数中,把一个字符串复制到另一个字符串中(不能用 strcpy 函数)。

10. 在 main 函数中,把一个字符串的所有小写字母均换成大字字母(不能用 strupr 函数),把空格变成 '_'。

11. 定义两个数组,分别存放某班学生的姓名、一门课程的成绩,并按成绩排序,然后用折半法找出成绩中是否存在某个分数,如果存在,输出这个分数的学生姓名和分数,分数相同的人要全部输出。

12. 有一个 float 型的 N×N 二维数组,输出它最外围的所有数据,以及这些数据的平均值。

13. 输入 6 个英文单词,按英文词典的排序方式输出出来。

14. 输入一个班级的学生学号、两门课成绩(人数不少于 5 个)。按成绩降序输出每一个人的信息。输出时让用户指定按哪门课成绩排序或是按总分排序。

提示:用 printf(" 请选择排序的类型:输入 1 按课程 1 排序,输入 2 按课程 2 排序,输入 3 按总分排序。")提示输入,然后用 if 语句或 switch 写相应的代码。

15. 有定义 char *str="China"; ,则用 strlwr(str) 和 strupr(str) 可以完成相应的函数功能吗? 为什么? 提示:str 是一个简单的指针变量。

第 8 章 　 函数

电子教案：第 8 章
函数

深入探索 C 语言中的函数，它是编程的基石之一。函数不仅帮助我们组织和简化代码，而且提高了程序的模块性和重用性。本章将从函数的基本概念开始，介绍如何定义、调用函数，以及变量的作用域和类型。

8.1 　 为什么要用函数

微视频 8-1：为什么要用函数

在 C 语言中，函数是执行特定任务的独立代码块。每个函数都有一个名称，通过这个名称可以在程序的其他部分调用该函数。这种方法不仅减少了代码重复，还提高了程序的可读性和维护性。

用 C 语言进行大的程序设计时，常常将整体程序拆分为多个模块。每个模块可以由一个或多个函数构成，其中每个函数负责实现特定功能。这种模块化的方法不仅使得代码结构更为清晰和简洁，还提高了编程的灵活性和便捷性。更重要的是，函数使得代码的测试和调试变得更加容易，因为可以单独测试每个函数，同时更便于代码调试。

例如，编写一个能输出如图 8-1 所示结果的代码。

可以直接在主函数中实现此功能，代码如下：

```
*******************
How are you
*******************
```

图 8-1　输出的结果

```
#include <stdio.h>
int main(void)
{
    printf("*****************\n");
    printf("How do you do!\n");
    printf("*****************\n");
    return 0;
}
```

代码中，函数体的第一条语句和最后一条语句的功能一样，可以用专门的函数加以实现，有了这样的函数，就可以直接调用它完成此功能。这样编写代码更加简洁、灵活，实现代码重用；更重要的是，把复杂的任务分解成多个简单任务，便于编程和调试。

例如，上例可以写一个称为 myPrint 的函数，专门输出一行 "*"，代码如下：

```
void myPrint (void)
{
    printf("*****************\n");
}
```

这样要输出图 8-1 所示的内容,只要写成例 8.1 所示的代码。

例 8.1 利用函数 myPrint 输出图 8-1 所示的内容。

```c
#include <stdio.h>
void myPrint(void)              //实现特定功能的函数
{
    printf("*****************\n");
}
int main(void)
{
    myPrint ();                 //程序执行到这个语句时,去执行函数myPrint,完成输出
                                //一串*并换行的功能。执行完成后,返回到此处继续执行
    printf("How do you do!\n");
    myPrint ();                 //再调用函数myPrint,同样是输出一串*并换行。完成后,
                                //继续往下执行
    return 0;
}
```

可以看出,在 main 函数中,考虑成三步:第一步,输出一行"*";第二步,用 printf 输出"How do you do!";第三步,输出一行"*"。这样在 main 函数中就不需要追究如何输出一行的细节问题,更多体现解决问题的框架。

再例如,要求 5!+8!+7!+10! 的值,如果在 main 函数实现它,就要用 4 个循环来分别实现 5、8、7、10 的阶乘,然后把各自结果再加起来,代码就会显得复杂。如果专门设计函数 fac 求 n!。这样在 main 函数中实现整个问题只需要直接调用 4 次这个函数,再把每次执行后的结果加起来。所以 main 函数只要考虑如何利用 fac 函数求出 4 个数的阶乘,并把结果相加输出即可。fac 函数可以脱离 main 函数,单独编程实现。

例 8.2 计算 5!+8!+7!+10! 的值,并输出结果

```c
#include <stdio.h>
int fac(int n)   //定义求n!的函数
{
    int jc=1, i;
    for(i=1;i<=n;i++)
        jc=jc*i;
    return jc;
}
int main(void)
{
    int sum=0;
    sum=fac(5)+fac(8)+fac(7)+fac(10);           //分别调用上述定义的函数并相加,
```

```
    printf("%d\n",sum);
    return 0;
}
```

在这个例子中,先不考虑 fac 函数中的代码,从 main 函数来看,仅考虑 4 个数的阶乘相加,不需要关心阶乘如何实现,使得 main 函数代码非常简洁,也易于理解。

其实,sqrt、printf、strlen 等函数的功能是由 C 语言的系统库提供,我们可直接调用,这些函数还有一个专门的称谓,称为库函数。

本章将介绍如何定义能完成特定功能的函数,如何调用这些函数以及被调用执行时的规则。

8.2　函数定义

8.1 节中,实质上定义了两个函数 myPrint 和 fac。在 C 语言中,函数定义是指指定一个函数的返回类型、函数名、参数以及函数体的过程,通过该过程可以将实现特定功能的代码封装在函数中。定义函数的格式如下:

返回类型 函数名 (数据类型 参数 1,数据类型 参数 2,…)
{
    // 完成相应功能的代码,总称为函数体,包括定义和语句
}

函数由函数首部和函数体组成,函数首部由返回类型、函数名和参数列表组成,具体说明如下。

(1) 函数名是编程人员给函数确定的名称,其命名规则与变量命名规则一致。

(2) 函数名后面 () 中的参数列表,称为形式参数列表,每一个参数称为形式参数(简称形参)。形参是函数内部的变量,用于接收在函数调用时传递给函数的实际数据。实际数据通过实参(实际参数)传递到形参。形参必须在定义时指定数据类型。定义函数时可以不使用形参。如果函数不需要形参,可以写成返回类型 函数名 () {...},但为了提高代码可读性,推荐写成返回类型 函数名 (void){...}。

微视频 8-2:函数的定义

(3) 函数体包含完成特定功能的代码。形参在函数体内作为局部变量使用,它们的值在函数调用时由实参传递过来。形参在函数体内不需要重新定义,可以直接在函数体中引用。

(4) 返回类型是指执行此函数后,能通过函数本身传回值的类型。值为执行到 return 语句中表达式的值。如例 8.2 中,fac 函数体内 return 语句中的 jc 值。return 语句中表达式值结果的数据类型要与返回类型尽量一致。如果不一致,则当两者之间可以转换时,以函数返回类型为准(如 float 型与 int 型);当两者之间不能转换时,编译就会给出错误(如 int 型与指针类型)。

(5) 返回类型不能是数组类型和函数类型。

(6) 如果返回类型是 void,表示此函数不返回数据,只执行函数体中的代码以完成相应的功能,因此在函数体中不需要有 return 语句;如果返回类型省略,默认返回 int 型(但有部分编译器不支持)。

(7) 函数名可作为指针进行引用,其指向函数指令的入口地址,由编译器给定,其值不可更

改,这一点与数组名类似。

例 8.3 定义一个函数,求两个 int 型数据的最大值,并返回这个最大值。

```
int max(int x,int y)
{
    int z;
    z=(x>y?x:y);            // x 和 y 是形参,不需要在函数体中再定义
    return z;               // 返回最大值
}
```

此例定义了函数名为 max 的函数,功能是返回两个 int 型数据的最大值。因为这个最大值应该是 int 型,所以返回类型定义为 int。形参 x 和 y 用于接收实参传来的两个 int 型数据。

例 8.4 定义一个函数,输出固定界面。

```
void OutputInterface(void)
{
    printf("----- 欢迎使用本软件 !-----\n");
    printf(" 输入 1 选择,输入 2 继续,输入 3 退出 \n");
    return 1;               // 这里 1 是一个表达式
}
```

这个函数没有形参,在函数首部的 () 内直接写上 void,同时函数也不需要返回数据,所以返回类型定义为 void,函数体中也不需要 return 语句。

为何函数需要形参? 因为把特定功能的封装函数时,经常需要处理某些尚不明确的数据。例如,在定义计算整数阶乘的函数时,我们并不知道要计算哪个具体整数的阶乘。于是,我们设置该整数为一个形参,等待未来函数调用时提供确切的值。同样地,在例 8.3 中,在定义 max 函数时,由于不知道需要比较的两个具体整数,因此定义两个形参,以便在调用此函数时把需要比较的传过来。

形参的引入增加了函数的通用性和灵活性,使得函数能够处理不同的输入情况。在例 8.2 中,主函数 main 利用同一个 fac 函数,通过形参就可以得到不同整数的阶乘。例 8.3 中,调用 max 函数就可以求各种不同的两个整数的最大值。

为什么需要 return 呢? "return 表达式 ;"的目的是返回该表达式的结果值。在例 8.2 中,函数 fac 在计算完阶乘后会有一个结果值,主函数 main 调用 fac 时则期望得到这个结果。因此,C 语言等高级语言均采用这样的方式返回结果。

当然,有的函数只需要完成某个任务,不需要用形参得到具体数据,有时调用它的函数也不需要结果,所以定义某些函数时可以没有形参,也可以不用"return 表达式 ;",如例 8.4。

8.3 函数调用

当定义完一个函数后,就可以在某个函数中调用此函数,以执行此函数

微视频 8-3 :函数的调用与声明

完成相应任务。调用函数的函数,称为主调函数,被调用的函数称为被调函数。主调函数中传给被调函数形参的值称为实际参数,简称实参。

在调用函数时,实参可以是一个常量、变量或表达式,最终会被计算成一个确定的值并传递给形参。同时还要注意实参和形参的个数和顺序要一致,且数据类型尽量一致。如果数据类型不一致,编译器会进行类型转换,但这样可能会导致数据精度丢失或其他错误。

在例8.2中,main函数是主调函数,fac是被调函数,main函数中调用fac时用到的5、8、7、10都是实参。

8.3.1　函数调用的形式

定义函数后,函数调用主要有3种形式。

(1) 函数调用语句。把函数调用单独作为一条语句,如例8.1中的printf_star();。

(2) 作为函数表达式的一部分。此时函数调用出现在另一个表达式中,如例8.2中的sum=fac(5)+fac(8)+fac(7)+fac(10);。

(3) 作为另一个函数的实参,例如输出5!可以写成printf("%d",fac(5));。

后面两种形式要求函数返回一个确定的值,注意到实参只有一个值,且类型与形参定义的类型一致。

主调函数在调用一个函数前一般对其进行函数声明。函数声明是把函数的名称、函数返回类型以及形参类型、个数和顺序通知编译系统,以便在调用该函数时按此进行对照检查。例如:

```
int main(void);
{
    float fun(float a,float b);        //声明函数 fun
    ...
    float result=fun(3.1f,5.2f);       //再调用
    ...
}
```

当然,如果定义的函数写在主调函数的前面,主调函数中也可以不进行函数声明而直接调用。就像例8.1、例8.2中的myprint、fac函数,它们定义的代码都写在了main函数的前面,所以在main函数中没有先去声明,而是直接调用。

8.3.2　调用函数的过程

当主调函数(即正在执行的函数)需要执行一个被调函数(即被调用的函数)时,该过程遵循以下步骤。

(1) 加载被调函数到内存:系统首先将被调函数的代码加载到内存中的代码区域。这包括将函数的指令和相关信息存储在内存中以供执行。

(2) 分配内存并初始化形参:系统为被调函数的形式参数(形参)和其他局部变量分配内存

空间。实际参数(实参)的值被复制到对应的形参中。

(3) 执行被调函数:一旦被调函数的环境设置完成,控制流转移到被调函数,开始执行其代码。

(4) 处理函数返回:当被调函数执行完毕(达到 return 语句或到达函数体末尾),控制流返回到主调函数。此时,被调函数使用的内存(包括形参和局部变量)被释放。这意味着这些变量之后将不可访问。

例 8.5 定义一个函数,返回两个 int 型数中的最大值,并在 main 函数中调用它,求出 4 个 int 型数据中的最大值。

```c
#include <stdio.h>
int max(int x,int y)              //定义函数,有两个形参,类型为 int
{
    return x>y?x:y;               //条件表达式求出 x 和 y 的最大值,用 return 返回
}
int main(void)
{
    int a,b,c;
    a=max(10,20);                 //调用函数 max,10、20 为实参
    b=max(15,19);                 //再次调用函数 max,15、19 为实参
    c=max(a,b);                   //第三次调用函数 max,a、b 为实参
    printf("%d\n",c);
    return 0;
}
```

当主调函数调用 max 时,系统为 max 函数分配内存空间,并将其代码载入到内存的代码区。max 的形参也分配内存空间,并将实参的值复制给它们。如图 8-2 所示,函数开始执行。图 8-3 展示了执行 max(10,20)时的内存空间布局,其中 x 和 y 的空间包含了从实参复制过来的值 10 和 20。

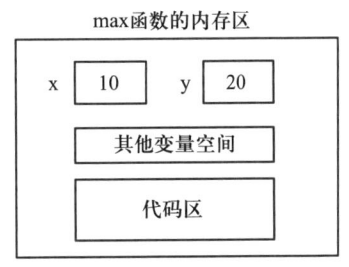

图 8-3 函数调用后的示意图

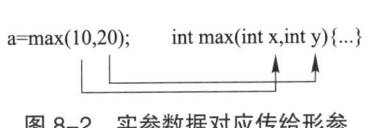

图 8-2 实参数据对应传给形参

注意:为便于理解,本书中所示的函数内存布局是一种简化的表现形式。实际上,函数调用过程涉及复杂的"栈"结构,且代码区域的内存空间与变量空间在物理上并非连续。

当这些设置完成后,控制流转移到 max 函数,开始执行其代码。当执行到 max 中 return

语句时,直接返回到主调函数,并释放 max 函数中的相关变量。此时从主调函数内部来看,其函数表达式,如 max(10,20) 的值就是函数返回的值。

在例 8.5 中,三条调用函数的语句可以合并成 c＝max(max(10,20), max(15,19));。这样写,代码的执行过程如下:

(1) 调用 max 函数。把实参 10、20 传递给形参 x、y。函数表达式 max(10,20) 的结果就是此次调用 max 函数后返回的值 20。

(2) 调用 max 函数。把实参 15、19 传递给形参 x、y,函数表达式 max(15,19) 的结果就是此次调用 max 函数后返回的值 19。

(3) 调用 max 函数。此时的实参就是 20 和 19,所以调用时形参 x、y 接收到的值为 20、19,函数表达式 max(max(10,20), max(15,19)) 的值就是此次调用 max 后返回的值 20,并赋给 c。

在 C 语言中,函数调用涉及实参和形参两个关键概念,需特别注意以下几点。

(1) 内存分配的独立性:实参和形参虽然可能具有相同的变量名,但它们在内存中占据不同空间。这意味着形参的值即便在函数执行过程中变化,也不会影响相应的实参。

(2) 函数执行后的内存释放:当被调函数(例如 max 函数)执行完毕并返回主调函数后,为其分配的内存空间将被释放。因此,函数内定义的普通变量将消失。但特殊定义的变量(详见 8.9.3 节,变量的分类)在函数执行后仍保持状态。

(3) 参数类型匹配:如图 8-3 所示,定义函数时形参需指定固定数据类型。调用函数时,实参的数据类型应与形参相符。不一致时,会根据形参的类型进行转换;不可转换时,会导致错误。

例 8.6　令 y=a*a+b*b,a 和 b 是变量,定义一个函数,根据 a、b 值计算 y 的值,并在 main 函数中输入两个值,调用该函数,输出计算的结果。

分析:定义一个函数,该函数接收两个 float 型的参数 a 和 b。其功能是基于这两个参数的值来计算 y,并返回。因为 y 为 float 型,函数返回类型为 float 型。

在 main 函数中,定义两个 float 类型的变量 a 和 b,以及用于接收函数返回值的变量 c。通过 scanf 函数读取 a 和 b 的值,然后调用定义的函数,用变量 c 接收函数调用返回的值,并输出 c。整个程序代码如下:

```c
#include <stdio.h>
float fun(float a,float b)              //定义函数
{
    return a*a+b*b;                     //表达式的结果,即 y 的值,直接返回
}
int main(void)
{
    //因为形参数据类型是 float,a,b 要作为实参,也需定义成 float
    float a=0,b=0,c;
    printf("请输入两个数 a,b,中间用空格隔开 : ");
    scanf("%f%f",&a,&b);
    c= fun (a,b);                       //调用函数,实参 a、b 传值给形参
    printf("y=%-10.3f\n", c);
```

```
    return 0;
}
```

执行的一个实例结果:

请输入两个数 a,b,中间用空格隔开: 4.3 3.2 ↵

y=28.7300 ↙

虽然 main 函数中的变量 a、b 和 fun 函数中的形参名字相同,但它们在内存中占据不同的空间,因此是不同的变量。调用 fun 函数时,函数加载到内存,为形参 a、b 申请内存空间,并把 main 中实参 a、b 的值复制给形参 a 和 b,然后执行 fun 代码,当执行到 return 语句时,返回 return 后面表达式的值(y 的值),回到 main 函数调用此函数之处 c=fun(a,b); 继续执行。这是典型的值传递。

定义函数时,有几个细节需要注意。

(1) 在 C 语言中,形参变量数据类型级别低的可以向级别高的转换,反之,某些编译器可能会发出警告或报错。如此例中,如果实参 a、b 定义为 int 型,可无损传递给形参。这是因为 int 型的值在转换为 float 型时不会丢失精度。然而,如果实参 a、b 被定义为 double 型,传递给形参时可能会导致精度损失,导致编译器给出警告提示。

(2) 在 C 语言中,特别需要注意不同数据类型之间的直接赋值可能会引发问题。例如,不能直接将二维数组元素的类型赋值给 int 类型,这会导致类型不匹配的错误。在这种情况下,需要进行显式的类型转换或使用兼容的数据类型。

(3) 在被调函数中,return 语句后的表达式应该与函数的返回类型尽可能保持一致。如果表达式的结果类型与函数声明的返回类型不一致,但可以进行类型转换,那么以函数声明的返回类型为准进行转换。如果类型不兼容且无法转换,则编译器会给出错误提示。

例 8.7 下面定义一个函数 exchange,完成互换两个 int 型数据,试分析在 main 函数中被调用后,main 函数中作为实参的两个值是否改变?

```
#include <stdio.h>
void exchange(int x,int y)        //定义函数,形参为 x、y,并实现 x、y 互换
{
    int temp;
    temp=x;                       //先把 x 的值赋给 temp
    x=y;                          //再把 y 的值赋给 x
    y=temp;                       //最后把 temp 的值赋给 y
}
int main(void)
{
    int a=10,b=20;
    exchange (a,b);               //调用函数,执行两数互换
    printf("a=%d,b=%d\n",a,b);
    return 0;
}
```

输出的结果为: a = 10, b = 20 ↙。从结果可以看出, 虽然 main 函数调用了 exchange 函数, 但这个函数并没有互换 main 函数中 a、b 的值。现在看 main 函数和 exchange 函数的内存空间示意图, 如图 8-4 所示。

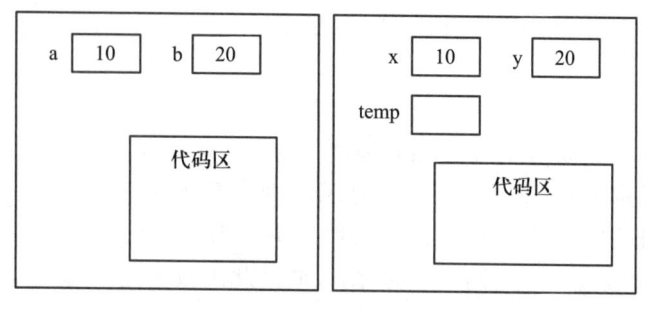

(a) main函数内存区示意图   (b) exchange函数内存区示意图

图 8-4   函数调用的内存空间示意图

在 C 语言中, 当 main 函数调用 exchange 函数时, exchange 函数会被加载到内存中。此时, main 函数内的变量 a 和 b 的值作为实参传递给 exchange 函数的形参 x 和 y。在 exchange 函数内部, x 和 y 的值进行互换, 使得 x 变为 20, y 变为 10。

完成操作后, exchange 函数执行结束并返回到 main 函数。exchange 函数所占用的内存区域被释放, 形参 x 和 y 也随之消失。

需要注意的是, exchange 函数在调用执行时, 仅修改了其内部的形参 x 和 y, 并未直接更改 main 函数中的实参 a 和 b。因此, 当在 main 函数中执行 printf("a=%d, b=%d\n", a, b); 时, 输出的是 a 和 b 的原始值, 而非互换后的值。

这表明, 虽然 main 函数调用了 exchange 函数, 但并未实现 main 函数中两个变量的实际互换。为了在函数调用后实现两个数值的互换, 需要重定义 exchange 函数, 包括使用指针。

8.4 指针与函数参数

8.4.1   指针作为函数参数

C 语言函数可以把形参定义为指针变量, 用以接收主调函数传来的指针值, 这样在被调函数中就可以操作形参指向的数据, 从而达到在被调函数中操作主调函数数据的目的。

实参和形参均是指针类型时, 同样是把实参的值传递给形参, 因此指针类型的实参和形参指向的数据类型要尽量一致(除 void 外)。

例 8.8 定义一个函数, 应用指针作为函数参数, 实现主调函数中两个变量互换。

分析: 可以用指针变量作为形参, 把主调函数中两个变量的地址传给被调函数对应形参。在被调函数中, 用指针间接访问的方式互换数据, 这样在被调函数中的互换实质上是在操作主调函数中的变量。程序代码如下:

```c
#include <stdio.h>
int main(void)
{
    void swap(int *x,int *y);            // 函数定义放在了后面,首先声明函数
    int a=10,b=20;
    swap(&a,&b);                         // 调用函数,把 a,b 的地址作为实参传递给形参
    printf("%d,%d\n",a,b);
    return 0;
}
/* swap 函数互换主调函数中两个数据 */
void swap(int *x,int *y)                 // 参形为指针变量,接收两个指向 int 型变量的指针
{                                        // 以下是互换两个数据的另一种方法
    *x=*x+*y;
    *y=*x-*y;
    *x=*x-*y;
}
```

注意:swap 函数中形参是两个指针变量,都指向 int 型。在 main 函数中实参是 a 和 b 的地址,&a、&b 作为指针也指向 int 型,因此实参和形参指向的数据类型一致,可以传值。

假设系统给 main 函数中 a、b 分配的地址为 8000 和 8004,调用 swap 函数时,先给指针变量 x、y 分配空间,假设其地址值为 9000 和 9008,然后把 a、b 的地址值分别传给指针变量 x 和 y,所以 x 和 y 得到的指针值为 8000 和 8004,如图 8-5 和图 8-6 所示。

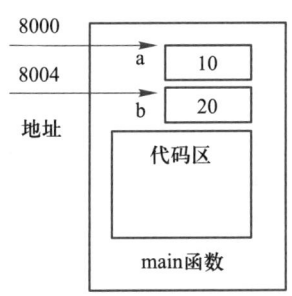

图 8-5　main 函数内存图

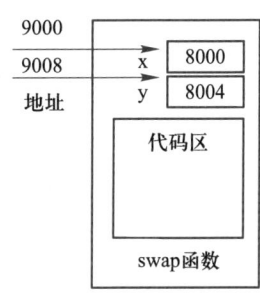

图 8-6　swap 调用后的内存图

swap 函数的目的是交换两个变量的值。假设在 main 函数中,变量 a 和 b 的内存地址分别为 8000 和 8004。当调用 swap 函数并传递 &a 和 &b 作为参数时,swap 函数内部的指针参数 x 和 y 分别指向 main 函数中的 a 和 b。

在 swap 函数执行 *x=*x+*y; 时,首先从地址 8000 和 8004 读取值(即 a 和 b 的值),并将它们相加的结果存回地址 8000 处,这样 *x(即 a 的值)变成了 a+b 的和。

接着,swap 函数继续执行剩余的两条语句。按照这个逻辑,最终实现了 *x(即 a)的值变为原 b 的值,*y(即 b)的值变为原 a 的值。这个过程本质上完成了 main 函数中 a 和 b 值的互换。

当 swap 函数执行完毕并返回到 main 函数后,可以观察到 main 函数中的 a 和 b 的值已经成功交换。这种交换是通过指针值,直接在原变量的内存空间实现的,这就是利用了指针在 C 语言中的强大功能。

结论:在 C 语言中,被调函数可以通过形式参数(形参)中的指针直接操作主调函数中的数据。尽管实际参数(实参)与形参之间的传递本质上是值的传递,但由于指针的使用,可以间接访问主调函数中的变量值。这是因为传递的是变量地址的副本,而非数据本身。

利用指针可以极大地提高程序代码的灵活性。许多功能可以通过被调函数实现,而且这些函数能够有效地操作主调函数中的数据。指针的这种特性使得函数能够间接访问和修改其调用者(主调函数)的变量,从而允许更复杂和强大的操作,如变量的互换、数据修改等。

例 8.9 定义一个函数,计算两个变量的“和”和“差”。然后在主调函数中调用此函数,并输出所得的和值及差值。

分析:在 C 语言中,一个函数只能通过其返回值返回一个单一的结果。但是,有时需要从函数中获取多个结果。在本例中,需要从一个函数中获取两个结果:和(sum)和差(difference)。由于函数只能返回一个值,我们不能直接使用返回值来实现这一点。

为了解决这个问题,就可以利用 C 语言中的指针。在主调函数中定义两个变量:sum 和difference。然后,将指向这两个变量的指针(&sum 和 &difference)作为实参传递给被调函数。在被调函数中,定义两个指针变量的形参分别来接收这两个实参值,这样被调函数使用这两个指针就可以直接修改主调函数中 sum 和 difference 的值。

这种方法的关键在于,通过传递指针,被调函数能够直接在原始变量上进行操作,从而在函数执行结束后,主调函数中的 sum 和 difference 变量的值会被更新。这样就可以通过一个函数来获取多个结果,同时保持了代码的结构和逻辑清晰。代码如下:

```c
#include <stdio.h>
// 函数定义,形参 s 和 diff 分别接收 main 中指向 sum 和 difference 的指针值
void calculateSumAndDifference(int a, int b, int *s, int *diff)
{
    *s = a + b;        // 执行时,s 的值是 &sum,所以 *s 就是 *&sum,即 sum
    *diff = a - b;    // *diff 就是 main 中的 difference 变量
}
int main(void)
{
    int x,y,sum, difference;
    scanf("%d%d",&x,&y);
    // 调用函数,指针作为参数。后两个作为指针指向两个变量
    calculateSumAndDifference(x, y, &sum, &difference);
    printf(" 和:%d 差:%d\n", sum, difference);
    return 0;
}
```

执行结果如下:

```
15 10
和:25 差:5
```

结论:通过指针,被调函数获得了访问和修改主调函数中变量的能力,间接地使主调函数可以获得被调函数执行过程中的多个结果。

8.4.2 一维数组作为函数参数

一旦定义了一个一维数组,编译时就会分配一段连续的内存空间来存放数组的变量,并且数组名可以作为指针指向其首个元素。

例如,int A[5] = {1,2,3,4,5};

系统申请能存放 5 个 int 型数据的内存空间,此时 A 作为指针指向该空间首个元素。这里假设系统分配存放数组元素空间的首地址为 8000,那么 A 的值就为 8000,如图 8-7 所示。

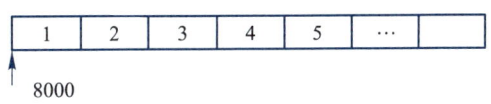

图 8-7　一维数组名作为地址的内存示意图

根据"a[b] 表达式",在 A[i] 表达式中,A 是作为指针使用,并指向 int 型数据。如果有指向 int 型的指针变量 p 得到 A 的值,则 p[i](即 *(p+i))就是 A[i]。应用 p[i] 也可以对 A 数组中的元素进行操作。因为 p 指向 int 型,根据指针加法规则,p+1 指向数组中下一个 int 型数据。

同理,如果被调函数用形参获取到主调函数中指向数组首个元素的指针,并且得到了数组的长度,那么被调函数就可以通过形参遍历数组各元素。同时因为得到了数组长度,就知道数组元素存放的内存边界。

当需要为被调函数定义接收指针的形参时,有以下两种写法。

(1)"数据类型　变量名 []"

(2)"数据类型 * 变量名"

这两种写法均定义了一个指针变量,指向给定的数据类型。调用函数时,要求实参是指针变量,且指向的数据类型与形参指向的数据类型一致(指向 void 型的指针除外)。"变量名 []"形式只是强调实参是一维数组名,不是也没有关系,与(2)没有区别。

有了这种形式的形参,只要简单地把数组名作为实参,形参就可以得到指向数组首个元素的指针。形参"变量名 []"不是数组形式,它只是一个指针变量,且不包括指向数组的长度信息。

例 8.10 定义一个函数,求一个一维数组(元素类型是 int 型)所有元素之和,并在 main 函数中定义一维数组,调用此函数,并输出和。

分析:所定义函数如果用一个形参得到一个指针值,这个指针指向一维数组的首个元素,并且用另一个参数获取一维数组的大小,则可以用循环得到所有元素的和值,并通过函数返回。在 main 函数中定义一维数组并初始化(也可以用循环赋值),然后调用所定义的函数,并输出结果。代码如下:

```
#include<stdio.h>
// 函数得到一个一维数组各元素数据之和,并返回
// 指针变量用于得到指向 int 型的指针,N 获取一维数组元素个数
```

```
int sum_arr(int arr[],int N)    // 也可以写成 int sum_arr(int *arr,int N)
{
    int i,sum=0;
    for(i=0; i<N;i++)               // 形参 N 的值可使 arr[i] 不越界
        sum+=arr[i];                // arr 是指向 int 型数据的指针变量,arr[i] 即 *(arr+i)
    return sum;
}
int main(void)
{
    int a[10]={1,2,3,4,5,6,7,8,9,10};
    printf("%d\n",sum_arr(a,10));    // a 作为指针其值传给形参 arr
    return 0;
}
```

例 8.11 定义一个函数,求一个字符串的长度并返回其值,并在主函数中调用该函数。

分析:字符串在内存中各字符是连续存放的,每个字符占一个字节,且以 '\0' 作为字符串结束标识。求字符串长度的算法可用一个循环遍历字符串中的每个字符,并计数直到遇到 '\0' 为止。因此,如果要定义一个函数求一个字符串的长度,只要把指向字符串的指针作为实参赋给所定义函数的形参,则此函数就可以根据该指针得到主调函数中字符串的各个字符,从而计算出主调函数中字符串的长度。代码如下:

```
#include<stdio.h>
// 定义 MyStrlen 函数以计算字符串长度
// 参数 char mystr[] 表示一个指向 char 类型数据的指针,用于接收传递过来的指针值
// 注意,char mystr[] 并没有定义一个数组,也不为数组元素分配内存空间
int MyStrlen(char mystr[])    // 也可以写成 int MyStrlen(char *mystr)
{
    int len=0;    // len 存放字符串的长度。
    // 通过循环计算字符串长度,直到遇到字符串终止符 '\0'。
    for(len=0; mystr[len]!='\0';len++);    // 注意循环最后是空语句
    return len;
}
int main(void)
{
    char str[100];
gets(str);
// 下句的实参 str,作为指针指向数组的第 0 个元素,指向 char 型
printf("%d\n",MyStrlen(str));    // str 的值传给形参变量 mystr
return 0;
}
```

整个代码的执行过程如下:首先从 main 函数执行,将 main 引入内存区,为字符数组分配变量空间,也就是为字符数组分配能装 100 个字符的空间,数组名的值就是这个空间的首地址(这里假设分配空间的首地址为 8000);然后执行 gets(str),把从键盘上获得的字符顺序放入 8000 开始的内存区,最后执行 printf 语句,此时先调用函数 MyStrlen,把它加载到内存区,并且把 str 的值,即 8000 赋给形参 mystr,如图 8-8 所示。注意到 mystr 并没有被分配能存放 100 个字符的内存空间,它的空间只是用于存放一个指针值。

在执行 MyStrlen 函数过程中,当执行到 for (len = 0;mystr[len]! = '\0';len ++); 时,mystr[len] 得到的字符是从地址 8000 开始的第 len 个字符。

可以看到,这个 8000 开始的地址实质上是 main 函数中存放字符串空间的首地址。虽然

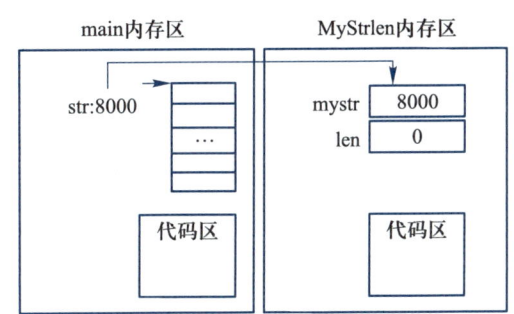

图 8-8　函数调用的内存空间示意图

MyStrlen 函数只是得到了一个简单的指针值,并没有把 main 函数中 str 数组的所有字符复制过来,但它正是根据这个指针值,在执行的过程中直接操纵了 main 函数中的数据。

MyStrlen 函数执行完 return 语句,返回 len 的值后,函数中的变量 mystr、len 所在的内存空间被释放。程序回到 main 函数的 printf 处继续执行,MyStrlen 返回的值作为 printf 函数中的实参,调用 printf 函数并输出结果。

因为 mystr 只接收指针值,所以调用此函数时,实参也要是指针值,且两指针指向的数据类型要一致。

在很多资料上,把形参接收实参指针值的过程称为地址传递。实质上,这与前面讲述的参数传值一样,就是把实参值赋给形参,只不过这里的值是指针而已。

在此例中,实参是数组名,作为指针指向其元素的数据类型,即 char 型,形参定义的 char mystr[] 或 char *mystr,表示指针变量 mystr 指向的数据类型也是 char 型,因此两者的数据类型一致。

应用指针作为形参,可以节省内存,提高效率,减少内存使用和复制成本,且能直接操纵数组。下面再看一个复杂一点的实例。

例 8.12 定义一个函数,返回字符串中某个字符出现的次数,并在 main 中调用,字符在 main 函数中由用户输入。

分析:函数要求返回字符串的某个字符出现的次数,因此函数需要得到字符串信息和出现字符的信息,这就要求函数有两个形参。一个接收指向字符串的指针,一个形参用于接收需要统计个数的字符。因为知道了指针,通过指针逐次加 1,就能遍历字符串的每一个字符,这是一种常用的遍历字符串和数组元素的方法。通过遍历到的字符与给定字符的比较,就可以统计出个数,最后返回个数。

这里把接收指向字符串指针的形参定义为指向 char 型的指针变量,因为字符串长度是非负整数,所以函数返回类型可定为 unsigned 型。具体代码如下:

```
#include <stdio.h>
unsigned conutCharNum(char *str, char ch)  // char *str 也可以写为 char str[]
```

```
{
    unsigned count=0;          // 个数设为非负整数
    while(*str!='\0')          // 此循环统计与 ch 相同的字符个数
    {
        if(*str++==ch)
            count ++;
    }
    return count;
}
int main(void)
{
    char str[100],c;           // str 为一维字符数组,存放字符串,c 为要统计个数的字符
    printf("please input string:\n");
    gets(str);
    printf("please input a char:\n");
    c=getchar();
    printf("%u\n",conutCharNum(str,c));
    // printf("%u\n",conutCharNum("zhongguo",c));
    return 0;
}
```

一个字符串常量常以指向其首字符的指针表示,main 中调用函数时,直接可以用字符串的字面量作为实参,见最后一条被注释的语句。

例 8.13   主调函数中定义了两个大小一致的一维字符数组,并用字符串进行了初始化,定义一个函数把一个字符串复制到另一个字符串中,并在主调函数中输出复制的字符串。

分析:当主调函数(如 main)包含两个一维字符数组时,这些数组名可以作为指向 char 型数据的指针。因此,被调函数可以定义两个指向 char 型数据的指针变量作为形参,用以接收主调函数中的字符数组名的值。这样被调函数就能够使用这些形参来操作主调函数中的字符串。

所定义函数的功能是将一个字符串(设为 A)复制另一个字符串(设为 B),可以使用一个循环将 A 中的每个字符依次赋值给 B 中对应的元素,直到在 A 中遇到终止字符 '\0'。在循环结束后,应该在 B 的末尾添加一个 '\0' 字符,以确保 B 也是一个正确终止的字符串。

当主调函数调用被调函数之后,主调函数中的字符串就实现了复制。具体代码如下:

```
#include <stdio.h>
void copyString(char *from,char to[])          // from 和 to 作为指针均指向 char 型
{
    while(*from!='\0')
        *to++=*from++;             // 相当于 *to=*from; to++; from++; 三条语句
    *to='\0';                      // 加上 '\0',使 to 指向的空间有字符串的结束标识
```

```
}
int main(void)
{
    char soure[10]="Zhangshan" ,dst[10]="Hong";
    copyString(soure,dst);       // 把两个一维数组的首地址传给形参
    printf("dst:%s",dst);
    return 0;
}
```

输出结果为：dst: Zhangshan

from 和 to 是两个指针变量，在函数被调用时，分别接收了 soure、dst 作为指针的值，并没有把数组中所有元素值复制到被调函数。根据"a[b] 表达式"，开始调用被调函数时，*from 和 *soure 是同一个字符。

例 8.14 一维字符数组有 10 个元素，前 5 个元素已按从小到大排序，现在从键盘输入 5 个字符，插入到该一维数组中，使数组元素仍保持排序，请定义插入函数。

分析：如果创建一个函数，它能将一个字符插入到已排序的一维字符数组中，并保持数组的排序状态，那么只需重复调用这个函数 5 次就能完成整个任务。

函数定义思路：设置三个形参，分别用于接收指向一维字符数组首元素的指针值、数组中已有元素的个数以及待插入的字符，这三个参数分别以 mystr、N 和 x 表示。此时，mystr[i] 就是一维字符数组的第 i+1 个字符。

现将字符 x 插入到已排序的一维字符数组中，并确保数组保持排序。为此，使用循环，让 i 从 N−1 递减至 0，依次比较数组中的 mystr[i] 与 x 的大小。

如果 mystr[i] 大于 x，则将 mystr[i] 的值后移一个位置，并让 i 减 1，然后继续进行比较。如果 mystr[i] 小于等于 x，就将 x 插入到第 i+1 个位置，并结束循环。

如图 8-9(a) 所示实例，假设要插入的 x 值为 'F'。i 从 4 开始，mystr[i] 即 'Q' 与 x 比较，显然，'Q' 比 x 大，则把 'Q' 向后移动一个单元，随后 i 减 1，变成 3，同样比较 mystr[3] 与 x 的大小，'L' 也比 'F' 大，同样 'L' 后移一个单元，一直到 mystr[1] 即 'E'，它比 x 小，所以 x 即字符 'F' 放在 mystr[2] 中，并用 break; 退出循环。此时一维数组中的值就如图 8-9(b) 所示。可以看到，插入后，数组元素有序。

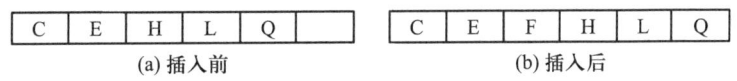

C	E	H	L	Q	
(a) 插入前

C	E	F	H	L	Q
(b) 插入后

图 8-9 插入前、后示意图

上述算法思路遗漏了一种特殊情况，即当待插入的值 x 小于原数组中的所有元素时，x 应该被插入到数组的第一个位置。但根据当前算法，当 i 减到 0 时，循环就会结束，导致无法执行将 x 插入数组开头的操作。这是因为按照设计，x 应该插入到第一个比它小或与它相等的元素的后面。但如果真遇到这种特殊情况，循环结束时，循环变量 i 将会是 −1。因此，可以利用这一点，当发现循环变量为 −1 时，将 x 插入到数组的开始位置。代码如下：

```
#include <stdio.h>
```

```c
char insertX(char *arr, int N, char x)
{
    int i;
    for (i = N - 1; i >= 0; i--)
    {
        if (arr[i] > x)
            arr[i + 1] = arr[i];        //向后移动一个单元
        else
        {
            arr[i + 1] = x;             //把 x 移到 i 的后一个单元
            break;                       //退出循环,只要能执行这一步,i 一定大于等于 0
        }
    }
    if (-1 == i)                          //x 比所有元素都要小
        arr[0] = x;
}
```

　　上述函数可把一个字符插入到一维字符数组中并完成排序,如果要插入多个字符,可以多次调用这个函数。例如从键盘输入 5 个字符,插入到有序的字符数组中,代码如下:

```c
int main(void)
{
    char ch[10]="CEHLQ",x;           // ch 中的字符已排序好
    int j;
    printf("输入五个字符:\n");
    for(j=0;j<5;j++)
    {
        x=getchar();
        insertX(ch, 5+j,x);          //把 x 插入 ch,每次调用后 j 值把字符串长加 1
    }
    for(j=0;j<10;j++)                 //插入全部 5 个字符后,输出数组元素值
        putchar(ch[j]);
    putchar('\n');
    return 0;
}
```

　　执行的一种实例结果如下:
　　输入五个字符:

KTABE ↵
ABCEEHKLQT ↙

注意到,调用函数 insertX 时,形参 arr 得到的是主函数中数组名作为指针的值,因此在 insertX 执行的过程中,arr[i] 实质上是主调函数中的 ch[i]。

这个实例再次说明,当指针作为实参传给形参时,被调函数执行时可以通过指针直接操纵主调函数中数据,不需要从主调函数复制大量数据。

请思考一个小问题,最后如果不用 for 语句,而直接用 puts(ch); 能不能正确输出全部字符?

8.4.3 二维数组作为函数参数

在第 7 章关于二维数组的学习中我们知道,对于定义为 "DataType Arr[M][N]" 的二维数组,数组名 Arr 除了与 & 和 sizeof 结合外,其他情况下自动退化为指向第一个元素的指针,指向的数据类型是 DataType[N];Arr[i] 可以作为一维数组(即第 i+1 行)的数组名,Arr[i] 作为指针指向这一行的首个元素,指向的数据类型是 DataType。

在 C 语言中,函数形参可定义成接收指向一维数组的指针变量。通常有以下两种方式,其中 N 表示结果为正整数的常量表达式,从 C99 标准起,N 可以为变量。

1. 数据类型 指针变量名 [][N]

指针变量名后的第一个 [] 中不填写整数,如果填写整数也被忽略。第二个 [] 中必须明确列数。

2. 数据类型 (* 指针变量)[N]

这两种定义方式都定义了一个指向数据类型为 "DataType[N]" 的指针变量,即指向一个一维数组的指针变量,用于接收指向该数据类型(一维数组)的指针值。

若主调函数中定义的二维数组的数据类型和列数与被调函数形参的定义完全一致,则可以将该二维数组的名称作为实参传递给形参。如果再能得到二维数组的行数,被调函数便能通过接收到的形参(即数组首地址)直接访问并修改二维数组的所有变量。

例 8.15 定义一函数,计算一个 4*3 的二维矩阵中所有数据的和,并在 main 函数中调用并输出和值。假设这个矩阵中的变量都是 int 型。

分析:因为要处理 4*3 的二维矩阵的矩阵(数据假设为 int 型),所以主调函数中的二维数组可定义为 Arr[4][3]。

对所定义的函数,形参可定义为 int A[][3],也可以定义为 int(*A)[3](注意数据类型和列数均与 Arr 相同)。这样在主调函数调用所定义的函数时,二维数组名 Arr 就可以作为实参传递给指针变量 A,实际上将 A 视为指向 Arr 数组首元素的指针。

所定义函数就可以根据 A 的值操作 Arr 数组中的数据,也就可以用一个二重循环求出二维数组 Arr 各数据的和。代码如下:

```
#include <stdio.h>
//形参A接收二维数组名作为指针的值,指向的数据类型为int[3]
//形参int A[][3]也可以写成int (*A)[3],两者效果一致
int arraySum(int A[][3],int row)
{
```

```
    int i,j,sum=0;
    for(i=0;i<row;i++)
        for(j=0;j<3;j++)
            sum+=A[i][j];                    //A[i][j] 得到数组 Arr 第 i 行第 j 列的值
    return sum;
}
int main(void)
{
    int Arr[4][3]={1,2,3,4,5,6,7,8,9,10,11,12};
    printf("%d\n", arraySum (Arr,4));        //注意二维数组名作为实参的写法
    return 0;
}
```

这里的实参 Arr,是二维数组名,作为指针指向的数据类型是 int[3],形参定义为 int A[][3] 或 int(*A)[3],指针变量 A 指向的数据类型也是 int[3],因此可以进行传参。因为 A 得到了 Arr 的值,根据"a[b] 表达式",被调函数在执行时 A[i][j] 实质上就是主调函数中的 Arr[i][j]。

如果形参指定的列数与主调函数中二维数组列数不一样,有的编译器可能报错,在有些编译器中,即使可以强制执行,但程序很可能得不到正确的结果,甚至会崩溃。

例如,当形参被定义为 int A[][5] 时,意味着 A 是一个指向 int[5] 类型的指针。这样 A[i] 的值是 A 的值向后偏移 i*20 字节(假设一个 int 类型占用 4 字节,且每行有 5 个 int 数据)。然而,在调用函数时,如果 Arr 的值被传递到 A,由于 Arr[i] 的值为 Arr 的值向后偏移 i*12 字节(一行 3 个 int 数据),这导致 A[i][j] 与 Arr[i][j] 许多变量不一致,甚至最后会超出 Arr 数组所分配的内存空间,导致不可预料的结果。

下面仍以例 8.15 为例,现假设 arraySum 函数的功能是计算某一行数据的总和并返回该和。如果将形参定义为 int A[] 或 int *A,那么只需知道指向某行第一个数据的指针以及该行的元素个数,就可以轻松计算出该行的总和。

有了 arraySum 函数后,通过一个循环多次调用此函数,并将每次调用的返回值相加,就可以得到二维数组所有元素的总和。在每次循环中,实参应相应地调整为指向当前行第一个数据的指针。程序代码如下:

```
#include <stdio.h>
// 此函数完成 A 是一个指针变量,接收指向 int 型指针的值,col 是列数
int arraySum (int A[],int col)           // int A[] 也可以写为 int *A
{
int i,sum=0;
for(i=0;i<col;i++)
        sum+=A[i];                       // 也可以写为 sum+=*(A+i);
    return sum;
}
int main(void)
```

```
{
    int Arr[4][3]={1,2,3,4,5,6,7,8,9,10,11,12},sumv=0,i;
    for(i=0;i<4;i++)
sumv+=arraySum (Arr[i],3);      // Arr[i] 可作为第 i+1 行一维数组的数组名，
                                // 作为指针指向 int 型数据，可传给形参 A
    printf("%d\n",sumv);
    return 0;
}
```

注意此例中实参和形参的数据类型，它们都是指针类型，且指向的数据类型都是 int，因此形参和实参数据类型是一致的，可以正确传参。

读者可以考虑一下，本例中两种不同的 arraySum 函数定义，哪个更方便使用？

下面给出一些实例，要特别注意数组名作为实参，是作为指针使用的，其对应的形参也应该是指针变量。总体上来说，两者均作为指针，指向的数据类型应当一致（void* 除外）。

例 8.16 主调函数中定义了二维数组 char str[5][10]，下面列出多个实参和对应形参。其中左边是实参，右边是形参，它们对应的数据类型是否一致？

(1) str   char ch[][10]

(2) &str[0][0]   char ch[]

(3) str[1]   char ch[]

(4) str   char ch

(5) str[0]   char ch[]

(6) str[0][0]   char ch

(7) str   char ch[][8]

(1) 根据定义，str 作为实参是作为指针使用，指向的数据类型是 char[10]，形参定义了一个指针变量 ch，指向的数据类型也是 char[10]，因此实参和形参对应是一致的，可以正确传递参数。

(2) &str[0][0] 得到的值是二维数组第一个变量的地址，属于指针类型，且指向 char 类型，而形参 ch 也是指针类型，且指向 char 型数据，可以正确传递参数。

(3) 实参 str[1] 是指针类型，它也可以考虑成二维数组第 0 行这个一维数组的数组名，作为指针，它指向这个一维数组的第 0 个元素，即指向的数据类型是 char 型，因此与它的形参 ch 是一致的，可以传递参数。

(4) str 作为指针指向的数据类型是 char[10]，而形参 ch 是一个 char 型，两者数据类型不一致，因此，不能正确传递参数。

(5) 与 (3) 类似，可以传递参数。

(6) 实参 str[0][0] 是二维数组中第一个变量的值，是 char 型数据，其形参 ch 也是 char 型变量，因此，可以正确传递参数。

(7) str 作为指针指向的数据类型是 char[10]，而形参 char ch[][8] 中，指针变量指向的数据类型却是 char[8]，两者是不同的，因此不可以传递参数。这里要说明的是，因为 C 语言对于这类指针类型没有绝对限制其传递参数，但形参接收实参的值后，数据类型是以形参定义的为准。

对于二维数组，从 C99 标准起，函数形参允许用变量定义指向一维数组的大小，使得函数

更具适用性。如 arraySum 函数首部可以写成：

```
int arraySum(int col,int A[][col],int row)
```

注意 col 要在 A 前面定义。这样定义后，arraySum 函数内部的 3 就可以改成 col，在主函数调用 arraySum 时，实参增加二维数组的列数，从而增加了函数的适用性。

例 8.17 定义两个函数，一个实现方阵的转置；另一个实现二维矩阵的输出，并在主调函数中调用这两个函数，并输出转置前后的矩阵。

分析：为了在 C 语言中处理二维矩阵，可以定义一个指向一维数组的指针变量。这个指针用于接收二维数组的地址。重要的是，这个指针变量所指向的数据类型必须与二维数组名作为指针时指向的元素类型相同。

在进行方阵的转置操作时，遍历方阵的每一行（表示为 i）和每一列（表示为 j）。转置操作仅适用于 i < j 的元素，即方阵对角线以上的元素。这样做是因为在方阵中，交换对角线两侧的元素就足以完成转置。

为了使定义的函数更加灵活，能够处理不同大小的二维矩阵，我们使用 #define 指令定义一个名为 N 的宏，指定一维数组的长度，这种方法使得函数能够适应各种大小的二维矩阵。本例中使用两个函数，一个处理矩阵转置，另一个处理矩阵的输出。整个代码如下：

```c
#include <stdio.h>
#define N 4
int main(void)
{
    void transpose (int (*p)[N]);        //转置函数原型声明
    void print(int (*a)[N]);             //输出函数原型声明
    int a[N][N] = {1, 2, 3, 4, 5, 6, 7, 8, 9, 10, 11, 12, 13, 14, 15, 16};
    print(a);                            //输出 a 中各数据的值
    transpose (a);                       //使 a 转置
    printf("After matrix transposition:\n");
    print(a);                            //再次输出 a 中各数据的值
    return 0;
}
//方阵转置,p 根据 N 指定列数,int (*p)[N] 可写成 int p[][N]
void transpose (int (*p)[N])
{
    int i = 0, j = 0;
    int x;
    for (; i <N; i++)
    {
        for (j = 0; j < i; j++)          //这里是 j<i,不要写成 j<4
        {
```

```
        x = *(*(p + i) + j);          //*(p+i) 得到第 i 行的首地址,指向 int 型
        *(*(p + i) + j) = *(*(p + j) + i);
        *(*(p + j) + i) = x;
    }
  }
}
void print(int (*p)[N])                    //输出二维数组中各数据的值
{
    int i,j;
    for (i = 0; i <N; i++)
    {
        for (j = 0; j < N; j++)
            printf("%-3d", *(*(p + i) + j));
        printf("\n");
    }
}
```

程序执行结果如下:

```
1  2  3  4
5  6  7  8
9  10 11 12
13 14 15 16
After matrix transposition:
1  5  9  13
2  6  10 14
3  7  11 15
4  8  12 16
```

此例中,指向一维数组的指针形参变量,其列数要与实参二维数组中的列数相同。在 C 语言中,虽然不强制实参与其对应的形参指向相同数据类型(很多编译器只是给出一个警告性错误),但在实际中,最好保证两者一致,因为被调函数在执行时,形参是以其定义的数据类型为准的,如果数据类型不一致,会造成编程上的麻烦甚至引起程序崩溃。

在此再次以例 8.15 分析数据类型不一致产生的结果。如果被调函数 print 的形参定义为 int(*p)[5],此时 a 和 p 作为指针指向的数据类型不一样,分别为 int[4] 和 int[5]。当把 a 传给 p 时,有些编译器只给出一个警告性错误,程序仍可执行。然而在被调函数中应用 *(*(p+1)+0) 获取数据时,得到的并不是 a[1][0] 的值 5,而是 a[1][1] 的值 6,因为 p 是指向有 5 个 int 型数据的一维数组,所以 p+1 一次加了 5 个 int 型数据所占的字节,而且随着 i 和 j 值的增加, *(p+i)+j 就会超出数组 a 分配的内存空间,造成一些输出结果不正确。

8.5 函数的嵌套调用

微视频8-5：函数的嵌套和递归调用

在定义一个函数时,函数体中调用了其他的函数,称为函数的嵌套调用。当主调函数调用被调函数时,执行被调函数内部的代码。如果被调函数中又调用了其他函数,这个过程会重复:即控制权会转移到新调用的函数。一旦被调用的函数完成它的任务,它会将控制权返回给调用它的函数。然后,程序继续执行调用函数后的代码。

例 8.18 用函数的嵌套调用求 4 个值中的最大值。

```c
#include<stdio.h>
int max2(int a,int b)                    //定义 max2 函数
{
    return a>b?a:b;
}
int max4(int a,int b,int c,int d)        //定义 max4 函数
{
    int m;
    m=max2(a,b);                         //调用 max2 函数,返回 a、b 中的最大值
    m=max2(m,c);                         //调用 max2 函数,得到 a、b、c 中的最大者
    m=max2(m,d);                         //调用 max2 函数,得到 a、b、c、d 中的最大者
    return m;                            //把 m 作为结果值返回到 main 函数中
}
int main(void)
{
    int max;
    max=max4(45,87,64,66);               //调用 max4 函数,得到 4 个数中的最大者
    printf("max=%d \n",max);             //输出 4 个数中的最大者
    return 0;
}
```

在这个例子中,首先定义了一个名为 max4 的函数,它内部调用了 max2 函数,这就是函数嵌套调用。程序的执行流程如下:

（1）程序从 main 函数开始执行。

（2）调用 max4 函数:在 main 函数中,调用 max4 函数,并传递 4 个实参(参数的实际值)给 max4 的形参 a, b, c, d。

（3）执行 max4 函数:max4 函数接收控制权,并开始执行其内部的语句。当执行到 max2 函数的调用时,max4 会将其内部的实参(此时的 a 和 b)传递给 max2 的形参。

（4）max2 函数随后接收控制权并开始执行。

（5）一旦 max2 执行完毕,它会将返回值赋给 max4 中的变量 m。

（6）max4 继续执行,会再次调用 max2,执行 m=max2(m, c);。重复（4）（5）步,直到 max4

执行完,main 函数接收控制权,继续执行。

　　函数嵌套调用的规律:当一个函数(比如 max4)调用另一个函数(如 max2)时,被调用的函数(max2)会完全执行完毕。之后,程序会返回到原函数(max4)的调用点,并继续执行剩余的语句。如果被调函数内部还有其他函数的调用,这一规律同样适用。

　　总之,函数中调用到另一个函数时,会先完成被调函数的全部操作,然后返回到调用点继续执行。这一原则同样适用于多层嵌套调用。

例 8.19 两门课程成绩存放在两个一维数组中,编程计算两门课的平均成绩。

　　分析:这里把两门课的成绩分别用两个一维数组存放。要计算平均分,先应求出总分,所以先定义一个函数 sumScore,计算并返回一门课程的总分,再定义函数 avgScore,计算平均分。函数 avgScore 先调用函数 sumScore 得到一门课的总分,然后计算出该门课的平均分并返回。

　　因为计算总分和平均分都要用到一门课程的总人数和每一个人的成绩,所以定义两个形参,一个接收指向成绩数组首个元素的指针值,另一个接收该课程的人数,代码如下:

```c
#include <stdio.h>
//计算并返回一门课的总分,array 指向成绩数组的首个元素,n 为人数
float sumScore(float *array,int n)
{
    float sum= 0;
    int i;
    for(i=0;i<n;i++)
        sum=sum+*(array+i);      //累加 n 个学生成绩
    return sum;                  //返回班级总分
}
//计算并返回一门课的平均分,array 指向成绩数组的首个元素,n 为人数
float avgScore(float array[],int n)
{
    int i;
    float aver=0;
    aver=sumScore (array,n)/n;   //先调用 sumScore 计算总分,然后计算平均成绩
    return aver;
}
int main(void)
{
    float score1[5]={98.5,97,91.5,60,55};   //第一门课成绩
    float score2[10]={67.5,89.5,99,69.5,77,89.5,76.5,54,60,99.5};
    printf("The average of class A is %-6.2f\n", avgScore (score1,5));
    printf("The average of class B is %-6.2f\n", avgScore (score2,10));
}
```

　　此程序运行时,main 函数在第一次调用 avgScore 函数时,把 avgScore 函数加载到内存,其

获得控制权并执行。当 avgScore 函数调用 sumScore 函数时,sumScore 函数加载到内存后获得控制权,执行完后把总分返回到调用处继续向下执行,直到 avgScore 返回到调用它的 printf 语句中。

函数 main 两次调用 avgScore 函数,上述过程执行了两次。整个代码执行的结果如下:

```
The average of class A is 80.40
The average of class B is 78.20 ✓
```

在实际编程应用中,通常面临的是复杂的任务。一种常见的处理策略是将这一复杂的任务分为多个较简单的子任务,并为这些子任务定义专门的函数。当需要执行原始的复杂任务时,仅需在适当的时机去调用这些函数,并对它们返回的结果进行处理。这种分解方法不仅增强了编程的逻辑性,也使代码更易阅读。

8.6 函数的递归调用

8.6.1 函数的递归调用及执行过程

一个函数如果直接或间接调用了该函数本身,称为函数的递归调用,也称这样的函数为递归函数。

■ 例 8.20 一个简单的递归函数实例。

```
int f(int x)
{
    int z;
    z=f(x);                // 在执行 f 函数的过程中又调用 f 函数
    return 2*z;
}
```

执行的过程还是按照基本的函数调用方式进行,即调用一个函数时,先把被调函数执行完,接着回到主调函数的调用处继续向后执行。

当某个函数调用 f 时,把 f 函数调到内存,为它们的形参和其他变量分配内存空间并开始执行,当它执行到 z=f(x); 语句时,再次调用 f,为它的形参和变量分配空间,然后开始执行,再次执行到 z=f(x) 时,再次调用 f 函数,这样一直调用下去。调用过程如图 8-10 所示。

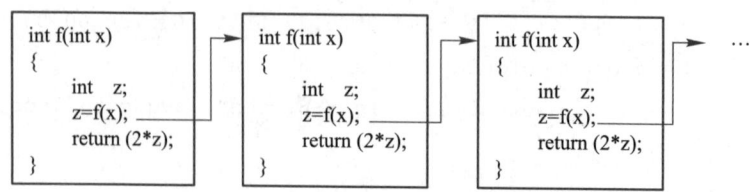

图 8-10 函数调用 f(x) 的过程(箭头所示)

很明显,如果这样一直调用并执行下去,程序就没有办法结束运行,因为调用的规则是要把被调函数执行完,回到调用处继续执行。此例中,因为每一次执行 f 函数时,到了语句 z=f(x); 处,都要再次调用 f(x),又要从 f 函数的开始执行,因此没有哪一次调用能执行到 return 语句以结束本次调用,所以也就没有办法回到它的前一次调用处继续执行。因此,定义递归调用函数时要想办法使程序在某一次调用执行时,不再执行调用函数的语句,从而能结束本次调用。例如,这样定义 f 函数:

```
int f(int x)
{
    int z=1;
    if(x<3 && x>-3)
        z=f(x+1);          //注意实参为 x+1。当某次调用时,x 传来的值使得
                           //x<3 && x>-3 的值为 0,就不再调用函数 f
    return 2*z;
}
```

假设在 main 函数中调用 f 函数的语句为 m=f(1);,函数 f 的执行过程如图 8-11 所示,箭头表示调用和返回的过程。

当 main() 函数调用 f 函数时,此函数调入内存并执行时,如图 8-11 的左部分代码,此时,x 为 1,调用 f(x+1),图中标 1 的箭头,执行图 8-11 的中间部分代码。注意,此时左部分的函数代码并没有执行完,它在 z=f(x+1); 处等待 f(x+1) 执行完。

执行中间部分的代码时,x 为 2,再次调用 f 函数,图 8-11 中标 2 的箭头,执行图 8-11 中右边部分的代码,此时中间部分的代码还没执行完,也在 z=f(x+1) 处等待 f(x+1) 执行完。

当执行右边的代码时,因为 x 为 3,x<3 && x>-3 的值为 0,不再执行 z=f(x+1); 语句,而是直接执行 return 2*z; 语句。这样,第三次调用的 f 函数就全部执行完毕。

按照函数调用规则,返回 2 这个值到第二次调用 f 的位置,即中间部分代码处继续执行,如标 3 的箭头所示。把 2 赋给 z,中间部分代码的 z=f(x+1); 语句就执行完毕,然后,执行中间部分中的 return 语句,此时中间部分的代码执行完毕,并把数值 4 返回左边部分并赋给 z,如标 4 的箭头所示,最后执行其后的 return 语句,到此时为止,所以左边部分的 f 函数执行完毕,把 8 返回到 main 函数中的 m=f(1) 处,此时 m 得到 8,如标 5 的箭头所示。

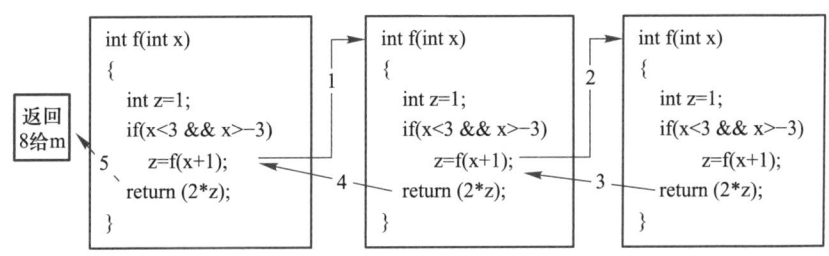

图 8-11 递归函数的调用与返回过程

递归是一种非常重要的算法思想,用递归解决一些问题,可以使程序代码特别简洁。现在

举一个用递归函数实现求 n! 的例子。

例 8.21 定义一个递归函数,返回 n! 的值。

```c
#include<stdio.h>
int fac(int n)
{
    if(1==n)
        return 1;
    else
        return fac(n-1)*n;
}
```

在主调函数中,就可以调用这个递归函数,得到 n! 的值。例如,在 main 函数中调用它输出了 5! 的值。

```c
int main(void)
{
    printf("%d\n\n",fac(5));          // 调用函数,输出 120
    return 0;
}
```

此递归函数调用时,从 main 开始,

(1) 调用 fac(5),函数调入内存,分配存放 n 变量的空间,并接收实参值 5,然后执行 return fac(4)*5;。

(2) 调用 fac(4),要执行到 return fac(3)*4 ;依次调用下去,执行 return fac(2)*3;、return fac(1)* 2;,最后,调用 fac(1),此时 n 为 1 ,直接返回 1 ,而不执行 else 后面的语句,fac(1) 执行完毕。

(3) fac(1) 返回 1 到调用 fac(1) 的位置,即 return fac(1)*2,继续运行,返回 2 ,依此类推,fac(2) 执行完毕,返回 return fac(2)*3 处。

(4) 最后 fac(5) 返回 120 到 main 中调用 fac(5) 的位置,main 函数输出 120。

由此可以看出,递归执行过程是先递推,后回归。

8.6.2　定义递归函数

定义递归函数时并不需要详细考虑具体如何执行,递归函数的执行指令由编译系统自动生成。编程人员重点要考虑的是,如何编写递归函数代码完成特定的功能。

编写递归函数时,可以遵循以下基本步骤。

(1) 问题分解:首先,明确要解决的问题,并将其分解成一个或多个更小的子问题。这些子问题应具有与原问题相同的解决步骤,但规模更小。

(2) 基于子问题的解决:然后,在假设子问题已被解决(即子问题完成)的基础上,着手解决整体问题。这个步骤依赖于子问题的结果。

(3) 提供基本案例的答案:最后,为最基本的问题提供一个直接的答案。这是递归函数的基础,确保函数最终能停止递归。

例如,要计算 n!(即 n 的阶乘),首先将其分解为一个更小的子问题:求解 (n-1)!。这个子问题与原问题具有相同的结构,但规模稍小。一旦求出了 (n-1)! 的值,就可以利用这个结果来解决原问题 n!。具体来说,n! 等于 (n-1)! 乘以 n。这就构成了递归解决方案的基础。用函数表述如下:

```
int fac(int n)              // 此函数的功能是完成 n!,形参是 n
{
    return n*(n-1)!;        // 返回总问题的解,这里认为 (n-1)! 已解决
}
```

在程序代码中不能直接写 (n-1)!,但可用定义的函数名以及调整的参数把 (n-1)! 表示为 fac(n-1),所以程序代码可以写成:

```
int fac(int n)              // 功能是完成 n!,参数是 n
{
    return n*fac(n-1);
}
```

这里编程时,fac(n-1) 就被当成是子问题的解,只是参数调整了一下,这也是为什么要求把总问题分解成子问题时,要求子问题的解决方案与总问题一样的原因。

根据递归函数调用的规律,在执行上述代码时,会不断调用 fac 函数,不能结束运行。所以要想办法在执行某次调用时,不再执行调用函数的代码。这一点在一般递归编程中采取的办法是,对于最基础的问题直接给出答案。

在这个递归函数中,检查基本情况(通常是 n 为 1 或 0),此时直接返回结果,因为 1! 和 0! 都等于 1。下面是最终代码:

```
int fac(int n)              // 功能是完成 n!,参数是 n
{
    if(0==n)  return 1;     // 直接给出答案,并返回,不再调用 fac 函数
    return n*fac(n-1)!      // fac(n-1) 的执行结果就是 (n-1)! 的结果
}
```

阅读此代码时,大家可能会问,为什么 fac(n-1) 就能得到子问题的解呢?这与递归函数的调用有关。

参看例 8.21 所说明的函数递归调用过程,当函数执行 return fac(4)*5;,并把 fac(4) 执行完成时,fac(4) 返回了 24,也就是 4!。而 fac(4) 的执行过程并不需要编程人员自己去写出代码,而是系统通过函数调用的机制去完成的。

例 8.22 写一个递归函数,求一维数组中元素的最大值(元素类型为 int 型)。

分析:假设一维数组有 N 个元素,所以总问题是要求这 N 个元素的最大值,如果找出数组中前 N-1 个元素的最大值 max,那么整个数组元素的最大值就是这个数组最后一个元素与 max 两者当中的最大者。求数组前 N-1 元素的最大值,与求前 N 个元素的最大值解决方式一

样,只是前者规模小一点,所以针对这个问题,可以把求前 N-1 个元素的最大值作为解决整个问题的子问题。描写成递归函数的样式如下:

```
int ArrayMax(int *a,N)          //求 a 指向数组中前 N 个元素的最大值,*a 可写成 a[]
{
    int max;
    max=求前 N-1 个元素的最大值;
    if(max>a[N-1])              //在子问题解决的基础之上解决总问题
        return max;
    else
        return a[N-1];
}
```

求前 N-1 个元素的最大值与求前 N 个元素最大值的解决步骤一样,可以用函数调整参数的方式得到,写成 ArrayMax(a,N-1)。这个递归函数前两步实现的代码如下:

```
int ArrayMax(int *a,N)          //求 a 指向元素的数组中前 N 个元素的最大值
{
    int max;
    max= ArrayMax(a,N-1);       //调整函数参数,求前 N-1 个元素的最大值
    if(max>a[N-1])              //在子问题解决的基础之上解决总问题
        return max;
    else
        return a[N-1];
}
```

现在考虑最基础的问题,这里最基础的问题是 N 为 1 时,即只有 a[0] 这个元素时,最大值就是 a[0] 本身,也就是说,当 N 为 1 时,不再需要比它更小问题的答案来得到 N 为 1 时的结果。因此整个递归函数如下:

```
int ArrayMax(int a[],N)         //求 a 指向元素的数组中前 N 个元素的最大值
{
    int max;
    if(1==N)  return a[0];      //最基础的问题直接给出答案
    max= ArrayMax(a,N-1);       //调整函数参数,求前 N-1 个元素中的最大值
    if(max>a[N-1])              //在子问题解决的基础之上解决总问题
return max;
    else
        return a[N-1];
}
```

■■■■ **例 8.23** Hanoi(汉诺)塔问题。古代有一个梵塔,塔内有 3 个座 A、B、C。A 座上有 64 个

盘子,盘子大小不等,大的在下,小的在上。有一个老和尚想把这 64 个盘子借助 B 座从 A 座移都到 C 座,但规定每次只允许移动一个盘,且在移动过程中 3 个座上都始终保持大盘在下,小盘在上。要求编程输出移动盘子的过程。图 8-12 所示为 Hanoi 塔示意图。

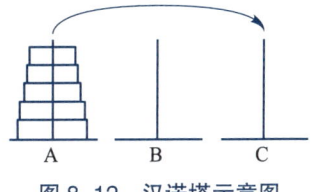

图 8-12　汉诺塔示意图

分析:最终要解决的问题是把 64 个盘子,借助 B 移到 C。先考虑如果能把 A 最上面的 63 个盘子借助 C 移到 B,然后把 A 最下面的那个盘子移动到 C,再把 B 上的 63 个盘子借助 A 移到 C,这样问题就解决了。

也就是说,把整个问题拆解成两个子问题,第一个是把 A 最上面的 63 个盘子借助 C 移到 B,第二个是把 B 上的 63 个盘子借助 A 移到 C。可以想到,解决这两个子问题与解决总问题的过程一致,只是借助的座和移动的目标座不同而已,可以调整参数解决。

如果定义一个函数能解决这个总问题,那么整个问题的解决步骤分成三步,首先调用函数解决第一个子问题,然后把 A 座中最后一个盘移动到 C,最后再调用函数解决第二个子问题。代码的样式描述如下:

```
void Hanoi(char A,char B,char C,int N)//把 N 个盘从 A 借助 B 移动到 C
{
    把 A 最上的 N-1 个盘子借助 C 移动到 B;
    printf("%c-->%c\n",A,C);          // 用 --> 表示盘子的移动方法,直接输出
    把 B 上的 N-1 个盘子借助 A 移动到 C;
}
```

这两个子问题用代码如何写呢? 注意到 Hanoi 函数的功能,只要简单地改一下参数,就完成了相应的代码:

```
void Hanoi(char A,char B,char C,int N)//把 N 个盘子从 A 借助 B 移动到 C
{
    Hanoi(A,C,B,N-1);          // 递归调用,把 A 最上的 N-1 个盘子借助 C 移动到 B
    printf("%c-->%c\n",A,C);   // 用 --> 表示盘子的移动方法,直接输出
    Hanoi(B,A,C,N-1);          // 递归调用,把 B 上的 N-1 个盘子借助 A 移动到 C
}
```

很显然,这个问题的最基础问题是当 N 的值为 1 时,即只有一个盘子时,就直接把盘子从 A 移动到 C。以下是函数代码:

```
void Hanoi (char A,char B,char C,int N)  //把 N 个盘子从 A 借助 B 移动到 C
{
        if(1==N)
    {
        printf( "%c-->%c\n",A,C);        //直接输出移动盘子的方式
    }
```

```
        else
        {
            Hanoi (A,C,B,N-1);              // 把 A 上的 N-1 个盘子借助 C 移动到 B
            printf( "%c-->%c\n",A,C);       // 用 --> 表示盘子的移动方法,直接输出
            Hanoi (B,A,C,N-1);              // 把 B 上的 N-1 个盘子借助 A 移动到 C
        }
    }
```

请读者思考:如何采用递归思想,求 a^N(N 为大于 0 的整数)和 $\sum\limits_{i=1}^{n} i$。

例 8.24 定义一个递归函数,找出一个主字符串中所有的子字符串,并输出子字符串在主字符串中的下标。

分析:C 语言提供的函数库有一个函数 strstr,它的原型是:

```
char *strstr(const char *s1, const char *s2)
```

其功能是返回 s2 指定的字符串在 s1 指定的字符串中第一次出现的指针值,如果 s2 不在 s1 中,则返回 NULL。

为了在 s1 指定的字符串中找出所有 s2 指定的字符串出现位置,可以遵循以下两步。

(1)使用 strstr 函数初次定位:首先,利用 strstr 函数在 s1 中找到 s2 的第一次出现。假设 strstr(s1, s2)返回的指针是 pos,这表示 s2 在 s1 中的起始位置。通过计算 pos − s1(指针减法得到的是两个指针之间的元素个数),可得到 s2 在 s1 中的下标。

(2)从 s1 的 pos+strlen(s2)位置开始找出所有 s2 并确定它们的下标,这样这个问题就变成了原问题的一个子问题。

例子说明:以 char s1[]="Zhuo Guo wuo"; 和 char s2[]="uo"; 为例,第一次调用 strstr(s1, s2)后,返回的 pos 是 s1+2,即第一次出现的下标为 2。接下来,子问题就是从 s1 的 pos+strlen(s2)处找出 s2 并确定其下标。

对于最小问题,就是 s2 不在 s1 中,即 strstr 返回了 NULL。这里要注意一个问题,因为 strstr 在函数调用过程中找到子字符串时,指定的 s1 是变化的。因为在解决子问题时,strstr 是从 pos+strlen(s2) 开始的,如果此时再用 strstr 返回的指针 pos 减去这个开始位置,就不是 s2 在原始字符串的下标了,但题目要求是所有子字符串在原始字符数组中的下标值,所以代码通过一个形参(start),把最初的 s1 的值传给它,然后计算下标。代码如下:

```
#include <stdio.h>
#include <string.h>
// 从主字符串 s1 的 s1_pos 开始向后定位 s2。start 是 s1 的指针值,
// 以求得定位字符串在 s1 中的下标
void find(char *s1_pos,char *s2,char *start)
{
    char *pos=0;
```

```
        int len=strlen(s2);
        pos=strstr(s1_pos,s2);              // 从 s1_pos 开始的位置找 s2
        if(pos==NULL)                       // 最小问题,直接返回
            return;
        else
        {
            printf("%d ",pos-start);        // 输出第一个 s2 在原始字符串中的下标
            find(pos+len,s2,start);         // 从 ch+len 开始的字符串中找 s2
        }
}
int main(void)
{
    char s1[]="Zhuo Guo wuo",s2[]="uo";
    find(s1,s2,s1);
    return 0;
}
```

输出结果为:2 6 10。

微视频 8-6:返
回指针值的函数
和函数指针

8.7　返回指针值的函数

返回指针值的函数是指这样的函数,它的返回类型为一个指向某种数据类型指针。其定义的一般格式为:

数据类型 * 函数名 (参数列表) {...}

例如:int *fun(int x, int y){...}

fun:函数名,调用它后,返回一个指向 int 型数据的指针。

x, y:函数 fun 的形参。

这种函数的函数体中必须包含至少一个可执行的 return 语句,并且该语句需要能够在特定条件下被执行到,以确保函数能够返回预期的值。

例 8.25　主调函数中有一个二维数组 int score[3][4],每一行存放一个学生 4 门课的成绩。再定义一个函数,功能是返回二维数组最高分所在地址值,并在主函数中根据返回的地址输出最高分。

分析:这个函数要求返回一个指向最高分的指针,由于二维数组变量中存放的是 int 型数据,所以函数的返回类型定义为 int *。

根据要求,所定义的函数,首先要找到最高分,然后再返回指向最高分的指针。根据前面的知识,函数需要引入主调函数中的二维数组信息,所以定义两个形参变量,一个接收二维数组名作为指针的值,一个接收二维数组的行数。例如函数首部可以写成:

```
int *SearchMaxValuePtr (int (*array)[COL],int row)
```

其中,COL 为列数,array 为指向一维数组的指针变量,row 为行数。

在函数体中,考虑到二维数组各变量是顺序存放的,所以可从二维数组的第 0 个变量开始一直到最后,用一个循环寻找最大值,记录下它的地址,最后用 return 返回这个地址。具体代码如下:

```
#include <stdio.h>
#define COL 4
int *SearchMaxValuePtr(int (*array)[COL],int row) /* 函数定义 */
{
    /*
    prt_max 存放最大值所在地址,并初始化为第 0 个变量的地址 *array;
    max 存放当前最大值,初始化为第 0 个数据的值。
    */
    int *prt_max=*array, max=*(*array), i;
    for(i=0;i<row*COL;i++)                 // row*COL 为二维数组所有变量的个数
        if(max<*(*array+i))                // *array+i 得到第 i 个变量地址
        {
            max=*(*array+i);               // max 换成当前最大值
            prt_max=*array+i;              // 把当前最大值的地址赋给 pt_max
        }
    // 循环结束,得到最大值所在地址
    return (prt_max);                      // 返回一个指针值
}
int main(void)
{
    int score[3][COL]={{60,70,80,90},{56,88,87,95},{38,91,78,47}},*max;
    max= SearchMaxValuePtr (score,3);     // 调用函数并接收返回的指针
    printf("max=%d\n",*max);              // 根据返回地址用 * 获取值
    return 0;
}
```

当 SearchMaxValuePtr 函数返回一个指向 int 型数据的指针时,main 函数中接收此返回值的变量 max 也应该被定义为一个指向 int 的指针。这样可以确保正确地将返回的指针值赋给 max。

为了简化 main 函数体内的代码,原本分开的两行代码:

```
int *max = SearchMaxValuePtr(score, 3);
printf("max=%d\n", *max);
```

可以合并为单行代码:

```
printf("max=%d\n", *SearchMaxValuePtr(score, 3));
```

这里,首先调用 SearchMaxValuePtr(score, 3)来获取返回的指针值,然后使用"*"操作符来访问该指针指向的数据。这样的写法更加简洁且直接,同时保持了程序的功能和逻辑不变。

此例如果应用在 C99 标准的编译器中编译,COL 可不用宏定义,而直接定义成函数形参。

8.8 函数指针

在 C 语言中,函数本质上是一段执行特定任务的代码。当函数被调用时,这段代码被加载到内存的代码区。代码区是专门用来存储函数指令序列的部分。

通过数组一章的学习,我们知道数组名有一个固定的值,作为指针指向数组的第一个元素。类似地,函数名也是一个固定的值,也可以作为指针,指向函数指令序列的起始地址,但指向的是一系列指令而不是传统意义上的数据。但这类指针指向的数据类型是通过函数返回类型派生的。

指向函数的指针统称为函数指针,这类指针指向的数据类型称为函数类型。在 C 语言中,只有当函数的返回类型、形参类型、个数和顺序完全一致时,才被视为同一种函数类型。更严格地说,还要考虑到"const"和"volatile"等修饰符用于定义形参的影响。

例如,考虑以下三个函数:int fun1(int, int){...}、int fun2(int){...} 和 int *fun3(int){...}。虽然 fun1、fun2 和 fun3 都有自己的地址值,分别指向各自的代码区,但它们的函数类型不同(因为形参个数或返回类型不一致)。因此,在作为函数指针使用时,fun1、fun2 和 fun3 被视为不同的类型,属于不同类型的函数指针。

8.8.1 函数指针定义与基本应用

如果有一个指针变量,它指向的数据类型为某种函数类型,那么改变这个指针变量的值,就可以让它指向具有相同函数类型的不同函数。这样如果要调用不同的函数,只要改动一下指针变量的值就可以了,这使得编程更加灵活。这种指向某种函数类型的指针变量就是本节要讲到的函数指针。

定义一个函数指针变量的格式如下:

返回类型 (* 指针变量名) (参数类型列表);

这里的指针变量名,就是一个指向函数的指针变量。例如,下面分别定义 4 个函数指针变量 fun1、fun2、fun3、fun4。

(1) int(*fun1)(double); // 形参为一个 double 型变量,返回一个 int 型数据。

(2) void(*fun2)(char*); // 形参为指向 char 型数据的指针变量,不返回数据。

(3) double*(*fun3)(double *,int); // 形参为一个指向 double 型数据的指针变量和一个 int 型变量,返回一个指向 double 型数据的指针。

(4) int(*fun4)(); // 没有形参,返回一个 int 型数据。

这 4 个函数指针变量虽然都是函数指针,但指向的函数类型均不相同,属于不同的函数指针类型。

如果有一个指向某函数的函数指针变量 fun,要调用它指向的函数有两种方式:fun(实参列表)或者 (*fun)(实参列表)。

例 8.26 用 4 个函数指针变量调用不同的 4 个函数。

```c
#include<stdio.h>
int count(double val)
{
    printf(" 函数 count:%lf\n",val);
    return 0;
}
void printStr(char *str)
{
    printf(" 函数 printStr:%s\n",str);
}
double *add(double *a,int N)
{
    printf(" 函数 add:%lf \n",a[0]+a[N-1]);
    return 0;
}
int get()
{
    printf(" 函数 get \n");
    return 0;
}
int main(void)
{
//定义 4 个函数指针变量并初始化为 0
int (*fun1)(double) = 0;
void (*fun2)(char*) = 0;
double* (*fun3)( double *,int N) =0;
int (*fun4)() =0;
fun1 = count;           // fun1 指向的函数类型与 count 一致,可以赋值
fun2 = printStr;        // fun2 指向的函数类型与 printStr 一致,可以赋值
fun3 = add;             // fun3 指向的函数类型与 add 一致,可以赋值
fun4 = get;             // fun4 指向的函数类型与 get 一致,可以赋值
// 使用函数指针调用相应的函数
fun1(0.5);              // 也可以写成 (*fun1)(0.5);,下同
```

```
fun2("C Languge");
double a[]={1,2,3,4};
fun3(a,4);
fun4();
return 0;
}
```

执行上述代码的结果:

函数 count:0.500000
函数 printStr:C Languge
函数 add:5.000000
函数 get

从结果看,各函数指针调用了对应的函数。

8.8.2 函数指针作为参数

函数指针变量也是一个变量,它也可以作为参数进行传递。下面再举一例,以便大家更深入地了解函数指针的使用方法,在此基础上分析它带来的灵活性。函数指针变量作为形参的定义格式如下:

返回类型 (* 函数指针变量) (类型列表)

函数指针变量指向的数据类型由类型列表和返回类型确定。类型列表指的是各形参的变量类型和顺序,定义时不用写形参变量名,类型列表中的形参并不用于接收实参,只是用于确定函数类型。指针变量用于接收指向一个函数的指针值。

例 8.27 应用函数指针,调用不同的函数。

```
#include <stdio.h>
// 定义一个加法函数,其函数名作为指针,指向其定义的函数类型
int add(int a,int b)
{
    return a +b;
}
// 定义一个减法函数
int sub(int a, int b)
{
    return a-b;
}
/* 定义一个函数,最后一个形参是一个函数指针变量,指针变量名为 add_sub_proc,用于接收一个指向函数的指针值。随着接收到的函数指针值不同,此函数体内可调用不同的函数,以完成不同的功能 */
```

```
int calculate(int x,int y, int (*add_sub_proc)(int,int))
{
    return  add_sub_proc (x,y);        // add_sub_proc 值不同,调用不同的函数
}
// 定义主函数,它只要指定两个参与计算的值和一个指向某个函数的指针,
// 就可以完成不同的函数调用
int main(void)
{
int addV=0,subV=0;
    /* 实参传入两个加数和 add 的值。调用 calculate 后形参 add_sub_proc
    接收 add 的值。*/
addV=calculate(10,5,add);
    // 实参传入参与减法运算的两个数和 sub 函数的地址
subV=calculate(10,5,sub);
printf("%d,%d",addV, subV);
return 0;
}
```

现在简单把这个程序执行过程中涉及的内存用图像呈现一下,使大家更深入理解代码的执行过程。程序开始,main 加载到内存,首先调用 calculate(10,5,add),则把 calculate 函数加载到内存区,并把 add 的值赋给函数指针变量 add_sub_proc,把 10 和 5 分别赋给 x 和 y。这样,calculate 中的 x、y 和函数指针变量 add_sub_proc 就接收到 10、5 和 add 的值。然后执行 calculate 中的 return add_sub_proc(x,y);,因为现在 add_sub_proc 指向 add 函数,因此把 add 函数加载到内存区,并且把 x 和 y 分别赋给 add 函数中 a 和 b,如图 8-13 所示。

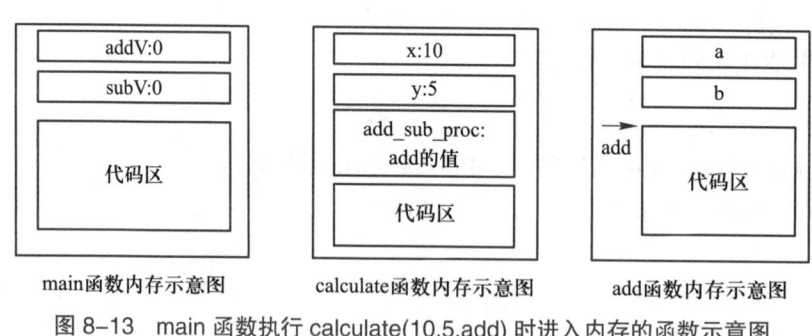

图 8-13　main 函数执行 calculate(10,5,add) 时进入内存的函数示意图

接下来,执行 add 中的代码,返回 a 和 b 的和值 15,再由 calculate 函数返回给 main 函数。这样,main 函数中的 addV 就得到了 15。

执行 subV=calculate(10,5,sub); 语句的过程与此相似。

可以看到,将函数指针作为参数传递,使得 C 语言编程变得更加灵活强大,更重要的是易于理解和阅读,且代码易扩展。设想一下,如果现在程序要求能算两数的乘、除,只要再单独定义出算乘、除的函数,并在 main 中调用 calculate 时,把参数换成乘、除的函数名,其他的代码均

无须改变,这样的方式对于扩展程序功能非常方便。

在上述代码中,定义 calculate 函数时,参数 int(*add_sub_proc)(int,int) 较长,如果其他函数也要用到这样的函数指针变量,就要再照样写一次,显得不简洁,对此,可以借助 typedef 关键字,先定义好一个函数指针类型,然后直接利用。例如在定义函数 calculate 之前,在函数外加入如下代码:

```
typedef int (*add_sub_proc)(int,int);
```

这样就有了一个新的函数指针类型 add_sub_proc,可以用它去定义一个变量,例如定义 add_sub_proc FunPtr;,那么 FunPtr 就是一个指向形如"int 函数名 (int,int)" 函数的函数指针变量,所以函数 calculate 就可以用如下代码定义:

```
int calculate(int a,int b, add_sub_proc FunPtr)
{
    return FunPtr(a,b);
}
```

在函数定义和调用时,实参和对应形参的数据类型要一致,按照一般规律,难点在于数组名作为指针指向的数据类型、二级指针变量指向的数据类型、函数指针类型等。

下面再给一个实例,进一步了解函数指针、二级指针、指针数组指向的数据类型及应用。

例 8.28 给定 5 个字符串,把它们的首地址放在一个一维指针数组中,char* songs[5] = { "I see", "How are you", "see me", "Thanks", "see you later"};,定义函数,输出这 5 个字符串,但如果字符串中包含 "see",则改成 "saw" 输出。

分析:根据 7.4 节的知识,我们了解到 "songs" 是一个包含 5 个元素的一维数组,每个元素中存储着相应字符串的首地址。而 "songs" 的值则是该数组的第 0 个元素的地址,如图 8-14 所示(各字符串和 songs 数组的地址值是假设的)。

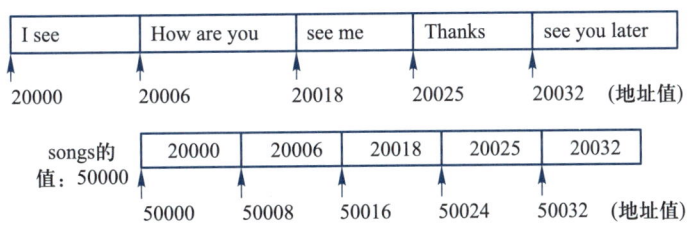

图 8-14   字符串、songs 及指针数组单元存放的内存示意图

"songs" 是一个指向指针数组的第一个元素,其元素的值是 *songs,即 20000,同时也是一个指针类型。"*songs" 指向第一个字符串的首字符。根据之前的学习,可以使用以下方式输出第一个字符串 "I see":printf("%s", *songs);。

现在要求只要含有 "see" 的字符串改成 "saw" 输出。也就是说,先要通过 songs 数组的元素值,得到指向每一个字符串的指针值,进而获取每一个字符串,然后判断字符串中是不是含有 "see",如果含有,则在 songs 中把对应字符串的指针值改成指向 "saw" 的指针值。这样,所有字符串处理完后,就可以用一个循环 printf("%s\n",songs[i]) 进行输出。

但题目要求定义函数完成这个任务,所以关键就要考虑如何定义形参接收数组 songs 的值,因为 songs 作为指针指向的数据类型是 char*,所以形参定义为 char *buf[],也可以写成 char **buf。当然函数还要一个形参接收数组的长度。

此例中,要判断一个字符串是不是含有另一个字符串,可以用库函数 strstr 实现(具体使用方法参见例 8.24)。如果用 strstr 判断一个字符串中是否含有 "see",就可以通过 buf 修改 songs 字符串的值,以指向 "saw"。

现考虑定义输出一个输出函数,形参只要获得 songs 数组的值和长度就可以输出。因此,定义形参 char **buf 接收 songs 的值。

综上所述,这两个函数的返回类型、形参个数、形参类型均一样,因此可以认为它们是同一种函数类型,这样可以定义一个函数,其形参为指向这类函数的指针变量。这样只要通过这个函数,就可以用指针来调用两个函数(替换函数和输出函数)。详细代码如下:

```c
#include <stdio.h>
#include <string.h>
/* 把含 "see" 的字符串改为 "saw" 输出,就是把对应字符串的地址值改为字符串 "saw"
所在的地址,并不是修改含有 "see" 的字符串。*/
void convertStr(char **buf,int size)    // size 接收数组 songs 的元素个数
{
    char **tmp = buf;
    // 遍历每一个字符串,如果包含 "see",则 *buf 修改为 "saw" 的地址
    while (buf < tmp + size)
    {
        if(strstr(*buf,"see") != NULL) // 判断是否包含 "see"
        {
            *buf = "saw";                   // 把 "saw" 的首地址赋给 *buf,不是赋 "saw"
        }
        buf++;    // buf 指向指针类型数据,加 1 指向下一个指针数据
    }
}
void printString(char **s,int size)      // 输出各字符串
{
    char **start = s;
    for (;s < start + size;s++)
        printf("%s\n",*s);                // 输出首地址为 s 的字符串
}
// 定义函数,函数指针 fun 作为形参,让函数可调用不同的函数
void modify(void(*fun)(char **,int),char **p,int size)
{
    fun(p,5);
```

```
}
int main(void)
{
char* songs[5]={ "I see","How are you"," you see me", "Thanks","see you \
               later"};          // 元素为指向 char 型数据的指针数组
    char **p = songs;            // p 是二级指针。p 与 songs 都指向指针类型数据,且
                                 // 这个指针数据都指向 char 型数据。可以赋值
modify(convertStr,p,5);          // convertStr 作为实参,modify 修改 songs 元素值
modify(printString,p,5);         // printString 作为实参,modify 完成输出字符串功能
return 0;
}
```

代码运行后输出结果:

```
saw
How are you
saw
Thanks
saw
```

理解指针数组、二级指针以及函数指针等这些概念,并能综合进行运用,才能灵活地处理编程问题。本节演示了如何定义函数以接收并处理指针数组,以及如何通过函数指针调用这些函数,这些都是 C 语言特性的典型应用。

8.9 变量的作用域

微视频 8-7:变量的作用域

8.9.1 进程的内存管理

狭义上讲,进程是正在执行的程序实例,操作系统为计算机中运行的每一个进程分配有专门的内存空间,进程之间的内存是不能随意相互访问或修改的。一个应用程序在执行时,就是一个进程。进程占用内存空间分为很多区,其中主要的有三类:代码区、动态区、静态区。

代码区是指运行的代码占用的内存空间,动态区和静态区是专门用来存放数据的内存区域,称为数据区,动态区又分为栈区和堆区,如图 8-15 所示。

代码区:存放由编译系统将源代码转换成的机器指令。这些指令由 CPU 执行。

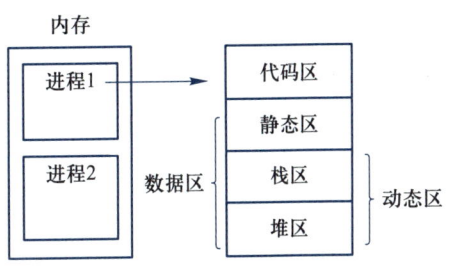

图 8-15　进程内存空间示意图

静态存储区:包括静态数据区和 BSS 区(block started by symbol)。

静态数据区:包含明确定义且初始化的全局变量、静态变量(全局与局部)及常量(如字符串常量)。

BSS 区:用于存储未初始化的全局变量。

栈区:由编译器自动管理,用于存储函数参数和局部变量。

堆区:用于动态内存分配,主要通过 malloc 和 free 函数(第 10 章详述)手动管理。相比栈区,堆区提供更大的内存空间,但需谨慎管理以避免内存碎片和泄漏。未释放的堆内存会在程序结束时由操作系统回收。

8.9.2　变量的作用域

作用域描述程序中可访问标识符的区域,一个变量的作用域可以是块作用域、函数作用域、函数原型作用域和文件作用域。

(1) 块作用域。块是用一对 {} 括起来的代码区域。整个函数体是一个块,函数中的任意复合语句也是一个块。虽然函数形参定义在函数首部,但是它们也具有块作用域,属于函数体这个块。在一个块中定义的变量,只在这个块中起作用,代码执行离开这个块,变量就失去作用。也就是说,块中定义的变量和它的值对块外的代码是不可见的。因此,块内和块外同名变量,不会产生冲突;块内变量的数据也不能直接通过块内变量名被块外代码使用。

例 8.29　变量作用域实例。

```c
#include <stdio.h>
void swap(int a[],int n)                 //这里的形参变量的作用域为整个函数
{
    int sum=100,k=20;
    if(a[0]>0)
    {
        int sum=0,t=10,k=0;              //这里定义的 sum 与前面定义的 sum 无关,
                                         //sum 和 t 只在 if 块中起作用
        sum=sum+a[0]+a[9];              //此处 sum 的值为 11
        k=sum;                          //此处 k 的值为 11
        printf("k=%d,",k);
    }
    sum=t;                              //此语句错误,t 的作用范围只在 if 块中
    printf("sum=%d,k=%d\n",sum,k);      //此处输出 sum=100,k=20
}
int main(void)
{
    int a[10]={1,2,3,4,5,6,7,8,9,10};
    swap(a,10);
```

```
    return 0;
}
```

此代码去掉 swap 函数中的 sum=t; 语句后,执行结果如下:

```
    k=11,sum=100,k=20✓
```

由以上代码可以看出,定义在内层块中的变量,其作用域仅局限于该定义所在的块,例如变量 t。当内层块中定义的变量与外层块中的变量同名时,内层块会隐藏外层块的定义,离开内层块后,外层块变量继续有效,如 swap 函数中变量 k,执行完 if 语句后,k 的值为 20,这个 k 与 if 块中的 k 无关。

(2) 函数作用域。仅用于 goto 语句的标签。goto 语句的标签能使函数的作用域延伸至整个函数。例如,goto 语句的标签出现在 for 语句的 {} 中,在 for 语句外的 goto 语句能使程序直接跳转到 for 语句块的标签处。

(3) 函数原型作用域。函数原型是函数定义的一个预先声明,它告诉编译器函数的名称、返回类型以及参数的类型,是函数定义的一个蓝图或模板。

函数原型中的作用域是指形参名称在该原型声明中的有效范围。在函数原型声明中,形参的名称仅在该声明内部有效,从它们被声明的起点到函数原型声明的终点。编译器在处理函数原型时,主要关注的是形参的类型,而非其名称,因此形参名称在原型中是可以省略的。不过,在某些特殊场合,如 C99 标准以后,定义可变长度数组参数时,形参名称是必需的。值得注意的是,函数原型中的形参名称并不需要与函数定义中的形参名称一致。

函数原型的核心作用是进行类型检查,它确保了在函数调用时传递的参数类型与函数定义中的参数类型相匹配,这是保证程序正确性和稳定性的关键机制。

类型检查的重要性:函数原型对于类型安全非常重要。它们允许编译器在编译期间检查函数调用是否与函数定义的参数类型相符,从而避免类型错误。

总的来说,函数原型作用域在 C 语言中是用于定义函数接口的一种机制,它通过规定参数类型(而非名称),来保证函数调用的正确性和类型安全。

例 8.30 定义函数用于计算二维数组每一行的元素之和,并在主函数中调用。

```
#include <stdio.h>
int main(void)
{
    void sum_array(int, int, int*);          //函数原型声明
    int ar[2][6] = {1, 2, 3, 4, 5, 6, 7, 8, 9, 10, 11, 12};
    sum_array(2, 6, *ar);                     //调用函数
    return 0;
}
void sum_array(int row, int col, int *a)     //函数定义,完成各行之和的输出
{
    int sum = 0, i, j;
    for (i = 0; i < row; i++)
```

```
    {
        sum = 0;
        for (j = 0; j < col; j++)
            sum += a[i * col + j];
        printf("%d ", sum);
    }
}
```

在 main 函数中，通过调用 array(2, 6, *ar); 来执行 array 函数。这里，*ar 可看成是二维数组第一行的数组名，这里用于实参，用作指针，指向二维数组的第一个变量数据，指向的数据类型为 int。

由于函数的定义在 main 函数之后，因此在 main 函数中调用 sum_array 函数之前，编译器需要知道其存在以及其接收的参数类型。函数原型的声明确保了这一要求。

（4）文件作用域。变量定义在函数的外面，具有文件作用域。从变量定义处到该定义所在文件的末尾均可见，但能在区域中被块区域中同名变量屏蔽。

如果未显式初始化，文件作用域变量会自动被初始化为 0。这与局部变量不同，局部变量如果未初始化则会含有不确定的值。

■■■ 例 8.31 文件作用域的变量应用实例。

```
#include <stdio.h>
int a=100;                          //a 作用于整个文件，但内层作用域有相同变量名时被屏蔽
void fun(void)
{
    printf("fun 中的 a=%d\n",a);     //应用文件作用域中的 a
    a+=2;                           //应用文件作用域中的 a
    if(a>100)                       //应用文件作用域中的 a
    {
        int a=20;                   //此处屏蔽文件作用域的变量 a
        printf("if 中的 a=%d\n",a); //应用 if 块中的变量 a
    }
}
int main(void)
{
a+=2;
fun();
printf("main 中的 a=%d\n",a);
return 0;
}
```

代码执行的结果：

```
fun 中的 a=102
if 中的 a=20
main 中的 a=104 ✓
```

具有文件作用域的变量可以在文件中的所有函数中应用,且每个函数对该变量产生的作用会传到另一个函数中,这种变量称为全局变量,它放置在静态区。此例的 main 函数中用 a+=2; 把 a 的值赋成了 102,当调用 fun 函数时,a 的值就是 102。

如果希望在多个文件之间共享文件作用域变量,可以使用 extern 关键字在其他文件中声明它们,具体介绍见 8.9.3 节。

8.9.3 变量的分类

C 语言中的变量根据链接属性可分为外部链接、内部链接或无链接 3 种。具有块作用域、函数作用域或函数原型作用域的变量都是无链接变量。这意味着,这些变量属于定义它们的块、函数或原型私有。具有文件作用域的变量可以是外部链接或内部链接。外部链接变量可以在多文件程序中使用,内部链接变量只能在一个翻译单元(.c 文件和它用 #include 引入的文件是合在一起进行编译的,这些文件统一称为一个翻译单元)中使用。

在一个文件函数外部定义的变量,如果前面加上关键词 static,则这个变量称为内部链接变量,否则这个变量称为外部链接变量。例如,一个 test.c 文件中有如下代码:

```
#include <stdio.h>
int a;
static int b;
int main(void){...}
```

这里 a 是一个外部链接变量,b 是一个内部链接变量。这两个变量均是文件作用域。只是 a 可以让另外的文件访问,而 b 只能在翻译单元中使用。

从存储类型来讲,变量分为自动、寄存器、静态块无链接、静态内部链接、静态外部链接 5 种。这 5 种存储类别的变量和它们的作用域、链接类型以及声明方式如表 8-1 所示。

表 8-1 变量的存储类型

存储类别	作用域	链接	声明方式
自动	块	无	块内
寄存器	块	无	块内,用 register 声明
静态无链接	块	无	块内,用 static 声明
静态内部链接	文件	内部	函数外部用 static 声明
静态外部链接	文件	外部	函数外部

在这几种类型中,自动变量和寄存器变量在代码离开块区域后,变量空间被收回,便于其他数据存放。下面分别介绍各存储类别变量。

1. 自动变量

自动变量可以显性地用 auto 加以声明,也称为显性声明,具体格式如下:

```
auto 类型 变量名;
```

也可以省略 auto,即用"类型变量名"的格式,如 int x;,前面章节中用到的变量都是自动变量。

2. 寄存器变量

在 C 语言中,寄存器变量是一种特殊类型的局部变量,它们通过使用关键字 "register" 在声明时表明希望编译器将这些变量存储在 CPU 的寄存器中。寄存器是位于 CPU 内部的小型、高速存储区域,用于快速访问数据。因此,使用寄存器变量的主要目的是提高程序的运行效率。

寄存器变量的声明方式如下:register int count;,这表示程序员希望变量 count 能够被存储在一个寄存器中,以加快对其的访问速度。但需要注意的是,编译器可以选择忽略寄存器变量的请求,因为寄存器的数量有限,不一定能满足所有变量的需求。

使用 register 关键字声明的寄存器变量需要注意以下 3 个重要方面。

(1) 分配到 CPU 的寄存器中。这种分配取决于编译器的优化和寄存器的可用性。如果编译器选择不使用寄存器,那么这个 register 变量的行为就类似于自动变量(auto)。

(2) 寄存器变量的地址操作限制。对于使用 register 关键字声明的变量,即使它们没有被分配到寄存器中,也不能对它们执行取地址操作。这意味着,不能在这些变量前使用 & 操作符来获取它们的内存地址。

(3) 寄存器容量的限制。由于 CPU 寄存器的空间是有限的,因此可被声明为 register 的变量类型受到限制。对于占用较多字节的数据类型,寄存器可能无法提供足够的空间。因此,寄存器通常用于存储小型数据,例如整数。

以上这些注意事项对于理解和使用寄存器变量至关重要,尤其是在涉及性能优化和内存管理方面。

例 8.32 把互换两个数的代码执行 N 次,分别把两数互换用到的中间变量定义为寄存器类型和 auto 类型变量,分别输出执行 N 次的时间。程序代码如下:

```c
#include <stdio.h>
#include <stdlib.h>
#include <time.h>
int main(void)
{
    long N = 10000000L;        //N 为互换次数
    clock_t start, finish;     // clock_t 是 long 型的别名
    int a=3,b=5;
    register int temp;         //定义为寄存器变量
    int tempVar;               //定义为自动变量
    double duration;
    start = clock();           // clock() 获取进程启动到目前的时间,以毫秒计
```

```
    while(N--)
    {
        temp=a;
        a=b;
        b=temp;
    }
    finish = clock();              // 进程启动到目前的时间
    // 下一条语句计算 while 语句的执行时间,以秒计
    duration = (double)(finish - start) / 1000;
    printf("Register Var: %lf seconds\n", duration);
    N = 10000000L;
    start = clock();
    while(N--)
    {
        tempVar =a;
        a=b;
        b= tempVar;
    }
    finish = clock();
    // 下一条语句计算 while 语句的执行时间,以秒计
    duration = (double)(finish - start) /1000;
    printf("Auto Var: %lf seconds\n", duration);
    return 0;
}
```

运行结果(在不同的情况下执行时间可能不同):

```
Register Var: 0.003000 seconds
Auto Var: 0.008000 seconds
```

可见,合理使用寄存器变量有时可以加快程序执行的速度。

3. 静态无链接变量

这种变量用关键字 static 加以声明,格式如下:

```
    static 类型 变量 ;
```

例如,static int x;,它定义了一个静态变量 x。静态变量的默认初始化值为 0、null 或 '\0' 等,且变量定义只完成一次。一旦定义了这种类型的变量,它的空间并不被回收,变量在程序结束前一直存在,所以当再次执行到静态变量所在块时,前次执行保留的值继续被利用。

例 8.33 利用 static 求 n!

```
#include <stdio.h>
```

```
int fun(int n)
{
    static int jc=1;          //第一次进入时,初始化,再次进入不再处理
    jc=jc*n;                  //再次进入时开始引用的 jc 为上次结束时的值
    return jc;
}
int main(void)
{
int i, n=5, result=1;
for(i=1;i<=n;i++)             //连续调用 5 次 fun 函数
    result=fun(i);
printf("%d!=%d\n",n,result);
return 0;
}
```

读者可能在一些教材或参考书中经常看到"局部静态变量"这一概念,其实就是描述具有块作用域的静态变量。另外,注意在函数形参中不能使用 static 定义变量。

4. 静态内部链接变量

该类型的变量定义在一个文件所有函数外部,格式与块作用域的静态变量一样,它具有内部连接、文件作用域的特点。定义的格式如下:

static 类型 变量名;

例如,

```
static int sum;              //定义 sum 为静态内部链接变量
int main(void)
{
    ......
}
```

静态内部链接变量只能在一个翻译单元内引用,不能被别的文件使用,与块作用域的静态变量一样,也是在整个程序结束前一直存在。若没有被显性初始化,则默认初始值为 0。

5. 静态外部链接变量

对静态内部链接变量,如果不用 static 关键字修饰,就是静态外部链接变量,并且可以被其他翻译单元的文件使用。这种变量也是在程序结束前一直存在。

定义静态外部链接变量格式很简单,在函数外部声明就行,定义的格式如下:

类型 变量名;

以下是一个在名为 file.c 文件中的部分代码段,定义一个 int 型变量和一个 double 型数组,它们都是静态外部链接变量。

```
int sum;                              // 外部定义的变量 sum
double socre[100];                    // 外部定义的数组
int main(void)
{
    ......
}
```

在定义一个静态外部链接变量后,为指出该函数使用了外部变量,可以在函数中用关键字 extern 再次声明。如果一个文件想使用在另一个文件中定义的这种变量,则必须在该文件中用 extern 再次声明该变量。例如,现在有一个 file_add.c 的文件,它里面的源代码想使用 file.c 文件中的数组 score,就必须在 file_add.c 中加以声明。

例如,file_add.c 源代码如下:

```
void fun()
{
    extern double socre[100];    // 声明另一个文件已定义的静态外部链接变量,
                                 // 元素个数可以不写
    ....  // 语句可以使用 score,file.c 中 score 的值可以直接在这里使用
}
```

当然,也可以在其他要使用的地方声明静态外部链接变量,包括函数外部。另外,静态外部链接变量只能用常量表达式对其初始化,不能用变量,例如:

```
int x=10;
double p=1.0+3;
int a[100];
int y=sizeof(a);
```

以上都是合法的初始化,但不能用变量,例如:

```
int x=10;
int y=5+x;                            // 错误,x 是变量
```

外部变量只能初始化一次,且必须在定义时进行,在用 extern 关键字声明的地方,不能赋初始值。这里有必要再次指出一对容易混淆的概念,就是声明和定义,看下面的例子。

```
int x = 1; /* x 被定义 */
int main(void)
{
    extern int x; /*声明在别处定义的 x */
    return 0;
}
```

这里,x 被声明了两次。第 1 次声明时同时为变量分配了存储空间,则该声明也是定义。第 2 次声明是告诉编译器,要使用之前已创建的 x 变量,并没有分配空间,所以只是声明,不是定义。第 1 次声明被称为定义式声明,第 2 次声明称为引用式声明。

8.9.4　存储类型与局部标识符的说明

微视频 8-8 : 变量的存储类型

1. 关于存储类型的指定问题

函数有存储类型指定问题,若不提供存储类型说明符,则默认所有函数为 extern。

对于任何用存储类型说明符声明的结构体(第 10 章讲述),存储类型(但非链接)递归地应用到其成员。

块作用域的函数声明能使用 extern 或不使用存储类型说明符。文件作用域的函数声明能使用 extern 或 static。

2. 存储类型说明符的补充说明

C 语言有 6 个关键字作为存储类型说明符:auto、register、static、extern 和 typedef。typedef 作为存储类型说明符只是为了语法上描述方便,它没有对任何存储类型说明。

本章讲述了函数的定义与使用,形参和实参之间传值规范,函数的调用原则及内存利用,函数嵌套调用,递归调用思想和编程方法,数组名作为实参以及对应形参的定义方法和意义,最后讲述了进程的内存空间管理、变量分类。本章的内容对于程序结构化设计有着重要的作用,尤其是函数的编程思想,应当作为重点关注的内容。

习　题

1. 编写两个函数,分别返回两个整数的最大公约数和最小公倍数,并在 main 函数中调用并输出结果。

2. 定义一个函数,返回年份 x 和 y 之间的闰年数,并在 main 函数中调用输出,两个年份在 main 函数中用 scanf 函数输入。

提示:在 main 函数定义一个一维数组,把该数组元素空间的首地址作为实参传给定义的函数形参,在定义的函数中把找到的闰年数放在这个数组中。

3. 分别定义三个函数,并在 main 函数中调用。①把一个十进制数转换成二进制数形式并返回。②把一个十进制数转换成十六进制数,并返回。③把一个十进制数转换成八进制数并返回。

4. 定义两个函数,其中一个嵌套调用另一个函数,以实现求 4 个 float 型数据的最大值。

5. 定义一个函数,求一个字符串中是否存在指定的字符,并在 main 函数中调用(要求用到指针)。

6. 有等差数列,第一项为 20,公差为 2.5,写一个递归函数,求出并返回这个数列第 n 项的值。

7. 中位数是指一个数据集中的中间值,即如果数据个数是奇数,则中位数就是排序后的中间的那个数;如果数据个数是偶数,则中位数就是排序后中间两个数的平均值。定义一个函数,返回一个序列数的中位数,并调用输出。

8. 定义一个函数,功能是计算并返回一个二维数组中各数据的方差。二维数组由主调函数作为实参传入。

9. 定义一个函数,比较两个字符串的长度大小(不能用 strlen 函数)。

10. 一个部门中多人的姓名被存放在一个字符二维数组中,定义一个函数返回是否存在某个姓名的人。

11. 定义一个递归函数,求 $\sum\limits_{i=0}^{n} i$ 的值,并返回,且在 main 函数中调用验证。

12. 定义一个递归函数,计算并返回 a^N 的值,其中 $N \geq 0$ 且为整数,a 为 double 型数据。

13. 冒泡算法中要频繁互换两个数据,互换时常用一个中间变量,现有一个一维数组,有 50 000 个 int 数据,写一个程序,比较中间变量使用寄存器变量与不使用寄存器变量所用的执行时间。提示:使用下列代码随机生成有 N 个数据的一维数组,程序开始引入 time.h 和 stdlib.h 头文件。

```
/* 初始化随机数发生器 */
srand((unsigned) time(NULL)*10);
/* 生成 0 到 K 之间的 N 个随机数,并赋给一维数组元素 */
for( i = 0 ; i <N ; i++ )
    Arr[i]= rand() % K; // rand() 生成一个随机数
```

14. 写两个 .c 文件,其中一个文件直接能引用另一个文件中的某个变量。

15. 写一个函数,应用 static 关键词,求 $\sum\limits_{i=0}^{s} i$,并在 main 函数中调用这个函数,求 $\sum\limits_{i=0}^{n} i + \sum\limits_{i=0}^{k} i + \sum\limits_{i=0}^{t} i$,其中 n 小于 k,k 小于 t。

提示:把存放和值的变量用 static 修饰,以便下次调用时直接应用。

第9章 模块化及预处理

9.1 模块化

模块化开发是一种广泛应用于软件工程的编程方法,它在 C 语言编程中尤为重要。C 语言自其诞生之初,就被设计为一种高效、灵活且简洁的编程语言,适用于系统编程和跨平台应用。尽管早期计算机硬件的限制可能导致编写较短的程序代码,但 C 语言的这些特性使其能够适应不断发展的软硬件需求。

随着计算机技术的进步,尤其是在软件和硬件的能力大幅提升后,对 C 语言编写的代码量和复杂度的要求也相应增加。C 语言开始被广泛应用于大型软件工程项目中,这些项目通常代码量庞大,涉及复杂的功能,需要多人协作完成。在这种背景下,模块化编程成了一种必要的实践。

模块化编程通过将大型项目的代码划分为独立的模块或函数,使得不同的开发者可以独立地开发和测试各自的部分。这种做法不仅提高了代码的可读性和可维护性,还有助于提升团队的开发效率。例如,在一个涉及多人协作的项目中,假设有甲、乙、丙三位开发者。甲负责编写主函数和管理程序的总体流程,乙负责实现加法和减法的功能,而丙则负责乘法和除法的实现。每位开发者在各自的工作环境中编写和测试自己负责的部分,然后通过明确定义的接口将这些模块集成为一个完整的程序。

在实际的软件开发过程中,还会使用版本控制系统,如 Git 来管理代码的变更,这样即使开发者在不同的地理位置也能高效地协作,合并代码,并跟踪每次更改的历史记录。

总的来说,模块化编程在 C 语言中的应用体现了软件工程的核心原则,即通过分离关注点来简化复杂系统的设计和维护。这种方法不仅适用于 C 语言,也是现代软件开发的一个普遍实践。

例如,甲的源码,放在文件 test.c 中。

```
#include <stdio.h>
//声明函数
int add(int a,int b);      /* 输入两个整数,实现两数的加法,并返回结果 */
int sub(int a,int b);      /* 输入两个整数,实现两数的减法,并返回结果 */
int mul(int a,int b);      /* 输入两个整数,实现两数的乘法,并返回结果 */
float div(int a,int b);    /* 输入两个整数a,b,返回a/b */
int main(void)
{
    int a,b;
    printf(" 输入两个整数 : ");
```

```
    scanf("%d %d",&a,&b);                    // 为节省篇幅，没考虑除数为 0 的情况
    printf("%d,%d 两数加减乘除的结果是：",a,b);
    printf("%d,%d,%d,%f\n",add(a,b),sub(a,b),mul(a,b),div(a,b));
    return 0;
}
```

乙的加减法源码，放在 L_zhao.c 中。

```
int add(int a, int b)
{
    return a+b;
}
int sub(int a, int b)
{
    return a-b;
}
```

丙的乘除法源码，放在 L_wang.c 中。

```
int mul(int a, int b)
{
    return a*b;
}
float div(int a, int b)
{
    return 1.0f*a/b;
}
```

当各自写完代码，并编译检查无误后，甲将三份源码放到一起执行编译。这里使用 gcc 命令编译链接，在命令窗体中，把目录调整到存放源文件的目录，并输入以下命令：

```
gcc L_zhao.c L_wang.c test.c -o myMain
```

多个源文件之间使用空格分隔，myMain 是生成的可执行文件名，上述命令执行后生成一个名为 myMain.exe 的可执行文件，它的运行实例结果如下：

输入两个整数：8 10 ↵
8,10 两数加减乘除的结果是：18,-2,80,0.8000 ↙

可以看到，整个过程非常清晰，三个人只需一个人制定出任务的分解和函数规则，然后各自编写函数代码就可以了，这就是模块化编程的一种简易过程。

一般来说，模块化程序设计是指在进行程序设计时将一个大程序按照功能划分为若干个小程序模块，每个小程序模块完成一个确定的功能，并在这些模块之间建立必要的联系，通过

模块的互相协作完成给定功能的程序设计方法。

模块化程序设计遵循如下步骤。

（1）对整个问题进行分析，明确要解决的任务。

（2）逐步分解、细化任务，把整个任务分解成多个子任务，每个子任务只完成部分功能，并且可以通过函数来实现。

（3）确定模块（函数）之间的调用关系。

（4）优化模块之间的调用关系。

（5）在其他函数中进行调用，并用 main 调用实现整个功能。

这种编程思想降低了编程的复杂性，可复用性强（代码可以在不同的地方反复利用，却只要写一次代码），容易扩充程序的功能，非常适合团队开发。

9.2　使用头文件

在 C 语言编程中，尤其是在涉及大量函数和多人协作的项目里，维护程序的可读性和可维护性变得尤为重要。在这种背景下，头文件（通常具有 .h 扩展名）扮演了关键的角色。头文件主要用于声明函数、宏定义以及数据类型（如后续章节讲到自定义的结构体和枚举），使得这些可以在多个源文件（.c 文件）之间共享。

在我们之前的讨论中提到了使用 #include 指令来包含头文件的做法。这些头文件一般具有".h"作为文件扩展名。头文件的主要作用是聚集函数声明和相关描述，从而为函数的实现提供一个参考模板。例如，在 9.1 节关于甲、乙、丙合作的编程示例中，就可以创建一个名为 "myFirst.h" 的头文件，并将 "test.c" 文件中的前 4 个函数声明放入此头文件。

这样做的好处是，当其他文件（比如".c"文件）需要使用这些函数时，只需通过 #include 指令引用相应的头文件即可。这不仅增强了代码的可读性和可维护性，还促进了代码的模块化，有助于清晰地划分不同代码部分的功能和职责，从而提高整个程序的结构化和管理效率。myFirst.h 文件中的内容如下：

```
int add(int a,int b);    /*输入两个整数,实现两数的加法,并返回结果 */
int sub(int a,int b);    /*输入两个整数,实现两数的减法,并返回结果 */
int mul(int a,int b);    /*输入两个整数,实现两数的乘法,并返回结果 */
float div(int a,int b); /*输入两个整数 a,b,返回 a/b */
```

这时 test.c 源文件就可以写成如下代码：

```
#include <stdio.h>
#include"myFirst.h"
int main(void)
{
    int a,b;
    printf(" 输入两个整数 : ");
```

```
    scanf("%d %d",&a,&b);                    // 为节省篇幅,没考虑除数为 0 的情况
    printf("%d,%d两数加减乘除的结果是 : ",a,b);
    printf("%d,%d,%d,%f\n",add(a,b),sub(a,b),mul(a,b),div(a,b));
    return 0;
}
```

再执行一下命令,对源文件进行编译。

```
gcc L_zhao.c L_wang.c test.c -o myMain
```

正如你所观察到的,使用 #include 指令和头文件也能成功生成并运行 myMain.exe,这表明这种方法同样可以实现程序的预期功能。与 9.1 节中的 test.c 文件相比,这种方法显得更加简洁。此外,如果其他 .c 文件也需要使用这 4 个函数,只需简单地添加 #include "myFirst.h" 指令即可。

在头文件中放置函数声明,并将函数的实际实现放在不同的 .c 文件中,这种做法实现了声明和实现的分离。这种开发模式被广泛应用于模块化开发中,它也被称为面向接口的开发。采用这种模式,如果头文件在开发前就已经准备好,那么后续的开发工作就可以依据头文件中的定义来进行,这样开发过程变得更加清晰和有条理。

完成开发后,编译源代码时,头文件充当了一份使用说明书的角色,说明了各个函数的用途和功能。这使得将 .c 文件和头文件提供给用户或其他开发者时更为方便,他们可以轻松地了解每个函数的功能和使用方法,从而更有效地利用这些代码。这种方法不仅提高了代码的可重用性,还增强了代码的可维护性和可读性。

读者可能注意到,在包含自定义头文件时,头文件名称是用双引号(" ")括起来的,而不是用尖括号(<>)。实际上,这两种方式确实存在差异。当使用 #include < > 时,它指向编译器类库路径中的头文件。换句话说,这种方式通常用于包含标准库头文件,如 #include <iostream> 或 #include <stdio.h>。

相反,当使用 #include " " 时,这不仅可以引用类库中的头文件,还可以引用相对于程序目录的头文件。这是因为编译器会先在当前工作目录或源文件所在的目录中查找头文件。由于在本例中,myFirst.h 头文件和 test.c 源文件位于同一目录,因此使用双引号 ("myFirst.h") 是适当的。这种引用方式增加了引用本地或自定义头文件的灵活性,使得程序员可以更方便地管理和维护自己的代码库。

虽然可以通过指定绝对路径来包含头文件,例如在 Windows 系统中使用 #include "E:\wang\myFirst.h",或在 Linux 系统中使用 #include "/home/wang/myFirst.h",但这种做法并不常见,主要原因是使用绝对路径会导致代码的可移植性大大降低。

当程序需要在新的环境中运行时,必须在该环境中创建完全相同的目录结构,并将头文件复制到指定的目录下,这无疑增加了部署和维护的复杂度。为了避免这种情况,一般建议使用相对路径或直接引用文件名(当头文件与源文件在同一目录下时)。

如果头文件位于 .c 文件所在目录的子目录中,可以使用相对路径的方式来引用,例如使用 #include " 子目录 /myFirst.h"(注意在 Linux 系统中使用斜杠 "/" 而不是反斜杠 "\")。这种方法不仅保持了代码的可移植性,而且有助于保持文件组织结构的清晰和有序。通过合理组织代码文件和头文件,可以使代码库更加整洁,易于管理和维护。

9.3 预处理

微视频9-1：预处理与头文件

C 程序设计语言中的预处理是在编译之前执行的重要阶段。预处理主要包括 3 个方面的内容：文件包含、宏定义和条件编译。这些预处理命令以符号 # 开头，下面将对它们进行详细阐述。

9.3.1 文件包含

以前学习过 #include 指令，就是预处理指令之一。预处理指令并不属于 C 语言词法，只是指定编译器在正式编译代码前需要做的事。

首先用 gcc 命令看一下预处理后的结果。这里仍以 test.c 文件为例，为节省预处理后显示结果，去掉 test.c 文件中的标准库头文件，代码如下：

```c
#include "myFirst.h"
int main(void)
{
    int a,b;
    printf(" 输入两个整数： ");
    scanf("%d %d",&a,&b);                // 为节省篇幅，没考虑除数为 0 的情况
    printf("%d,%d 两数加减乘除的结果是： ",a,b);
    printf("%d,%d,%d,%f\n",add(a,b),sub(a,b),mul(a,b),div(a,b));
    return 0;
}
```

使用 gcc 进行预处理：gcc -E test.c -o test.tx
这里，-E 表示进行预处理，-o 后面是生成的文件名，中间用空格隔开。
执行命令后，生成文件 test.tx，其内容如下：

```
# 1 "test.c"
# 1 "<built-in>"
# 1 "<command-line>"
# 1 "test.c"
# 202 "test.c"
# 1 "myFirst.h" 1
int add(int a,int b);
int sub(int a,int b);
int mul(int a,int b);
float div(int a,int b);
# 203 "test.c" 2
int main(void)
```

```
{
    int a,b;
    printf(" 输入两个整数 :");
    scanf("%d %d",&a,&b);
    printf("%d,%d 两数加减乘除的结果是 :",a,b);
    printf("%d,%d,%d,%f\n",add(a,b),sub(a,b),mul(a,b),div(a,b));
    return 0;
}
```

可以发现,文件包含是将 myFirst.h 文件的声明复制到当前文件中,所以在正式编译代码之前,预处理头文件的任务就是把头文件中的声明复制到源文件中,这说明在 C 语言中,编译之前要把头文件复制到源文件中,这称为声明展开。

9.3.2　宏定义

在前面章节中,学习过用 #define 来定义常量,如 #define PI 3.1415926。当时给的说法是用后面的常量替换掉前面的标识符 PI,这实际上是编译系统提供的一种预处理功能,称为宏定义,具体是用一个指定的标识符来进行简单的字符串替换。宏定义分为不带参数的宏定义和带参数的宏定义两种。格式为:

```
#define 标识符 [( 参数列表 )] 字符串
```

其中,标识符称为宏名,[] 表示可有可没有。将宏替换成字符串的过程,称为"宏展开",在预处理阶段完成。

(1) 不带参数的宏定义。格式为:

```
# define 标识符 字符串
```

代码在预处理时,把源代码中的标识符原封不动地替换成字符串,在实际应用中标识符的名称一般全部用英文大写字母。下面用 gcc 命令加以验证,假设下列代码放在了文件 Macro.c 中。

```
#define X 10+3
int main(void)
{
    int y = X * X +5;
    return y;
}
```

用命令 gcc -E Macro.c -o Macro.tx 生成 Macro.tx 文件,其内容如下:

```
# 1 "Macro.c"
# 1 "<built-in>"
# 1 "<command-line>"
```

```
# 1 "Macro.c"
int main(void)
{
    int y = 10+3 *10+3 +5;
    return y;
}
```

可以看到,经过预处理之后,将所有的 X 原封不动地替换成了 10+3。读者在分析源代码或编程时,不要在意识中强行把 10+3 的结果 13 替换成 X 或者把 10+3 变成 (10+3) 替换 X,以至于想象成要形成这样的结果:int y=13*13+5; 或者 int y=(10+3)*(10+3)+5;。这是错误的,记得要原封不动地用字符串替换标识符。

(2) 带参数的宏定义。这是一种复杂的宏定义,其格式为:

define 标识符 (参数列表) 字符串

其中,字符串包括参数列表的内容。预处理时,把括号中对应的参数原封不动地替换成字符串中出现的参数,字符串中其余字符不变。例如,有带参数的宏定义:

#define S(a,b)   a*b

若源代码中有 S(3,2),则经预处理后就展开成 3*2。

如果有宏定义:#define MAX(x,y)   x>y?x:y

则 MAX(5,6) 就展开成 5>6?5:6。

如果源代码中是 MAX(3+4,6),就被展开成 3+4>6?3+4:6。显然,如果这个宏定义是想得到 3+4 的结果与 6 这两个值当中的最大值,这样的宏定义就不能达到目标。可以改写成:

#define MAX(x,y)   (x)>y?(x): y

这样 MAX(3+4,6) 就被展开成 (3+4)>6?(3+4):6。如果使 y 写成其他表达式时也有效,就写成 #define MAX(x,y)   (x)>(y)?(x):(y)。

(3) 两个专用操作符 # 和 ##。宏定义里的 # 和 ## 操作符分别称为“字符串化”(stringizing)操作符和“连接”(token-pasting)操作符。这两个操作符可以实现更复杂的宏定义,提高宏定义的灵活性和适用性。

“#”用来字符串化宏定义中的参数,即在替换时把参数加上 "" 后进行替换。例如,有宏定义:

#define PRINT (n)   printf(#n "=%d\n",n)

如果源代码中有语句 PRINT(i/j);,它进行宏展开时,把参数 i/j 原封不动地换成字符串中的字符 n,又因为第一个要替换的字符 n 前有 #,替换时,把参数 i/j 加上 "",使其变成字符串的形式,所以最后结果就是:printf("i/j""=%d\n",i/j);。在 C 语言中相邻字符串会被自动合并,实质上就是 printf("i/j=%d\n",i/j);。这里因为 \n 是一个独立的转义字符,与字符 n 无关,所以不替换成 i/j。

"##"可以将两个记号(如标识符)黏合在一起。例如有宏定义:

```
#define _MT(n)  x##n
```

则 int _ MT(1), _MT(2); 展开,就是 int x1,x2;。可以发现,此时的 x1 和 x2 分别是一个整体。宏定义 x##n 为什么不可以写成 xn,非要在它们中间加上 ## 呢?因为写成 xn,xn 就是一个独立的字符串,并不存在独立的标识符 n,就不会用参数展开。

在程序设计时经常要求编写能够适应不同数据类型的代码。例如,可能需要一个函数来比较两个整型(int)或浮点型(float)数值并返回较大值。在 C 语言中,通过使用宏定义,可以灵活地生成适用于多种基本数据类型的函数。这样做不仅可以提高代码的重用性,还能适应不同的类型需求。

例 9.1 使用宏函数生成能求两个数据中最大值的函数,但要求适用于各种不同的基本数据类型。

分析:考虑以下宏定义。

```
#define MAX(type)          \
type type##_max(type x,type y) \
{ \
    return x > y ? x : y; \
}
```

这个宏定义使用了 C 语言中的"连接"(##)操作符,它能够根据传入的类型标识符(比如 float 或 int),生成一个对应的函数。这个函数能够比较两个相同类型的值并返回较大的一个。例如,当使用 MAX(float),它会展开成一个专门比较两个 float 值的函数:

```
float float_max(float x,float y)
{
    return x > y ? x : y;
}
```

这意味着,只需一条宏调用 MAX(float),就等同于定义了一个函数 float float_max(float x, float y)。有了这个函数,便可以调用它求出两个 float 类型数值的最大值。下面是一个 .c 文件中进行宏定义和应用它的全部代码。

```
#include <stdio.h>
#define MAX(type) \
type type##_max(type x,type y) \
{ \
    return x > y ? x : y; \
}
MAX(float) //展开就是 float float_max(float x,float y){ return x > y ? x : y;}
int main(void)
```

```
{
    printf("%f\n",float_max(3,5));              //可以直接调用
    return 0;
}
```

需要注意的是,尽管宏在 C 语言中提供了极大的灵活性和强大的功能,但它们的使用也可能导致代码变得更加复杂,且难以调试。由于宏在预处理阶段进行文本替换,出现问题时可能不易直接定位。因此,在使用宏时,建议谨慎考虑代码的可读性和维护性。

在 C 语言中,宏定义是一种强大的预处理功能,允许在代码编译之前进行文本替换。使用 #define 进行的宏定义可以通过 #undef 指令取消。一个宏的有效范围从其在文件中的声明处开始,一直持续到使用 #undef 取消它的地方,如果没有显式取消,则其作用范围持续到文件末尾。如果宏定义是通过包含头文件的方式引入的,那么它在源文件中的位置将取决于包含(#include)该头文件的位置。以下是对宏的一些关键点的概括和解释。

(1) 性能优化与限制:通过使用宏定义,可以在某些情况下减少函数调用的栈使用,这可能会轻微提升性能。特别是在 C99 标准以后,引入了内联函数,提供了一种更加正式的优化方法。但宏在展开后可能会增加编译后的代码体积。

(2) 类型检查的缺失:宏参数不进行类型检查,这意味着缺乏类型安全机制。因此,在使用宏时可能引入错误,特别是当它们应用于不同类型的数据时。

(3) 宏定义的嵌套:宏的替换文本可以包含对其他宏的引用,允许宏定义的嵌套。这增加了宏的灵活性,但同时也提升了代码的复杂性。

(4) 作用范围:一个宏的作用范围从其在文件中定义的地方开始,直到文件结束或使用 #undef 取消。这意味着宏的影响可以跨越整个文件,除非明确地进行取消。

(5) 宏的唯一性:在一个文件中,相同的宏定义不能出现两次,除非新的定义与旧的完全相同,这有助于防止定义冲突。

(6) 预定义宏:C 语言的编译器预先定义了一些宏,这些被称为预定义宏。这些宏通常用于提供编译时的环境信息,虽然这些宏可以在代码中直接使用,但用户不能取消或重定义它们。

LINE	当前程序行的行号(十进制整型常量)
FILE	当前源文件名(字符串型常量)
DATE	编译的日期(表示为 mm dd yyyy 形式的字符串常量)
TIME	编译的时间(hh:mm :ss 形式的字符串型常量)
STDC	编译器符合 C 标准,值为 1

9.3.3　条件编译

一般情况下,C 语言源代码中的每一行代码都要参与编译,但有时候考虑代码优化或者可移植性(指用 C 语言编写的程序可以在不同的计算机硬件和操作系统上运行,而无须少量修改)等问题,希望只对其中一部分内容进行编译,而另外一些代码不参与编译,此时就需要在程序代码中加上条件,让编译器只对满足条件的代码进行编译,将不满足条件的代码舍弃,这就

是条件编译。

如何在源代码中加上这种条件呢? 这就要用到条件编译指令, 主要有 5 种。

1. #if、#else 和 #endif 指令

这几个指令像 if-else 语句, #if 和 #endif 必须成对使用, #else 根据需要使用, 但它们中间不接受 {}。#if 后接表达式, 如果表达式为非 0, 则代码参与编译, 为 0 则不参与编译。例如, 文件 hong.c 的源代码如下:

```
#define NUM 5
int main(void)
{
    int a = 0;
#if a==1
    int r = NUM /2;          // 此处不能加 {} 包含这两条语句, 这与 if-else 语句不同
    a++;
#else
    int r = NUM *2+5;
#endif                       // 此处不能丢
    return 0;
}
```

预编译输出:

```
# 1 "hong.c"
# 1 "<built-in>"
# 1 "<command-line>"
# 1 "hong.c"
int main(void)
{
    int a = 0;
    int r=5*2+5;
    return 0;
}
```

可以看到, 当使用条件预处理指令 #if 时, 判断的条件为 0, 直接就将包裹的代码删除了。

2. #ifdef、#else 和 #endif 指令

#ifdef 指令用于检测一个标识符是否已经被 #define 定义为宏。它们之间同样不接受 {}, 例如:

```
#define GOOD
#ifdef GOOD
    int r=3*5;              // 因为 GOOD 已被定义为宏, 所以这句和下句参与编译
    r+=8;
```

```
#else
    int k=9;
#endif
```

需要注意的是运算符 defined,它后面接标识符,意思是如果标识符以前被定义过,它的值就为非 0,否则就为 0。"#ifdef 标识符"的意义就相当于"#if defined 标识符"。

3. #ifndef、#else 和 #endif 指令

#ifndef 指令判断后面的标识符是否未定义,常用于定义之前未定义的标识符。例如:

```
#define GOOD
#ifndef GOOD
int r=3*5;                          // 因为 GOOD 已被定义为宏,所以这句和下句不参与编译
    r+=8;
#else
    int k=9;                        // 此句参与编译
#endif
```

4. #elif 和 #else 指令

这两个指令结合 #if 使用,相当于 if-else if-else 的用法。#ifdef 或 #ifndef 可结合使用。

```
#if    表达式 1
...
#elif    表达式 2
...
#else
...
#endif
```

5. #error 指令

#error 指令让预处理器发出一条错误消息,该消息包含指令后的文本,这个文本不需要用双引号 ""。例如,如果希望程序以另一种计算机语言 C++ 来编译,可以在文件中写上下列预编译指令。

```
#ifndef __cplusplus
#error                              // 这个要以 C++ 方式进行编译
#endif
```

其中,__cplusplus 是 C++ 编译系统中的宏。如果没有定义此宏,则说明不是以 C++ 的方式编译,所以出现错误。

如果程序代码不能在 win32 系统下编译,可把下面的内容写入源代码终止并提醒此代码不能在 win32 系统中编译。

```
#ifdef WIN32                        // WIN32 是 win32 系统中的宏
```

```
#error                    // 提示错误，表示程序不能在 win32 下编译
#endif
```

总之，条件编译是一种在编程中广泛应用的技术，特别是在 C 语言中，它主要有以下用途。

(1) 测试和调试：在软件开发阶段，为了更好地理解程序运行状态或定位问题，开发者常常需要打印额外的调试信息。条件编译使得在编译阶段就可以决定是否包含这些调试代码。这样在软件正式发布时，可以轻松地移除调试代码，而无须手动删除或注释。

(2) 跨平台和跨编译器适配：条件编译允许在同一份源代码中包含针对不同平台或编译器的特定代码段，从而使得代码能够在多种环境下编译和运行，提高了代码的可移植性和灵活性。

(3) 代码屏蔽：在需要临时禁用某些代码段时，传统的注释方法可能因无法处理嵌套注释而显得不够灵活。条件编译通过定义或不定义特定的宏，提供了一种更加灵活和可靠的方式来控制特定代码段是否参与编译，尤其适用于处理大型项目或复杂的代码结构。

9.4　头文件的嵌套包含

头文件中可以用 #include 包含其他头文件，称为头文件的嵌套包含。例如，编写一个头文件 A.h，其中内容如下：

```
#define Zenshu int
```

在这个头文件中，使用宏定义把 int 定义成了 Zenshu，然后再写一个 B.h 头文件，里面包含了头文件 A.h 和一个函数声明，内容如下：

```
#include "A.h"
Zenshu add();
```

这里，B.h 嵌套包含了头文件 A.h。如果一个源文件将同一个头文件包含两次以上，那么就会产生编译错误。然而，在模块化开发中，不同的人在独立进行各自的开发时，难免把同一个头文件包含多次。例如，现在分别创建了 head1.h、head2.h、head3.h 三个头文件。head1.h 和 head2.h 在写代码的过程中各自包含了 head3.h。例如：

```
head1.h 中有代码:#include "head3.h" ......
head2.h 中有代码:#include "head3.h" ......
head3.h 中有代码:int add(int a,int b);
```

现在有一个 my.c 文件要应用到 head1.h 和 head2.h，my.c 中就会写如下代码：

```
#include "head1.h"
#include "head2.h"
```

我们知道，头文件实质上是把头文件中的声明复制到当前源文件中，这样 my.c 就通过 head1.h 和 head2.h 将 head3.h 包含进了两次，这里 my.c 文件中就会出现两次 int add(int a,int b);,显然这会产生错误。为避免这样的问题出现,一种办法是在代码应用条件编译。

例如,可以把 head3.h 文件的内容修改成如下代码:

```
#ifndef  _PartID_Head3_
#define  _PartID_Head3_
    int add(int a,int b);
#endif
```

这样修改后,在 my.c 预处理过程中,当处理 head1.h 包含进来的 head3.h 时,_PartID_Head3_ 没有被定义,所以先定义它,然后让声明函数 int add(int a,int b); 参与编译。当再处理 head2.h 时,同样要处理 head3.h 中的内容,但此时,_PartID_Head3_ 已经定义过了,所以 #define _PartID_Head3_ 和 int add(int a,int b); 均不参与编译,这样重复性的问题就解决了。

这种解决方案的关键在于宏标识符,如果标识符重复,就会出现新的问题。解决宏标识符重名问题,一般可以用特定编号加其他一些特征,或者规定不易出现重名方法,例如宏名包含当前头文件的文件名等。

9.5　程序构建

在集成开发环境(例如 Dev C++ 或 VS 2010)中,从编写源代码到生成可执行文件的过程通常只需单击“编译”和“运行”等菜单选项。如果程序无误,就能看到运行结果。这个过程实际上包括了 4 个阶段:预处理、编译、汇编和链接,它们共同构成了典型的 C/C++ 程序构建流程。以下将针对后三个阶段进行详细讲解,以帮助理解从源代码到可执行文件的转换过程(以 GCC 编译器为例)。

(1) 编译阶段。预处理阶段完成后,若未发现错误,程序便进入编译阶段。在这一阶段,经预处理的源代码被转换为汇编语言。编译器对代码进行语法分析、语义分析和优化,生成对应的汇编代码文件。

以 9.1 节中的文件为例,将 #include <stdio.h> 添加到 test.c 文件中,因为后续操作需要用到它。使用以下命令来生成汇编代码(也就是在 1.3 节中介绍的汇编语言所编写的代码),其中参数 “-S” 表示生成汇编代码,而 “-o” 后跟的是指定的输出文件名。

```
gcc -S test.c -o test.s
gcc -S L_zhao.c -o L_zhao.s
gcc -S L_wang.c -o L_wang.s
```

查看文件 L_zhao.s 中的内容,发现它是用汇编语言写的代码。

```
    .file "L_zhao.c"
    .text
    .globl    add
    .def add;.scl 2;  .type    32; .endef
```

```
    .seh_proc    add
add:
    pushq    %rbp
    .seh_pushreg%rbp
    movq    %rsp, %rbp
    .seh_setframe    %rbp, 0
    .seh_endprologue
    movl    %ecx, 16(%rbp)
    movl    %edx, 24(%rbp)
    movl    16(%rbp), %edx
    movl    24(%rbp), %eax
    addl%edx, %eax
    popq    %rbp
    ret
    .seh_endproc
    .globl    sub
    .def sub;.scl 2;    .type    32; .endef
    .seh_proc    sub
sub:
    pushq    %rbp
    .seh_pushreg%rbp
    movq    %rsp, %rbp
    .seh_setframe    %rbp, 0
    .seh_endprologue
    movl    %ecx, 16(%rbp)
    movl    %edx, 24(%rbp)
    movl    16(%rbp), %eax
    subl24(%rbp), %eax
    popq    %rbp
    ret
    .seh_endproc
    .ident    "GCC: (x86_64-win32-seh-rev0, Built by MinGW-W64 project) 8.1.0"
```

目前不需要看懂它,只需要知道从源代码到最后的可执行文件,中间有这一过程。

(2) 汇编阶段。编译阶段完成之后,汇编器将编译阶段生成的汇编代码转换为机器代码。下面生成目标代码,命令如下:

```
gcc -c test.s -o test.o
gcc -c L_zhao.s -o L_zhao.o
gcc -c L_wang.s -o L_wang.o
```

这里生成的 .o 文件就是目标代码,它是一个二进制文件,不能用文本的方式打开阅读。

(3) 链接阶段。目标文件 .o 不是最后的可执行文件,还要进行链接。链接是将多个对象文件(由编译器生成)合并为一个单一的可执行文件的过程。

在链接阶段,解决程序中的符号引用(如函数和变量名),将它们与相应的内存地址相关联。链接器还会包含标准库或其他库中的代码,以便在程序中使用这些库函数。

现在把前面生成的 .o 文件链接生成可执行文件 test.exe,命令如下:

```
gcc test.o L_zhao.o L_wang.o -o test
```

从源文件到目标文件的过程是独立的,其中各个目标代码文件只在最后一步被链接成可执行文件。因此,在实际开发中,开发者通常会独立编写实现特定功能的源代码,然后将其编译成目标代码文件(即 .o 文件)。同时,他们会创建相应的头文件(.h 文件),并将目标代码和头文件提供给其他开发者使用。这样做可以让他人利用函数的功能,同时保护源代码不被公开。

除了上述方式外,还有一种方法是将目标代码文件生成为归档文件(扩展名为 .a,也称为静态库)。这通过使用 GCC 工具中的 ar 命令完成,开发者将 .o 文件打包成归档文件,并连同 .h 文件一起提供给他人使用。

以前面提到的 myFirst.h 为例,假设开发者乙和丙不想向甲公开源代码,但希望让甲使用加、减、乘、除这 4 个函数。他们可以将实现这些功能的 .c 文件编译成 .o 文件,然后用 ar 命令打包成归档文件。之后,他们只需将 .h 文件和归档文件提供给甲即可。生成归档文件的具体命令如下:

```
ar -rc libmyfirst.a L_zhao.o L_wang.o
```

其中 -rc 是固定选项,libmyfirst.a 中 lib 是固定字符串,后面的 myfirst 是自定义库名,扩展名 .a 表示是一个归档文件。

甲得到这些文件后可以使用其提供的函数。例如,甲要在 hello.c 中使用加减乘除函数,首先把头文件 myFirst.h 包含进去,然后就可以在代码中直接利用所提供的函数。例如,hello.c 中的代码如下:

```
#include "myFirst.h"
#include <stdio.h>
int main(void)
{
    printf("3 + 2 = %d.\n", add(3,2));        //直接调用函数 add
    printf("20 - 7 = %d.\n", sub(20,7));
    printf("8 * 3 = %d.\n", mul(8,3));
    printf("80 / 4 = %.0f.\n", div(80,4));
    return 0;
}
```

而此时直接编译运行 hello.c 是不能成功的,它需要指定生成的静态库名和路径,具体指令如下:

```
gcc hello.c -lmyfirst -L.
```

其中 –lmyfirst 中的 –l(小写的 L)是指定库名,–L 是指定库所在的路径,这里 L 后面的 "." 是表示 .a 文件与 hello.c 是同一个目录。通过上述命令生成 hello.exe 文件,执行得到如下结果:

```
3 + 2 = 5.
20 - 7 = 13.
8 * 3 = 24.
80 / 4 = 20.
```

许多编译系统软件可以直接添加 .a 文件的设置,不用上面的具体指令,这里不做详细说明。

这样做的好处:① 用户可以独立关注需要完成的源代码,不受第三方的条件限制;② 可以放心地做出自己独特的功能,因为二进制文件和归档文件不会显示源代码,其他用户并不知道函数功能是如何实现的,可有效地保护知识产权;③ 可以更好地实现模块化编程。

例如,公司 A 用 C 语言实现脚印分类的算法,该算法可以帮助公安部门破案,因为该算法涉及很多独特算法和技术,公司 A 并不想公开。而此时,如果有公司 B 要给公安部门做一个软件,需要用到脚印分类方面的功能,但公司 B 又不能实现这个功能,于是公司 A 就可以把脚印分类的归档文件连同函数声明的头文件一同提供给公司 B。公司 B 在得到这些文件后,就可以在自己的源代码中直接调用公司 A 提供的分类函数以完成相应的功能,不用去关心脚印分类的算法实现。

上述讲到的是一种静态链接库的应用,还有另一种动态链接库,它的实现方法与此大同小异,同时,上述命令也可以在编译系统中用界面的方式实现,有兴趣的读者可以自行查阅相关资料。

本章详细介绍了模块化编程的核心概念和方法。在此基础上,我们深入探讨了预处理的相关知识,重点关注头文件的引入、宏定义以及条件编译。宏定义是一个高级技能,涉及多种复杂的应用技巧,因此需要深入学习和不断实践以便熟练掌握。条件编译同样在实际编程中广泛使用,掌握其相关指令对于编程实践至关重要。

习 题

1. 写三个 .c 文件,第一个 .c 文件中有两个函数,一个实现求一维数组中数据的平均值并返回,另一个求一维数组中各数据的总分,并返回;第二个 .c 文件中,也定义了两个函数,一个求一维数组数据在某个分数区域段的人数,并返回,另一个求不及格人数,并返回。然后在一个 .h 文件中声明这些函数,在第三个 .c 文件中调用前两个文件中的函数,并输出结果。

2. 定义一个宏,其展开后,实现不同数据类型的两个向量相加。

3. 给出一个带参数 n 的宏定义,展开后可以实现输出 n 行 "****************"。

4. 相同的源代码,如何使得参与编译的代码是不同的?

5. 如果有多个头文件同时包含了同一个头文件，如何处理？编写程序加以说明。

6. 写出下面代码的执行结果，并分析出现此结果的原因。

```c
#define area(x)   x*x
#include <stdio.h>
int main(void)
{
    int y = area(2 + 2);
    printf("%d", y);
    return 0;
}
```

第10章　结构体与枚举类型

电子教案:第10章
结构体与枚举类型

在前面的学习过程中,已经遇到了各种基本和派生数据类型,它们是构建程序的基石。然而,随着学习深入,我们发现了一种更加强大和灵活的数据类型——结构体。结构体不仅仅是一个数据类型,也是一个复合数据结构,它允许将不同类型的数据组合成一个有意义的整体。这是一种便于组织和管理不同类型数据的编程方法,它为数据的组合提供了新的思路。

本章将深入探讨结构体的定义、声明和正确使用方法。我们将学习如何利用结构体来模拟现实世界中较复杂的数据结构,如何创建简单的链表,并对它进行增删改操作。结构体不仅增强了 C 语言的表现力,并为一些面向对象编程的思想提供了启示。

本章还将阐述枚举类型的创建和使用,枚举类型通过列举所有可能的常量值来定义一个新的数据类型,它的引入可以使代码更加清晰易懂,同时还有助于减少错误。

10.1　结构体类型

微视频 10-1 :定义结构体类型和变量

在 C 语言中,结构体类型是由一组成员构成的,每个成员都有一个可选的名称,并可能拥有不同的数据类型,因此结构体类型能够将不同数据类型的成员组合在一起,形成一种新的数据类型。

在许多实际应用中,需要将不同类型的数据组合成一个有机整体,从而能够把这些信息组织成为概念上更易于理解、应用上更方便的模型,所以结构体类型使用非常广泛。例如,一个学生有学号 / 姓名 / 性别 / 年龄 / 地址等属性,可以定义如下变量或数组以保存学生信息。

```
int num;
char name[20];
char sex;
...
```

很显然,如果是很多学生信息要处理,学生各项信息就得分别用数组表示或是再定义其他变量或数组,这种做法使得单个个体信息分散,会给编程带来麻烦。此时,我们可以把这些不同的信息数据类型组合在一起,定义成一种结构体类型。这种新的数据类型把特定对象的多种信息作为一个整体来考虑,从而解决了单个信息分散带来的困难。

10.1.1　结构体类型的定义

定义一个结构体类型的格式如下:

```
struct tag
```

```
{
    member-list
    member-list
    ...
    member-list
};
```

通过上述方式就能定义结构体类型,可以把这种类型作为一种新的数据类型,数据类型名为 struct tag。其中,struct 为关键字,不能省略;tag 为结构体名,由用户自己命名,遵循合法标识符规则即可,tag 也可省略。member-list 是成员变量,例如 int i;、float f;、int a[10];、float *p[4] 或者其他有效的定义,包括用结构体类型本身和后面要讲到枚举类型定义的变量。例如:

```
struct student
{
    int num;                    // 成员变量
    char name[20];              // 成员变量
    char addr[30];              // 成员变量
};
```

定义了一个新的结构体类型,就是一种新的数据类型,名称为 struct student。注意 } 后面的 ";" 不能缺少且不要对成员变量赋初值。

为了提高结构体类型的灵活性,更好地模拟实际应用的数据结构,C 语言提供结构体类型的嵌套定义,也就是定义一个结构体类型时,成员变量可以是一个结构体类型变量。例如,一个学生除了上述的学号、姓名等信息外,还有一个出生日期的信息,可以把出生日期先定义成一个结构体类型:

```
struct day
{
    int year;
    int month;
    int day;
};
```

有了 struct day 这个新的数据类型,如果再去定义一个关于学生的结构体类型,它的成员变量中就可以加入 struct day 类型的变量。例如,再定义一个名为 struct Study 的结构体类型:

```
struct Study
{
    long int num;
    char name[20];
    char sex;
    struct day birthday;        // 这里就是一个结构体类型的成员变量
```

```
    char addr[20];
};
```

这种一个结构体成员变量中包含另一个结构体类型成员变量的定义方式,称为结构体类型的嵌套定义。

在 C 语言中,定义的不同结构体类型,即使它们的成员变量完全一样,也被看成是不同的结构体类型。

10.1.2　定义结构体类型变量

在定义了一种结构体类型以后,就等于又产生了一种新的数据类型,可以用这种数据类型定义变量。定义结构体类型变量有以下 3 种方式。

1. 先定义结构体类型再定义变量

例如,定义了结构体类型:

```
struct Student
{
    int num;
    char name[20];
    char addr[30];
};
```

完成这个结构体类型的定义后,就可以用“类型变量名”的方式定义变量。例如,struct Student stuA,stuB;,这就定义了两个变量 stuA 和 stuB,它们都是 struct Student 类型。

2. 在定义类型的同时定义变量

```
struct Student
{
    int num;
    char name[20];
    char addr[30];
}stuA,stuB;
```

这样也定义了两个类型为 struct Student 的变量 stuA 和 stuB,这种方式定义完变量以后,还可以用第一种方式继续定义这种结构体类型的其他变量。

3. 直接定义结构体类型变量

前面讲定义一个结构体类型时说过,结构体类型的 tag 是可以没有的,这种结构体类型称为匿名结构体类型。要定义匿名结构体类型的变量,则只能在定义完一个结构体类型后立即定义变量,而且在后续代码中,不能再定义这种类型的变量。

```
struct
{
```

```
    int num;
    char name[20];
    char addr[30];
}stuA,stuB;
```

这种用法有一个好处是,如果只想定义少量几个这种结构体类型的变量,那么全局就只有这几种该结构体类型的变量,这样可以避免混淆。

既然结构体类型是一种数据类型,大家很容易想到,也可以用它来定义这种类型的数组、指针变量等。

与用其他基本数据类型定义的变量一样,一旦用结构体类型定义了变量,编译系统也会为变量分配内存空间,这个内存空间首地址也是用"& 结构体变量名"方式获取。

10.1.3 结构体变量初始化

在 C 语言中,结构体类型定义后,有以下 3 种初始化方法。

(1) 直接初始化:定义结构体类型后,立即定义变量并使用 {} 来赋初值。例如:

```
struct Student {
    long int num;
    char name[20];
    char sex;
    char addr[20];
} stu = {10101, "lilin", 'm', "123 Beijing Road"};
```

这里,变量 stu 的每个成员变量按顺序赋值。也可以部分初始化,如 stu = {10101, "lilin"};,未指定的成员会默认初始化为 0、'\0' 或 NULL。不推荐使用 stu = {};,因为某些编译器(如 VC++)可能视其为错误。

(2) 分离式初始化:在定义结构体类型后,可以在其他地方使用该类型定义变量,并使用 {} 进行初始化。例如,在函数内部可以这样初始化:

```
struct Student stu = {10101, "lilin", 'm', "123 Beijing Road"};
```

这种方法的效果与直接初始化相同,也支持部分成员变量的初始化。

(3) 成员指定初始化:这是 C99 标准后引入的一种灵活的初始化方法,允许指定成员变量名进行初始化。在成员名前加 . 并使用 = 赋值,成员间用逗号分隔。例如:

```
struct Student stu = {.num = 18, .name = " 张三 "};
```

这种方法具有语义清晰和成员顺序可变的优势。未指定的成员同样会被自动初始化为 0。此方法类似于其他高级编程语言(如 Go 语言)的结构体初始化方式,有助于提高代码的可读性。

10.1.4 结构体类型变量的引用

引用结构体成员变量与引用基本数据类型变量有点不一样,为了访问结构体成员,要使用成员选择符(.),成员选择符是结构体变量名与要访问的结构体成员之间的一个点号。例如,有定义 struct Student stu;,要给结构体中的两个成员变量赋值,可以用下面两条语句实现。

```
stu.num=98101;
strcpy(stu.name, "lin");
```

引用结构体类型变量要注意以下几点。

(1) 结构体变量不能作为一个整体一次性输出或输入。例如不能写成:prinf("%d,%s,%c,%s",stu); 或 scanf("%d%s%c%s",&stu);,要分别访问到其成员变量,如可写成:scanf("%d%s",&stu.num,stu.name);。如果成员变量是结构体类型,还需要再访问其成员变量。例如,10.1.1 节中的 struct Study,如果定义了变量 struct Study stu;,则访问 birthday 中的成员变量,可以用如下语句实现。

```
stu.birthday.year=1999;
stu.birthday.month=12;
stu.birthday.day=20;
```

(2) 相同结构体类型的变量之间可以相互赋值,不同结构体类型变量之间不允许直接赋值。例如,定义了如下两个 struct Student 类型变量:

```
struct Student stu1={4, "Cheng lin",'w',"100 Dongshan road"},stu2;
```

则可以用语句 stu2=stu1; 对 stu2 进行赋值,stu2 变量中的各成员值就被赋成了 stu1 变量中的各成员值。

如果 stu2 是另外一种结构体类型的变量,即使这两种结构体类型定义的成员变量完全一致,也不能用 stu2=stu1; 进行赋值。

(3) 可以引用结构体成员变量的地址,也可以引用结构体变量的地址,例如,有 struct Student stu;,则下面两条输入、输出语句是对的。

```
scanf("%d", &stu.num);      //输入 stu.num 的值
printf("%ld",&stu);         //输出 stu 的首地址
```

例 10.1 给定一个结构体类型,定义两个这种结构体类型的变量 stu1 和 stu2,对 stu1 进行初始化,然后把 stu1 的值赋给 stu2,且修改 stu2 的两个成员值,最后输出这两个结构体类型变量的所有成员值。

```
#include <stdio.h>
#include<string.h>
struct student
{
```

```
        short num;
        char name[20];
        char sex;
        char addr[20];
    };
    int main(void)
    {
        /* 定义两个结构体变量 stu1 和 stu2,并初值化 stu1 */
        struct student stu1={10101,"lilin",'m',"123 Beijing road"},stu2;
        stu2=stu1;                      //把 stu1 的值赋给 stu2,可赋所有成员变量的值
        stu2.num=10102;                 //给 stu2 的 num 成员变量赋值
        strcpy(stu2.name, "zhangxiao"); //给 stu2 的 name 成员变量赋值
        /* 下面是输出结构体变量成员的值。*/
        printf("no.:%hd name:%s sex:%c address:%s\n",stu1.num,stu1.name, \
            stu1.sex, stu1.addr);
        printf("no.:%hd name:%s sex:%c address:%s\n",stu2.num,stu2.name, \
            stu2.sex, stu2.addr);
        return 0;
    }
```

程序代码执行的结果:

```
    no.:10101 name:lilin sex:m address:123 Beijing road
    no.:10102 name: zhangxiao sex:m address:123 Beijing road
```

在例 10.1 中,结构体类型是在函数外部定义的,这意味着这种结构体类型在整个文件中有效,可以在这个文件中的任何一个函数内应用这种数据类型定义变量。如果一个结构体类型是在一个函数体中定义的,则只能在定义它的块内有效,这一点与第 8 章所讲述的变量作用域类似。

10.2　结构体类型的别名

微视频 10-2:使用结构体类型

　　在定义完一个结构体类型以后,再定义这种类型的结构体变量时,要写成“struct 结构体名 变量名”,这样写有点麻烦,为此 C 语言中提供了一个关键字 typedef,可以把结构体类型定义为一个别名,然后用这个别名去定义这种结构体类型的变量,而不用写成“struct 结构体名　变量名”的形式。例如:

```
typedef struct student
    {
```

```
    long int num;
    char name[20];
    char sex;
    char addr[20];
}Student;
```

关键字 typedef 把整个结构体类型 struct student 定义为一个别名 Student，意思是 struct student 又称为 Student。有了这个别名，就可以用"别名 变量名"定义 struct student 类型的变量。例如，Student stu; 定义了一个名为 stu 的结构体类型变量，与 struct student stu; 的效果完全一样。

还可以用关键字 typedef 把同一种结构体类型指定为不同的数据类型别名，如指针形式的别名。例如：

```
typedef struct student
{
    long int num;
    char name[20];
    char sex;
    char addr[20];
}Student, *stuPtr;
```

这里指定了两个别名，Student 是 struct student 结构体类型的别名，stuPtr 是指向 struct student 结构体类型的指针类型别名。

有了这些数据类型别名，就可以用它们定义变量，例如，Student stu; 定义了一个 struct student 类型的变量 stu；stuPtr sPtr; 定义了一个指向 struct student 类型的指针变量 sPtr。

stuPtr sPtr; 相当于 Student *sPtr; 或者 struct student *sPtr;。

10.3 结构体数组

既然结构体类型是一种特定的数据类型，那么也就可以定义这种数据类型的数组。数组中的每一个变量都是这种结构体类型。定义结构体类型如下：

微视频 10-3：结构体数组

```
typedef struct student
{
    short num;
    char name[20];
    char sex;
    char addr[20];
}Student;
```

现在就可以用它来定义数组，如定义一个一维数组 Student stu[5];（Student stu[5]; 等同于

struct student stu[5];)。此数组中有 5 个元素,每个元素都是 Student 类型。同样地,stu 这个数组名可作为指针指向该数组的第 0 个元素。

与基本数据类型数组一样,进行初始化。例如:

```
Student stu[5]={{1,"zhang",'M',"Anhui"},{2,"wang",'M',"Henan"}};
```

定义完数组后,要引用它的某个元素的成员变量,可使用"数组变量 . 成员变量"的方式进行。例如要访问数组第 0 个元素的 num 成员变量,就可以写成 stu[0].num。

例 10.2　设有 3 个候选人,有 100 个人参与投票,每人只投一个候选人,每次输入一个被投的候选人的名字,最后输出 3 个候选人每人的得票数。

分析:首先,定义一个结构体类型 Candidate,其中包含两个成员变量 name(候选人姓名)和 votes(得票数)。然后,创建一个 Candidate 类型的数组,该数组包含 3 个元素。初始化这些元素,将它们的 name 成员设为 3 位候选人的姓名,votes 成员设为 0。

接下来,编写一个循环,处理 100 位投票人的投票。在每次循环迭代中,首先使用 scanf 函数接收一位投票人投给的候选人姓名。然后,用另一个循环将这个姓名与数组中的每位候选人的姓名进行比较。如果找到匹配的姓名,则将该候选人的 votes 成员加 1。

在处理完所有投票后,遍历数组并输出每位候选人的姓名及其获得的总票数。具体代码如下:

```c
#include <stdio.h>
#include<string.h>
typedef struct person
{
    char name[20];              //候选人姓名
    short votes;                //候选人得票数
}Candidate;
int main(void)
{
    int i,j;
    char leader_name[20];       //存放参与投票者所投的候选人姓名
    //定义一个元素为 Candidate 类型的一维数组并初始化
    Candidate leader[3]= {{"li",0},{"zhang",0},{"hong",0}};
    for(i=1;i<=100;i++)         //对 100 个投票人所投的候选人进行分析处理
    {
        printf(" 请输入所投的候选人姓名:\n");
        gets(leader_name);      //输入所投的候选人姓名
        /* 循环的作用是确定是哪一个候选人,并为其票数加 1。*/
        for(j=0;j<3;j++)
            if(0== strcmp(leader_name,leader[j].name))   //姓名相同则票数加 1
                leader[j].votes++;
```

```
    }
    printf("\n");
    for(i=0;i<3;i++)                //输出各候选人姓名和得票数
        printf("%10s:%hd\n",leader[i].name,leader[i].votes);
    return 0;
}
```

10.4 指向结构体类型的指针

微视频 10-4：指向结构体类型的指针

在 C 语言中,可以定义指向结构体的指针变量。以 10.3 节中定义的 Student 结构体为例,要定义一个指向 Student 类型数据的指针变量,可以这样写:

```
Student *p;
```

这里 p 是一个指针变量,其在 64 位系统中通常占用 8 个字节的内存长度。p 指向的内存空间用于存放 Student 类型的数据。

当使用指向结构体的指针变量来引用结构体中的成员时,应使用“–>”运算符。例如,表达式 p–>num 用于引用 p 指向的结构体中的 num 成员变量。

另外,也可以使用 (*p). 成员的形式来引用成员变量。在这种情况下,p 是指针,*p 则是 p 指向的结构体变量。这种方式虽然不常用,但理解它有助于深入理解指针和结构体的关系。现在来看一个实例。

例 10.3 声明一个结构体类型,并用 typedef 定义它的不同形式,赋给变量数据后,用指针的方式把它输出出来。

```
#include <stdio.h>
#include<string.h>
typedef struct student
{
    long num;
    char name[20];
    char sex;
    float score;
}Student,*Ptr;
int main(void)
{
    Student stu;              //定义了一个结构体类型的变量 stu
    // Student *p;            //定义了一个结构体指针变量 p
    Ptr p;                    //定义结构体类型指针变量 p,与上一行注释处定义效果一样
```

```
        p=&stu;
        stu.num=89101;               //也可以写成 p->num=89101;
        strcpy(stu.name,"lilin");  //字符数组成员用 strcpy 赋值
        stu.sex='m';
        stu.score=89.5;
        printf("no.:%ld,name:%s,sex:%c,score:%f\n", \
                stu.num,stu.name,stu.sex,stu.score);
        printf("\n\n\nno.:%ld,name:%s,sex:%c,score:%f\n", \
                (*p).num,(*p).name,(*p).sex,(*p).score);
        printf("\n\n\nno.:%ld,name:%s,sex:%c,score:%f\n", \
                p->num,p->name,p->sex,p->score);
        return 0;
}
```

上述代码中,三个 printf 语句给出了三种不同的输出代码,结果一样。

在 C 语言中,经常需要获取结构体成员变量的地址,这可以通过 & 运算符实现。例如,如果有一个 Student 类型的变量 stu,那么 &stu.num 就用于获取 stu 中成员变量 num 的地址。类似地,如果有一个指向 Student 类型的指针 stuPtr,那么 &(stuPtr->num) 就用于获取 stuPtr 指向的结构体中 num 成员的地址。

结构体类型是一种数据类型,因此也可以声明指向结构体类型的一维或二维指针数组。数组中的每个元素都是指针,指向结构体类型。例如,可以定义 Student *ptr_stu[5]; 或者 Student *ptr_stu[5][6]; 等。

此外,也可以定义指向一维数组的指针变量。例如,Student(*ptr_stu)[5]; 中的 ptr_stu 是一个指针变量,它指向的数据类型是一个包含 5 个 Student 类型元素的一维数组,也可以理解为 ptr_stu 指向的数据类型是 Student[5]。

总的来说,虽然结构体类型是用户自定义的数据类型,但在 C 语言中,它的使用方式与内置的基本类型非常相似。

10.5 结构体类型数据作为函数参数

微视频 10−5 :结构体类型数据作为函数参数

结构体类型是一种自定义的数据类型,函数形参中可以使用这种数据类型的形参变量,用以接收同种结构体类型的实参值。调用函数时,实参把它的所有成员变量的值复制给形参变量。

例 10.4 在 main 函数中,定义一个结构体变量,输入它的成员值,然后定义一个函数把这个结构体类型变量的各成员值都输出出来。

代码如下:

```
#include <stdio.h>
#include<string.h>
```

```
typedef struct student
{
    long num;
    char name[20];
    char sex;
    float score;
}Student;
void print(Student stu)        //定义结构体类型的形参,接收实参变量值
{
    printf("no.:%ld name:%s sex:%c score:%-5.1f\n", \
        stu.num,stu.name,stu.sex,stu.score);
}
int main(void)
{
    Student stu_1={89101, "lilin",'m', 89.5},stu_2;
    print(stu_1);                //调用函数。调用时把 stu_1 中的成员变量值复制给形参 stu
    stu_2=stu_1;                 //相同结构体类型变量之间可以直接赋值
    print(stu_2);
    return 0;
}
```

这段代码中,main 函数在调用 print 函数时,把变量 stu_1 的所有成员值全部复制给形参 stu。输出结果如下:

```
no.:89101 name:lilin sex:m score:89.5
no.:89101 name:lilin sex:m score:89.5
```

当然,也可以用指针的方式完成上例功能。代码如下:

```
#include <stdio.h>
typedef struct student
{
    long num;
    char name[20];
    char sex;
    float score;
}Student,*S;                   //定义了一个指针类型别名
void print(S p)                //一个指向所定义结构体类型的指针变量作为形参
{
    printf("no.:%ld\nname:%s\nsex:%c\nscore:%f\n", \
        p->num,p->name,p->sex,p->score);
```

```
}
int main(void)
{
    Student stu_1={89101, "lilin",'m', 89.5};
    print(&stu_1);            //把变量 stu_1 的地址复制给形参 p
    return 0;
}
```

这段代码中,print(S p) 中的形参 p 是一个指针变量,它指向的是 Student 类型,因此,main 函数在调用 print 时,实参应该是 &stu_1。形参 p 得到的是指向 stu_1 的指针值,并不是变量 stu_1 的所有成员变量值。执行 print 函数时,"p-> 成员变量"方式实质上是访问 main 函数中变量 stu_1 的成员值。

结构体类型的数组也可以作为参数传递,这些都与前面讲的基本类型数组方式一样。

10.6 动态申请内存空间

微视频 10-6 :动态申请内存空间

10.6.1 malloc、realloc 及 free 函数

在 C 语言中,指针变量被用来存储内存地址,同时隐含了它所指向数据的类型。例如,当声明 int *p; 时,编译器为变量 p 分配内存空间(在 64 位系统中通常是 8 个字节),以存储一个指针值,这个指针被设计为指向一个整数(int)类型的数据。

然而,仅定义一个指针变量只为其本身分配内存,并不自动为其指向的数据分配内存。如果在初始化指针 p 之后,立即执行 *p=5;,这个操作尝试将数值 5 存储在 p 指向的内存空间中。而此时,p 的值可能是未定义的,可能指向任何随机的、非法的内存地址。因此,尝试向这个地址存储值是不安全的,可能导致程序崩溃或产生未定义的行为。

在之前的章节中,使用指针时,我们通常将其指向已经定义的变量,例如指向数组的某个元素或一个已经定义的变量。为了在使用指针时安全地分配内存,C 语言提供了 malloc 和 realloc 两个函数来申请内存空间。有了这些内存空间,就可以正确地存储指针变量指向的数据。

malloc 函数原型为

```
void *malloc(size_t  size);
```

这里 size 指定要申请的空间大小,以字节为单位,在标准 C 中通过 typedef 将无符号整型定义为 size_t。malloc 的功能是申请大小为 size 个字节且连续的内存空间,并返回该空间的首地址,如果不成功返回 NULL。

在 C 语言中,malloc 函数用于动态申请内存空间,但它本身不指定申请的空间将存储何种类型的数据。因此,malloc 的返回类型是 void 指针(参见 6.5 节)。程序员在申请空间后,根据需要存储的数据类型,可以进行强制类型转换。不过,由于 void 指针可以被赋值给任何类型的指针变量,如果已经明确了接收指针的数据类型,强制类型转换也可以省略。

例如,malloc(100); 就是申请 100 个字节的内存空间。如果申请成功,malloc 函数返回该内存空间的首地址,允许程序员使用这些内存来存储数据。假设需要使用这个空间来存储 int 类型的数据,可以这样写:

```
int *p;
p = (int *)malloc(100);
```

由于 p 已经定义为指向 int 类型的指针,所以(int *)的强制转换是可选的。malloc 返回的是指向 void 类型的指针,它可以直接赋值给任何指针类型的变量。

在上述例子中,p 被赋予了申请的内存空间的首地址,并通过强制转换,明确了这段内存用于存储 int 类型的数据。如果 int 类型数据占用 4 字节,那么这 100 字节的空间就可以存放 25 个 int 类型的数据。

图 10-1 所示是用代码 p=(int *)malloc(100); 申请的空间(每一个小方格表示一个 Byte),假设其首地址是 1000,则执行 *p=5; 这样的语句就可以把 5 存放在 1000 开始的内存空间中。

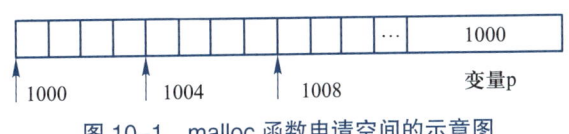

图 10-1　malloc 函数申请空间的示意图

在 C 语言中,使用 malloc 函数分配内存时,需要指定要申请的字节数。通常,编程人员知道需要存储的数据个数,但可能难以确定一个数据类型占用的字节大小。这种不确定性有两个原因:一是不同系统中数据类型的字节数可能有所不同;二是对于一些派生类型(如结构体),其占用的字节数需要计算,而且即使在同一系统中,不同实例的大小也可能不同。例如,结构体的内存大小往往不仅取决于它的成员变量数量,还受成员变量顺序的影响。因此,通常使用 sizeof 运算符来获取数据类型的字节数,再乘以数据对象的数量,以确定所需的总字节数。例如,要申请足以存储 k 个 int 类型数据的内存,可以这样写:

```
p = (int *)malloc(sizeof(int) * k);
```

在实际应用中,需要存储的数据量可能不是事先确定的。例如,在客户信息登记时,信息存储在内存中,但客户数量难以预先确定。C 语言提供了 realloc 函数来调整已分配空间的大小。如果发现原本分配的内存空间过大或过小,可以使用 realloc 来调整。realloc 的函数原型为:

```
void *realloc(void *ptr, size_t size);
```

其中,ptr 是原内存块的首地址,size 是新的字节大小。realloc 不会破坏原有内存空间中的数据。一般用于调整 malloc 分配的空间大小,ptr 通常设为 malloc 返回的地址,size 设为新的大小。例如,如果原先用 malloc 分配了足以存储 k 个 int 类型数据的空间,后来发现需要更大

的空间,可以这样扩展:

```
p = (int *)realloc(p, sizeof(int) * (k + n));
```

现在,空间可以存储 k+n 个 int 类型数据,比原来增加了 n 个数据。需要注意的是,realloc 返回的地址可能与原 malloc 地址不同,因此必须重新赋值给 p。

使用 malloc 和 realloc 申请的内存不会被系统自动释放,即使程序不再使用这些内存,它们也不会被其他程序所用。因此,C 语言提供了 free 函数来手动释放内存。例如,free(ptr); 释放了 ptr 指向的内存。为了防止产生野指针,建议在释放后将指针设为 NULL:

```
free(ptr);
ptr = NULL;
```

这样,可以确保程序的稳定性和对内存的有效管理。

例 10.5 写一个程序,功能是在某单位登记来人姓名、进入时间和电话号码等信息,并可以输出所有来人信息。

分析:可以定义一个结构体类型,把来人需登记的信息作为成员变量。因为来人的个数事先不能确定,不好直接定义一个一维数组来存放,所以就先用 malloc 函数申请能存放 n(例如 10)个人信息的内存空间,当空间不够时,再用 realloc 函数在原有基础上增加能存 m 个人(如 5 个)信息的空间。处理完成后,释放 malloc 函数或 realloc 函数申请的空间。

```
#include <string.h>
#include <stdio.h>
#include<stdlib.h>
typedef struct personInfo
{
    char name[20];
    char tel[13];
    char time[20];
} Person;
int main(void)
{
    int i;
    //下面两个变量前者表示已来的人数,后者表示现有空间可存放数
    unsigned personNum = 0, numtosaved =10;
    Person *ptr = 0;
    //先申请能存放 numtosaved 个数据的内存空间
    ptr = (Person *)malloc(sizeof(Person) * numtosaved);
    if(NULL==ptr) return0;
    while (1)                      //此循环处理来人登记,直到输入把姓名输入成"-1"为止
    {
```

```
        printf(" 来人姓名:");
        gets(ptr[personNum].name);
        if(0==strcmp(ptr[personNum].name,"-1"))    // 如果姓名为 -1,结束登记
        break;
        printf(" 来人电话:");
        gets(ptr[personNum].tel);
        printf(" 来人时间:");
        gets(ptr[personNum].time);
        personNum++;                          // 已来人数加 1
        if (numtosaved == personNum)          // 判断内存空间大小,不够就再申请
        {                                     // 不够时增加 10 个数据空间
            ptr = (Person *)realloc(ptr,sizeof(Person) * (numtosaved + 10));
            numtosaved += 10;                 // 可存人数加 10
        }
    }
    for(i=0;i<personNum;i++)                   // 输出信息,考虑为什么可用数组 ptr[i]
        printf("%-15s%-16s%-18s\n",ptr[i].name,ptr[i].tel,ptr[i].time);
    if(ptr!=NULL)
    {
        free(ptr);                            // 释放空间,注意加上下一条语句
        ptr=NULL;
    }
    return 0;
}
```

一种执行结果为:

```
来人姓名: wnag hai ⏎
来人电话: 15105612234 ⏎
来人时间: 03-21-8-45 ⏎
来人姓名: li qing ⏎
来人电话: 18975642341 ⏎
来人时间: 03-21-8-55 ⏎
来人姓名: cheng min ⏎
来人电话: 15946213578 ⏎
来人时间: 03-21-9-5 ⏎
来人姓名: -1 ⏎
wnag hai     15105612234    03-21-8-45
li qing      18975642341    03-21-8-55
cheng min    15946213578    03-21-9-5
```

10.6.2 动态分配内存的特点

使用 malloc 函数来申请空间和直接定义一个变量并将其地址赋给指针,这两种方法适用于不同的情况和需求。它们之间的差异主要表现在以下 4 个方面。

1. 生命周期管理

直接定义的变量,其生命周期是由其定义的作用域决定的。一旦离开了这个作用域,比如退出了一个函数,这个变量的空间将被释放,指针指向的将是一个无效地址。

使用 malloc 函数分配的内存位于堆(heap)上,其生命周期由程序员控制,即使离开了变量的定义作用域,该内存仍然有效,除非程序员用 free 函数将其释放。

例 10.6 定义一个函数,用 malloc 函数申请内存空间,用于存放 20 个成绩数据,然后在 main 函数调用并输出这些成绩。

```c
#include <stdio.h>
#include <stdlib.h>
// 函数用于分配内存并初始化数组
int* createArray() {
    int i;
    int* arr = (int*)malloc(20 * sizeof(int));      // 分配内存
    if (arr == NULL) {
        printf("Memory allocation failed.\n");
        return NULL;                                // 如果分配失败,则返回 NULL
    }
    for (i = 0; i < 20; i++)                         // 输入值
    {
        scanf("%d",arr+i);
    }
    return arr;                                      // 返回指向数组的指针
}
int main()
{
    int i;
    int* myArray = createArray();                   // 创建一个大小为 5 的一维数组
    if (myArray != NULL)                            // 输出数组元素
    {
        for (i = 0; i < 20; i++)
            printf("%d ", myArray[i]);
        free(myArray);                              // 释放内存
    }
    return 0;
}
```

在这个实例中,如果在 createArray 函数中内存是直接用一维数组定义的,那么一旦在 main 函数中调用完 createArray 函数,则数组内存空间就释放了,导致 main 函数中输出数据时就会出现问题。

2. 空间大小的灵活性

使用 malloc 函数可以在运行时决定分配多大的空间,这对于动态数据结构是非常必要的。直接定义的变量在编译时就确定了大小,不够灵活。

3. 存储位置

直接定义的变量通常存储在栈(stack)上,这是一个有限的空间。大量的局部变量或大型结构可能会导致栈溢出。malloc 函数分配的内存在堆上,这是一个相对更大的内存区域,适合较大的数据结构或大量的数据存储。

4. 控制权

使用 malloc 函数意味着程序员有责任管理内存,包括正确地分配和释放内存,这提供了更大的控制权,但也增加了出错的可能性(如内存泄漏)。直接定义的变量由编译器管理生命周期,减少了程序员的责任,但也减少了灵活性。

10.6.3 结构体内存对齐

一个结构体类型数据所占内存并不一定是各成员变量所占内存的和,它与不同的编译器有关,为弄清这个机制,先看一下结构体内存的处理方式。例如,定义一个结构体类型:

```
struct Person
{
    int id;
    char sex;
    short age;
};
```

在 64 位 gcc 编译器中,int 型占 4 个字节,char 型占 1 个字节,short 型占 2 个字节,加起来是 7 个字节,但如果用 sizeof(struct Person) 求整个结构体类型的大小,返回的字节数是 8。如果定义时,把结构体成员变量 id 和 sex 调换一下顺序,这个字节数又变成了 12。

产生这种现象的原因是编译器为了提升内存访问的性能,会对结构体数据进行分组访问。例如,在用 32 位存放一个 int 型数据的硬件平台上,通常将每 4 个字节分成一组进行访问,这样可以提升内存访问效率。例如上面的例子,结构体中有 3 个成员变量,如果不分组,正常情况下要向内存逐字节地读取数据,这样效率会比较低,但是分组访问就不一样了,假设约定 4 个字节为一组,那么 int id 正好是 4 个字节,第一组就访问它,剩下的 char sex 和 short age 加起来总共 3 个字节,正好可以凑成第二组,这样一来,3 个变量只需要分两次访问就可以了,这样的访问策略减少了对内存的访问次数,提升了程序执行性能,这也就是整个结构变量的内存变成 8 个字节的原因。

例如,struct Person person = {.id = 20,.sex = 'T',.age = 27};,则变量 person 的内存如图 10-2 所示,最左边是其他数据,后面每格表示 1 个字节,84 为 'T' 的 ASCII 码值)。

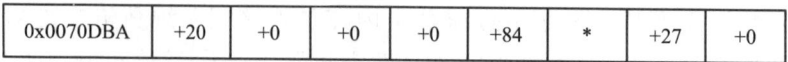

图 10-2　变量 person 的内存示意图

这里内存的值用十进制表示,其中 * 表示此字节没有用到。

但如果把 id 和 sex 换一下,也按照 4 个字节一次提取,因为后面的 id 占 4 个字节,不能拆开访问,所以不放在 sex 剩下的字节中,只有把 sex 这一个字节的数据分配 4 个字节,后面的 id 也分配 4 个字节,这导致编译器把三个成员变量都分配 4 个字节去存放。

也用 struct Person person = {.sex = 'T',.id = 20,.age = 27}; 来定义变量,则变量 person 就变成了如图 10-3 所示的存储方式。

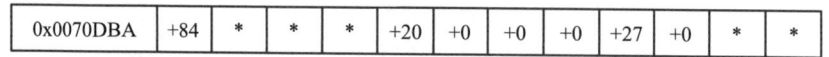

图 10-3　调用成员变量顺序后,变量 person 的内存示意图

显然,第一个 4 字节中有三个字节没有用到,最后 4 个字节有两个没有用到。

这就是 C 语言中的结构体内存对齐。它提示我们在声明结构体成员变量时,不要随意写成员变量的顺序,要有意识地去安排变量的顺序以适应内存对齐,这样可以减少结构体类型数据占用的内存大小。特别是定义的结构体类型用于定义长度很大的数组时,更应该注意成员变量的顺序。

不同的编译器,其结构体内存对齐的规则也不尽相同,并不是全部按照 4 字节对齐。Windows 下的 VC++ 所用的编译器,主要按照 4 字节或 8 字节对齐,而 Linux 下的 GCC 则使用 2 字节或 4 字节对齐,这个对齐参数被称为对齐模数。也可以通过预编译指令进行设置以更改这个对齐模数,格式如下:

```
# pragma pack(n)
定义的结构体类型
# pragma pack()
```

写成 # pragma pack(n) 表示在系统默认对齐大小、n 中,取较小的一个作为当前对齐的大小。

如果不想优化性能,在某些特殊场景下,不希望某个结构体做内存对齐,则可以用 # pragma pack(1) 和 # pragma pack() 加以处理,格式如下:

```
# pragma pack(1)
定义的结构体类型
# pragma pack()
```

例如:

```
# pragma pack(1)
struct person
{
    int id;
```

```
    char sex;
    short age;
};
# pragma pack()
```

此时 sizeof(struct person); 返回的结果就是 7。

10.7 用指针处理链表

数组是一种数据结构,其中元素在内存中顺序存储。由于这种顺序存储方式,我们可以通过知道任一元素的地址来计算出其他元素的地址,从而访问整个数组。然而,这种结构在处理元素的删除、增加或插入时存在效率问题。例如,要从数组中删除一个元素,需要将该元素之后的所有元素向前移动一个位置,这就增加了计算量。

与数组相比,单链表提供了更灵活的数据处理方式。单链表是一种动态数据结构,不需要预先确定大小,可以根据需要随时增加或减少结点,这种灵活性使得在进行插入和删除操作时,链表比数组更高效。在单链表中,数据是通过结点来存储的。每个结点由两部分组成:

数据域:存放元素数据。

地址域:存放指向下一个节点的指针。

当链表的某个结点没有后续节点时,其地址域的值通常为 NULL。这种结构使得在链表中插入和删除元素变得更为高效,因为它不需要移动除了相关结点之外的其他元素。由于这种灵活性,单链表在处理动态数据集时比数组更有优势。一个简单的单链表实例如图 10-4 所示。

图 10-4 中有 4 个结点。结点最上面的数据是该结点在内存中的地址(地址值是假设的),每一个结点包含两个部分。

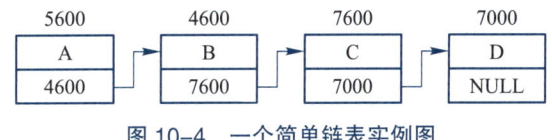

图 10-4　一个简单链表实例图

(1) 数据域,如这里的 A、B、C、D 就是数据域部分。

(2) 地址域,存放该结点的下一个结点地址。

因为结点地址值只有代码执行时才可确定,所以一般画链表图时,不写地址值,而是用箭头表示此结点的下一个结点,此处用假设地址值把两者都标明了,以便理解。

大家注意到此单链表在内存中存放的顺序是不连续的,例如第二个结点的存放地址比第一个结点的还小,这与数组不同。

指向单链表第一个结点的指针,称头指针,通常用一个指针变量存放。如果知道头指针值,就可以获取第一个结点,应用它的地址域值就可得到此结点的后一个结点,依次类推,就可以顺序访问所有结点。

这样的存储方式,使得向链表中插入或删除一个结点时,只要调整少数结点的地址成员变量值,而不需要顺序移动数据,具体算法在 10.8 节中阐述。

下面用 C 语言编程创建一个单链表。根据前面的分析,要创建这种链表,首先应定义一个

结构体类型作为其结点数据类型,格式如下:

```
struct tag
{
    Number_list                 // 表示定义的数据域成员变量
    struct tag *next ;          // 这个成员变量用来存放下一个结点的地址
};
```

这个结构体类型与前面讲的有所不同,它的成员变量包含了结构体类型本身,用于定义指向这种结构体类型的指针变量。

例如,定义一个能存入学号和成绩数据的结构体类型如下,其数据域有两个成员变量。

```
struct student
{
    int num;
    float score;
    struct student *next ;    // 这个成员用来存放指向下一个结点的指针值
};
```

例 10.7 定义三个 struct student 型变量,把它们链接成一个单链表。

分析:首先定义三个结构体类型的变量,假设为 stu1、stu2、stu3,再定义一个指向头结点的指针变量 head。首先把其中一个结点(如 stu1)的地址赋给 head,然后把 stu2 的地址赋给 stu1 的地址域成员变量,最后把 stu3 的地址赋给 stu2 的地址域成员变量,因为 stu3 是最后一个结点,因此把它的地址域成员变量赋成 0,表示链表结束。具体代码如下:

```
#include <stdio.h>
typedef struct student
{
    int num;
    float score;
    struct student *next ;
} Student;
int main(void)
{
    Student stu1,stu2,stu3,*head;
    stu1.num=1001;stu1.score=98;
    stu2.num=1002;stu2.score=85;
    stu3.num=1003;stu3.score=90;
    head=&stu1;                 // 把 stu1 的地址赋给 head
    stu1.next=&stu2;            // 把第二个结点的地址赋给第一个结点的 next
    stu2.next=&stu3;            // 把第三个结点的地址赋给第二个结点的 next
```

```
    stu3.next=NULL;              //把第三个结点的 next 赋成 0,链表结束
    return 0;
}
```

main 函数体中的第 1 行声明了 3 个 Student 类型的变量作为结点,1 个指向 Student 类型的指针变量用于存放头指针。假设 stu1、stu2、stu3 的地址分别是 8000,7500,9000,其内存空间示意图如图 10-5 所示。

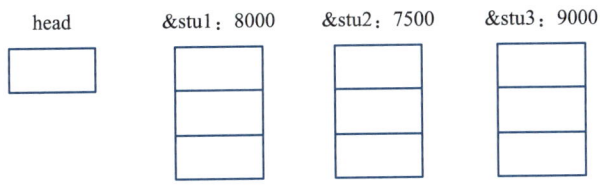

图 10-5　4 个变量的内存空间示意图

main 函数体中的第 2 ~ 4 行赋三个变量的成员值,其内存示意图如图 10-6 所示。

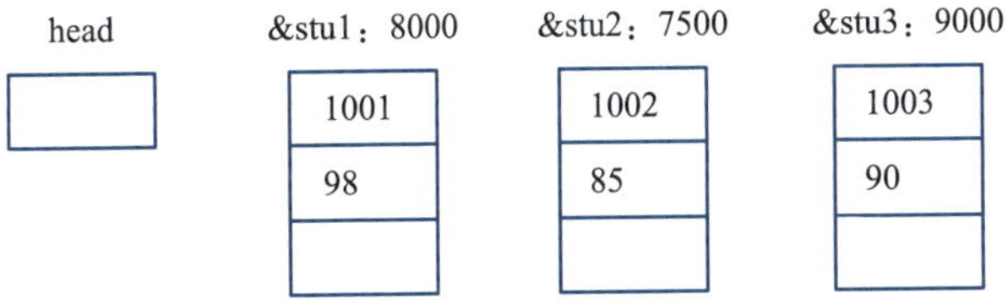

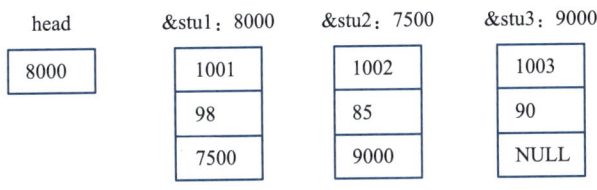

图 10-6　三个结构体变量赋值后的内存示意图

第 5 ~ 8 行是赋地址语句,所以 head 的值被赋为 8000,stu1.next 的值为 7500,stu2.next 的值为 9000。因为第三个结点是链表的最后一个结点,所以 stu3.next 的值赋成 NULL,如图 10-7 所示。

head　　&stu1：8000　　&stu2：7500　　&stu3：9000

8000　　1001　　1002　　1003
　　　　98　　　85　　　90
　　　　7500　　9000　　NULL

图 10-7　执行 5 ~ 8 语句后,变量值示意图

如果 head 或 next 的值是某个结点的地址值,画图时通常用箭头加以指向,而不写出 next 的值,如图 10-4 所示的箭头。因为编程人员并不清楚具体的地址值,这里只是为说明清楚问题而假设的地址,目的是方便理解。

对于一个单链表,如果获取了链表的头指针 head,就可以遍历所有结点。下面的函数,用于输出上述链表中各结点数据域成员变量的值。

```
void print(Student *head)
{
    Student *p=head;              //初始化 p 为 head 的值,即指向第一个结点
```

```
    while(p!=0)
    {
        printf( "%d,%5.1f\n",p->num,p->score);        // 输出结点成员的值
        p=p->next;                                      // 把 p 指向下一个结点
    }
}
```

10.8   动态链表

微视频 10-8 : 动
态链表

10.8.1   创建动态链表

所谓动态链表是指在程序执行的过程中逐步构建的链表。这种链表的
创建不是一次性完成的,而是通过动态申请结点空间并逐个填充结点数据
来实现的。具体来说,动态链表的建立过程需要循环执行以下几个步骤。

(1) 申请结点空间:在程序执行过程中,根据需要动态地使用如 malloc 函数为每个新的链
表结点申请内存空间。

(2) 输入结点数据:为每个新申请的结点填充数据。这些数据通常存储在结点的数据域中。

(3) 建立链接关系:设置每个结点的地址域,使其指向下一个结点,从而将单独的结点链接
成一个完整的链表。

在链表的最后一个结点,其地址域通常设置为 NULL,表示链表的结束。这种动态构建的
方式使链表非常灵活,能够有效地适应数据集大小的变化,不受预定义数组大小的限制。

例 10.8   定义一个函数,建立保存 n 个学生数据的动态链表。定义的结构体类型如下:

```
struct student
{
    long num;
    float score;
    struct student *next;
};
```

分析:因为单链表需要知道它的头指针才可以有效访问链表各结点的数据,所以要定义
一个指向结构体类型的指针 head,用于存放链表头结点的地址,如果定义一个函数用于创建单链
表,则此函数要返回 head,以便其他代码应用此链表。

要创建这样的链表,要不断用 malloc 函数申请内存空间以存放结点的值,这里定义两个
变量 tempnum 和 tempScore,用于预先接收结点 num 和 score 成员变量数据,且约定输入的
tempnum 为 −1(根据情况可约定其他值)时,链表创建结束,不再申请结点空间。创建一个单
链表的基本步骤如下:

```
scanf("%d%f",&tempnum,&tempscore);            //输入数据域数据
while(tempnum!=-1)
{
    //此处申请结点空间、完成成员变量赋值、建立结点间连接
    scanf("%d%f",&tempnum,&tempscore);        //继续输入数据域数据
}
```

在循环体中,用 malloc 函数申请一个结点空间,返回值赋给一个指针变量 p1,并把 tempnum 和 tempScore 的值赋给结点的成员变量 num 和 score,next 赋为 NULL。

当输入的是第一个结点时,把 p1 的值赋给 head,也就是使 head 指向链表的第一个结点,因为此时只有一个结点,不需要进行结点间的链接处理。但为了方便后面前后结点之间的链接,这里再定义一个指针变量 p2,让它指向第一个结点,以后用 p2 一直指向新建结点的前一个结点。如图 10-8 所示,假设 p1 的值为 20000,结点成员变量值分别为输入的 tempnum 和 tempScore 值。

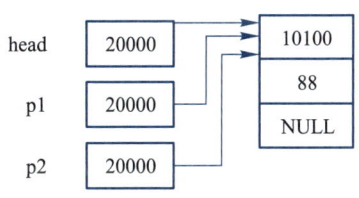

图 10-8　建立第一个结点并输入数据后的内存示意图

当用 malloc 函数申请第二个结点空间时,返回值赋给 p1(假设值为 19100),把数据 tempnum 和 tempScore 赋给结构体成员变量 num 和 score,并且把 next 赋成 NULL。与第一个结点不同的是,此时不需要把 p1 赋给 head。

现在有了两个结点,就需要进行链接。因为 p2 指向这个新建结点的前一个结点,所以只需要执行 p2->next=p1; 就可以把两者链接起来,如图 10-9 所示。

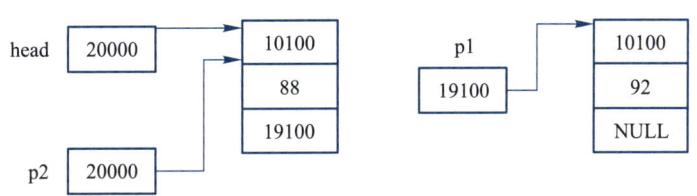

图 10-9　建立第二个结点并与第一个结点链接

此时,为了方便后面新申请结点的链接,把 p2 赋成 p1。用图 10-9 中的数据,就是把 p2 的值由 20000 改成 19100。然后再用 scanf 函数接收下一个要建立的结点成员值,开始新一轮的循环。定义动态创建一个单链表的函数代码如下:

```
struct student *create()              //返回一个结构体类型的指针,以返回 head
{
    struct student *head=0,*p1,*p2;   //这里 head 的初始值要赋 0
    int n=1,tempnum;
    float tempscore;
    scanf("%d%f",&tempnum,&tempscore);
    while(tempnum!=-1)
```

```
    {
        if(1==n)                          // 区分第一个结点和后续结点
        {
            head=p1=p2=(struct student *)malloc(sizeof(struct student));
            if(NULL==p1)return 0;
            p1->num=tempnum;              // 把输入的数据赋给相关成员变量
            p1->score=tempscore;          // 把输入的数据赋给相关成员变量
            p1->next=NULL;
            n++;                          // n 加 1 以后,下一个结点就执行下面 else 中的语句
        }
        else                             // 不是第一个结点
        {                                // 申请新结点空间,并赋给成员变量值
            p1=( struct student *)malloc(sizeof(struct student));
            if(NULL==p1) return 0;
            p1->num=tempnum;
            p1->score=tempscore;
            p1->next=NULL;
            p2->next=p1;                  // 把新结点和上一个结点链接起来
            p2=p1;                        // 把 p2 指向新建结点,为下次链接做准备
        }
        scanf("%d%f",&tempnum,&tempscore);   // 再接收输入数据
    }
    return head;                          // 返回所建单链表的头指针
}
```

上述代码实现了一个单链表的创建,下面定义一个输出单链表数据域值的函数,代码如下:

```
void print(struct student *head)
{
    struct student *p=head;
    while(p!=NULL)
    {
        printf( "%d,%5.1f\n",p->num,p->score);
        p=p->next;                        // p 指向下一个结点
    }
}
```

现在可以在主函数直接调用 create 函数创建一个单链表,然后调用 print 函数输出链表中各结点数据域的值。代码如下:

```
#include <stdio.h>
```

```
#include<stdlib.h>
struct student
{
    long num;
    float score;
    struct student *next;
};
int main(void)
{
    struct student *head,*p,*p1;
    p=head=create();        // 创建链表,得到链表的头指针
    print(head);            // 输出链表中除 next 以外的成员值
    while(p!=NULL)          // 释放链表所有结点的内存空间
    {
        p1=p;
        p=p->next;          // p 指向下一个结点。
        free(p1);           // 释放 p1 指向的空间
        p1=NULL;
    }
    return 0;
}
```

10.8.2 在链表中插入结点

向链表插入结点是指将一个结点插入到一个链表的某个指定的位置中。为了能做到正确插入,必须解决以下两个问题。

(1) 找到插入的位置。

(2) 实现插入,就是把新结点链接到链表中。

下面用一个实例说明如何实现结点插入的基本思路:如果一个链表的结点是按成员 num 变量的值从小到大排序,现在有一个地址为 p0 的结点要插入到这个链表中,实现时可分 3 种情况。

(1) 如果链表是空的,即 head 的值为 0,则插入这个结点只要把 p0 的地址赋给 head,就完成了插入。

(2) 如果从头结点开始向后循环,当 p0->num 的值第一次小于等于链表中某结点的值,则 p0 要插入到这个结点的前面。如图 10-10 所示,如果 p0->num 的值是 90,则要插入到 93 那个结点的前面。

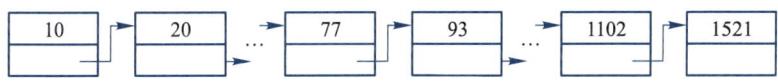

图 10-10 一个成员值排序好的链表实例

（3）如果 p0->num 的值比链表中所有的值都大，则接到尾部。

第（1）种情况的实现很简单，后面两种情况如何实现呢？通常是用一个循环从头结点开始一个一个往后查找，当找到第一个比 p0->num 大的结点或者达到了链表结尾为止，这就是第（2）和第（3）种情况。确定插入位置的代码如下：

```
p1=head;
p0=&stud;                        // stud 是要插入的结点变量
while((p0->num > p1->num) && (p1->next!=NULL))
{
    p2=p1;                       // 结合下一条语句,p2 始终指向 p1 的前一个结点
    p1=p1->next;
}
```

当循环不是以 p1->next 值为 NULL 结束时，说明链表结点中至少有一个结点的 num 值大于等于 p0->num。这就是第（2）种情况，这里又有两种形式需要用不同的代码分别处理。

① 如果 p1 与 head 相等，则表明，p0->num 不大于第一个结点的 num，p0 应该作为链表的头结点，原来的头结点放在 p0 的后面，实现这种情况的插入，只需要执行语句：head=p0; p0->next=p1;

② 如果 p0->num 的值在两个结点的 num 值之间，只需要执行如下语句即可实现插入：

```
p2->next=p0;  p0->next=p1;
```

如果是第（3）种情况，则循环是仅以 p1->next 值为 NULL 结束，说明 p0->num 比链表中所有结点的 num 值都大，则只要用下面两条语句把 p0 链接到链表的最后。

```
p1->next=p0;  p0->next=0;
```

综上分析，把一个结点插入到一个按某个成员值排序好的链表相应位置需要考虑不同的情况，针对不同情况进行处理。插入的函数代码如下。

```
struct student *insert(struct student *head, struct student *p0)
{
    struct student *p1=0,*p2=0;
    p1=head;
    if(head==NULL)                  // 第 (1) 种情况,链表为空
    {
        head=p0;
        p0->next=NULL;
    }
    else                            // 第 (2)、(3) 种情况
    {
        // 先找 p0 应插入的位置
```

```
    while((p0->num>p1->num) && (p1->next!=NULL))
    {
        p2=p1;                  //p2 指向下一个 p1 的前一个结点
        p1=p1->next;
    }
    if(p0->num<=p1->num)    //处理第 (2) 种情况。
    {
        if(head==p1)        //第①种形式,p0 作为链表头
            head=p0;
        else                //第②种形式,p0 在两个结点中间
            p2->next=p0;
        p0->next=p1;        //p1 放到 p0 的后面
    }
    else                    //处理第 (3) 种情况,p0 插入到链表的尾部
    {
        p1->next=p0;
        p0->next=NULL;      //next 赋成 NULL,表示链表的结尾
    }
}
return(head);
}
```

上述代码中,因为插入过程中链表的头可能会改变,因此插入完成后需要返回链表的头指针。

对于插入结点,还有一种经常遇到的情况,就是给定一个要插入结点和一个没有排序的链表,要求把结点插入到链表指定的位置(例如,插入到第 3 个结点的前面),这个问题请大家可以自己去编程实现。

10.8.3 在链表中删除一个结点

在一个单链表中,通常会有删除一个结点的操作,通常的思路是,找到要删除的结点,把它删除,然后把删除结点的前后两个结点链接起来,但由于链表的各种情况,需要在编写程序代码考虑周到。下面以删除成员值 num 为指定值的结点为例,说明删除结点的步骤。

微视频 10-9 :动态链表的操作

如果 head 为 NULL,链表为空,则直接输出错误提示并返回。

如果 head!=NULL,即链表不为空。先找到要删除的结点,找到后删除,并链接它的前面结点。思路是定义一个指向结构体类型的指针变量 p1 指向第一个结点,即 p1=head,然后用一个循环让 p1 顺序指向每一个结点,直到 p1 指向应该删除的结点为止,即它的成员值 num 与指定值相等。为方便删除结点后链表的重新链接,在搜索过程中终始用一个指针 p2 指向 p1 指向结点的前一个结点。代码如下:

```
p1=head;
while(num!=p1->num && p1->next!=0)              // 查找要删除的结点位置
{
    p2=p1;
    p1=p1->next;
}
```

如图 10-11 所示,假设执行循环后,p1 指向了要删除的结点,p2 指向它的前一个结点。

那么,只要用语句 p2->next=p1->next; 即可把中间结点移出链表,这也适合于 p1 指向最后一个结点的情况,因为此时 p1->next 是 NULL,所以执行上述语句 p2->next=p1->next; 后,p2 的 next 值也是 NULL,p2 就成了链表的最后结点。

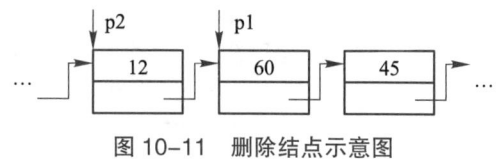

图 10-11　删除结点示意图

当用循环查找到要删除的结点后,图 10-11 所示的情况只是一般性的情况,还有两种可能出现的情况需要分别用不同的代码处理。

(1) p1 指向第一个结点,则表明要删除的是第一个结点,此时链表的 head 要指向链表的第二个结点,这可以用语句 head=p1->next; 解决。

(2) p1 指向链表的最后一个结点但 p1->num 不等于 num,此种情况说明没有要删除的结点,这要直接返回 head 或输出提示。

综上所述,删除指定成员值结点的函数代码如下:

```
struct student *del(struct student *head, int num)
{
    struct student *p1=NULL,*p2=NULL;
    if (head==NULL)                            // 链表本来为空
    {
        printf("\nList Null!\n");
        return head;
    }
    // 以下解决链表不为空的情况
    p1=head;
    while(num!=p1->num && p1->next!=NULL)  // 查找要删除的结点位置
    {
        p2=p1;
        p1=p1->next;
    }
    if(num==p1->num)                            // 如果找到要删除的结点
    {
        if(p1==head)                            // 要删除的是第一个结点
            head=p1->next;
```

```
        else                            // 要删除的是第一个结点以外的其他某个结点
            p2->next=p1->next;
        printf("\n\ndelete:%ld\n",num);
        free(p1);                       // 释放移出链表的结点空间
        p1=NULL;                        // 防止出现野指针
    }
    else                                // 没找到要删除的结点
        printf("\n not been found!\n"); // 没找到要删除的结点
    return(head);
}
```

　　一个链表存放数据,从逻辑上看是顺序存放的,但它在内存中又不是顺序存放的。在链表中插入和删除结点时,并不需要改动其他结点的存放位置,只要改动结点的指针成员变量值,就可以保证数据在逻辑上的顺序,这一点与数组不一样,所以一般在频繁插入或删除的顺序结构数据中,通常应用链表来存放数据。以后大家可以学习到更加复杂的链表结构,以适应各种实际应用。

10.9　枚举类型

微视频 10-10:
枚举类型

10.9.1　枚举类型的创建

　　在实际应用中,有些变量的取值范围常常很小,例如月份、星期等,可以很容易地列举出它所有可能的取值。C 语言中的枚举类型就是针对这类变量及其取值设定的一种数据类型。它被划入整数类型的一种,它的应用可以让代码易于阅读,变量的赋值易于管理。枚举类型定义的一般形式为:

```
enum 枚举名 { 枚举值表 };
```

注意定义时最后的 ; 不能少。例如定义一个名称为 enum Day 的枚举类型:

```
enum DAY { MON, TUE, WED, THU, FRI, SAT, SUN};
```

　　{} 里面给出了枚举类型成员,每一个成员代表一个整数值。默认情况下,第一个枚举成员值为整数 0,后面的枚举成员值顺序加 1。例如这里 MON 的值为 0,TUE 的值为 1 等等。枚举成员值一旦定义后,就被视为一个常量,不能被赋值,上述枚举类型就相当于用:

```
#define MON 0
#define TUE 1
...
```

定义一样,在程序的后续代码中 MON、TUE 等值是不能修改的。在创建枚举类型时也可以指

定枚举成员元素的值,例如定义枚举类型:

```
enum color {red, green=2, blue, black};
```

这里只把 green 指定为整数 2,没有指定值的其他枚举成员,其值为前一个枚举成员的值加 1,第一个成员如果没有指定值,默认为 0,所以这里 red 的值为 0,后面 blue 和 black 的值分别为 3、4。

10.9.2　枚举类型变量的定义

创建了一个枚举类型,就相当于又拥有了一种新的数据类型,可以用这种类型来定义变量,与一般变量不同的是,枚举类型变量只能取枚举类型成员中的一个值,超出这个范围,就判定为错误。可通过以下三种方式来定义枚举类型变量。

(1) 先定义枚举类型,再定义枚举类型变量。

```
enum color {red, green=2, blue, black};
enum color c;                    //定义了一个枚举类型变量 c
```

(2) 定义枚举类型时接着定义枚举类型变量。

```
enum color {red, green=2, blue, black}c;
```

(3) 匿名枚举类型,直接定义枚举类型变量。

```
enum {red, green=2, blue, black}c;
```

例 10.9　定义一个枚举类型和这种数据类型的两个变量,并赋值后输出。

```
#include <stdio.h>
enum color {red, green=2, blue, black};
int main(void)
{
    enum color c,d;          //定义了两个枚举类型变量
    c= blue;                 //这里不能赋枚举成员以外的值
    d=red
    printf("%d,%d\n",c,d);
    return 0;
}
```

输出结果为 3,0↙。

如果枚举类型中给定的成员值是连续的,就可以遍历枚举成员的值,但只能输出整数,不能输出成员的名称字符串,想一下 #define 的使用就非常容易理解了。

例 10.10　定义一个枚举类型,并输出它的成员值。

```
#include <stdio.h>
```

```
enum day{Saturday=1,sunday,monday,tuesday,wednesday,thursday,friday};
int main(void)
{
enum day d;
    for (d = saturday; d <= friday; d++)
    {
        printf(" 成员值:%d \n", d);     // 这里用格式控制符 %d 输出枚举类型变量
    }
    return 0;
}
```

输出结果为：

成员值：1
成员值：2
成员值：3
成员值：4
成员值：5
成员值：6
成员值：7 ✓

例 10.11 输入一个整数，用 switch 语句输出对应的颜色。

```
#include <stdio.h>
int main(void)
{
    enum color
    {
        red = 1,
        green,
        blue
    };
    enum color mycolor;
    printf(" 请输入颜色：(1. red, 2. green, 3. blue): ");
    scanf("%d", &mycolor);
    switch (mycolor)
    {
    case red:
        printf(" 红色 "); break;
    case green:
        printf(" 绿色 "); break;
```

```
case blue:
    printf(" 蓝色 "); break;
default:
    printf(" 没有正确选择颜色 ");
}
return 0;
}
```

在上述代码的 case 后面直接写 red 就比写数字 1 在代码可读性方面好得多,虽然写 1 和写 red 效果一样。

一个整数值可以用强制类型转换方式赋给一个枚举类型变量。例如,有 enum color{red=1, green, blue}a; int b=2;,则可以用 a=(enum color)b; 语句把 b 强制转换为枚举类型的值并赋给 a。也可以直接把整型数据赋给一个枚举类型变量,例如,a=b;。

本章开始部分讲述了结构体类型定义、结构体类型变量的声明和引用、内存的申请与释放;然后重点阐述了单链表的创建、插入和删除,接着对结构体类型的位域和使用进行了说明;最后部分讲述了枚举类型的基本概念和简单应用。

习　题

1. 定义一个结构体类型,结构体名为 Partment,成员有 ID(unsigned),name(char [20]),并把这种结构体类型赋一个别名,然后用它声明两个变量,并初始化,然后输出各变量的成员值。

2. 定义一个结构体类型,结构体名为 Student,成员变量有 ID(unsigned),name(char [20]),math(float);定义一个函数,用于对这种结构体类型的一维数组各元素成员变量赋值;再定义一个函数,输出这种结构体类型的一维数组各元素成员变量值,并返回各元素成员 math 的平均分,最后在 main 函数中调用输出 math 的平均值。

3. 分析下面的代码,写出执行的结果。

```
#include <stdio.h>
int main(void)
{
    struct student
    {
        char name[10];
        float math;
        float computer;
    } a[2]={{"zhang" ,100,70},{"wang" ,70,80 }},*p=a;
    int i;
    printf("\nname:%s total = %f",p ->name,p -> math+p -> computer);
    printf("\nname:%s total = %f",a[1].name,a[1].math+a[1]. computer);
    p++;
```

```
        printf("\nname:%s total = %f",p ->name,p -> math+p -> computer);
        return 0;
    }
```

4. 如表 10-1 所示,其一行存放一个员工的基本信息,定义一个结构体类型,其成员变量存放一个员工信息,编程输入各员工信息,并输出所有员工的姓名和实发工资(基本工资 + 浮动工资 - 支出)。

表 10-1 员工信息表

姓名	基本工资(元)	浮动工资(元)	支出(元)
Li bing	2 200.00	8 300.00	290.00
Xia tian	3 709.00	11 180.00	1 610.00
Wang jun	3 620.00	9 866	1 270.00

5. 如表 10-2 所示为学生的姓名和各成绩数据,编一个程序,输入学生信息,要求用结构体类型数组存放,最后输出各学生姓名和各自的平均分。

表 10-2 学生成绩表

Name	Math	English	C Programing
Wang dong	98.0	87.0	77.0
Qian min	90.5	91.0	88.0
Sun qi	74.0	77.5	66.5
Li xin	84.5	64.5	55.0

6. 有一个链表,结点为结构体类型(自己定义),其头指针为 head,定义一个函数删除指定链表的第 i 个结点(i 由形参接收)。

7. 有两个单链表 A、B,它们中均有结点,其结点为相同的结构体类型,其头指针分别为 headA、headB,编写一个函数把 B 链表接到 A 链表的后面形成一个链表。

8. 定义一个结构体类型,用于存放第 5 题中一个学生的信息,然后定义一个一维结构体类型的数组,把各学生信息存入数组各单元中,然后按总分排序并输出。

9. 阅读下列程序,写出程序的运行结果,并指出数组 A 各单元中存放的是哪种类型的数据,分析为什么会输出这种结果。

```
#include <stdio.h>
int main(void)
{
    enum em {em1=1,em2=3,em3=2 };
    char *A [] = {"A student", "See you", "My god", "give it up" };
    printf("%s,%s,%s\n" , A [em1]+3 , A [em2], A [em3]+2 );
    return 0;
}
```

第 11 章　位运算与位域

计算机内部的数据，如文字、图片或程序代码，均以二进制形式存储。这些二进制数据，是由 0 和 1 组成的位序列，是计算机处理信息的基础。每种数据类型，无论是整型、浮点型、字符型还是其他类型，最终都被转换为这种基本的二进制形式进行存储和操作。

本章介绍的位运算提供了一种直接在这些二进制位上进行操作的机制，它允许计算机执行高效的数学和逻辑操作，直接在数的二进制表示上工作。在 C 语言中，位运算仅适用于整型数据（包括字符型），这是因为位运算符直接对整数的二进制位进行操作。C 语言提供了 6 种基本的位运算符，用于进行位级别的逻辑和算术操作。这些操作特别适用于对底层数据处理、硬件控制、加密算法等场景。

C 语言中的位运算符可以分为单目运算符和双目运算符两大类。单目位运算符是位取反运算符（～），它仅需要一个操作数。它将操作数的每一位二进制值翻转。

双目位运算符需要两个操作数，包括位与（&）、位或（|）、位异或（^）、位左移（<<）和位右移（>>）运算符。这些运算符按照二进制位进行逻辑或算术运算，而不涉及借位和进位，如表 11-1 所示。

表 11-1　C 语言的位运算符

运算符	含义	运算符	含义
～	按位取反	&	按位与
<<	按位左移	|	按位或
>>	按位右移	^	按位异或

位运算在编程中的应用非常广泛，它可以用于设置状态标志、处理单个位字段、执行快速计算等。例如，通过位运算，可以高效地执行乘除以 2 的操作、检测数的奇偶性、交换变量值、以及访问和修改存储在更大数据结构中的特定位。

除了位运算之外，C 语言还提供了位域的概念，允许在结构体中定义位宽。位域使得数据打包更为紧凑，存储效率更高，非常适用于需要操作和存储大量布尔标志或创建紧凑数据结构的场景。

11.1　位运算的使用

11.1.1　按位取反运算

按位取反"～"是单目位运算符，结合方向自右向左，优先级别为 2，高于算术运算符和其他位运算符,用于对一个二进制数按位取反,规则是:～0＝1,～1＝0。

例 11.1 阅读程序,理解运行结果。

```c
#include<stdio.h>
int main(void)
{
    char a=5,b;
    int x=-5,y;
    b=~a;
    y=~x;
    printf("~a=%d,~x=%d\n",b,y);
    return 0;
}
```

执行结果:

```
~a=-6,~x=4
```

此例中,以一个字节(8 位)存储一个 char 型为例说明计算过程。对于

$a=(5)_{10}=(0000\ 0101)_2$

~a 就是对 $(0000\ 0101)_2$ 按位取反,结果为 $(1111\ 1010)_2$。最高位为 1,说明是负数。在计算机中,负数是以补码的形式存放的,故 $(1111\ 1010)_2$ 就是 -6。

$$(1111\ 1010)_2=(1111\ 1010)_2|_{反码}+1 \qquad //\ |_{反码}表示对二进制数取反码$$
$$=(1000\ 0101)_2+1$$
$$=(1000\ 0110)_2$$
$$=(-6)_{10}$$

同样,$x=(-5)_{10}$,以 32 位系统为例(本章均以此说明),其补码表示为:$(1111\ 1111\ 1111\ 1111\ 1111\ 1111\ 1111\ 1011)_2$,按位取反后为 $(0000\ 0000\ 0000\ 0000\ 0000\ 0000\ 0000\ 0100)_2$,其真值为 4。

11.1.2 按位与运算

按位与运算"&"是双目位运算符,结合方向自左向右,优先级别为 8,低于算术运算符、关系运算符和左移、右移运算符,高于按位或、按位异或和逻辑运算符。

参加运算的两个位,按照二进制位进行"与"运算(均为 1 时方为 1)。其运算表如表 11-2 所示。

表 11-2　按位与运算"&"的运算表

&	0	1
0	0	0
1	0	1

例 11.2 阅读程序,理解运行结果。

```c
#include<stdio.h>
int main()
{
    unsigned int a=27,b=-34;
    printf("a&b=%d & %d=%d\n",a,b,a&b);
    printf("a&b=%x & %x=%x\n",a,b,a&b);
    return 0;
}
```

输出结果:

```
a&b=27 & -34=26
a&b=1b & fffffffde=1a
```

该例中,$a = (27)_{10} = (0000\ 0000\ 0000\ 0000\ 0000\ 0000\ 0001\ 1011)_2 = 0x1b$,
$b = (-34)_{10} = (1111\ 1111\ 1111\ 1111\ 1111\ 1111\ 1101\ 1110)_2 = 0xfffffffde$,则:

a	0000	0000	0000	0000	0000	0000	0001	1011
b	1111	1111	1111	1111	1111	1111	1101	1110
a&b	0000	0000	0000	0000	0000	0000	0001	1010

所以 a&b=26,十六进制为 0x1a。

按位与运算的特点是:与 1 按位与运算,原数不变;与 0 按位与运算,原数变 0。根据这一特点,可完成一些特殊操作。

1. 清零

对于任何整型变量 x,使用 x= ~ x&x 或 x=x&0,可将变量 x 清零(即所有位均置 0)。

2. 屏蔽

要取一个数二进制表示的指定若干位,只需将这个数与"指定欲保留的位设置为 1,其余位设置为 0 的二进制数"按位与即可。例如,将一个 unsigned 整型数 x 的低位字节的值取出来,只需将 x 的值与 255 做"按位与运算"即可。

将一个变量的指定位清 0,其余位保持不变。可把它与指定位设置为 0,其余位设置 1 的数按位与即可。例如:将一个字符 ch 与 0xf0 按位与,可将 c 的低四位清零,而高四位保持不变。

例 11.3 阅读程序,理解运行结果。

```c
#include<stdio.h>
int main(void)
{
    unsigned char c,x;
    printf("enter char c=");
```

```
    scanf("%c",&c);
    printf("c=%c=%#x\n",c,c);        /* 修饰符 # 将在十六进制数前输出 0x */
    x=c&0xf;                         /* 取 c 的低 4 位 */
    c=c&0xf0;                        /* 将 c 的低 4 位清零 */
    printf("c=%#x, x=%#x\n",c,x);
    return 0;
}
```

11.1.3 按位或运算

按位或运算"|"是双目位运算符,结合方向自左向右,优先级别为 10,低于算术运算符、关系运算符和左移、右移、按位与、按位异或运算符,高于逻辑运算符、赋值运算符。

参加运算的两个位,按照二进制位进行"或"运算(均为 0 时方为 0)。其运算表如表 11-3 所示。

表 11-3　按位或运算"|"的运算表

|	0	1
0	0	1
1	1	1

两个二进制位按位或运算时,只要有一个为 1,结果就为 1(均为 0 时方为 0)。

例 11.4 阅读程序,理解运行结果。

```
#include<stdio.h>
int main(void)
{
    unsigned int a=27,b=-34;
    printf("a|b=%d | %d=%d\n",a,b,a|b);
    printf("a|b=%x | %x=%x\n",a,b,a|b);
    return 0;
}
```

输出结果:

```
a|b=27|-34=-33
a|b=1b|ffffffde=ffffffdf
```

请参照例 11.2 自行分析运行结果。

按位或运算的特点是:与 0 按位或运算,原值不变;与 1 按位或运算,不论其原值是 0 还是 1,结果变 1。利用这一特点,可达到某种目的。即:① 使用 x= ～ x|x 或 x= ～ 0,可将变量 x 所有位全置为 1(相当于 x=-1)。② 将一个变量的指定位设置为 1,其余位保持不变。可把它

与指定位设置为 1,其余位设置 0 的数按位或即可。

例如,将一个短整型数 num 与 0xf0 按位或,可将 c 的第 4 ～ 7(低字节在右边)位置为 1。

num	xxxx	xxxx	xxxx	xxxx
0xf0	0000	0000	1111	0000
num|0xf0	xxxx	xxxx	1111	xxxx

11.1.4 按位异或运算

按位异或运算 "^" 是双目位运算符,结合方向自左向右,优先级别为 9,低于算术运算符、关系运算符和左移、右移、按位与运算符,高于按位或运算符、逻辑运算符和赋值运算符。

参加运算的两个位,按照二进制位进行"异或"运算。其运算表如表 11-4 所示。

表 11-4 按位异或运算 "^" 的运算表

^	0	1
0	0	1
1	1	0

两个二进制位按位异或运算时,相异时结果为 1,相同时结果就为 0。

例 11.5 阅读程序,理解运行结果。

```c
#include<stdio.h>
int main(void)
{
    unsigned int a=27,b=-34;
    printf("a^b=%d^%d=%d\n",a,b,a^b);
    printf("a^b=%x^%x=%x\n",a,b,a^b);
    return 0;
}
```

输出结果:

```
a^b=27^-34=-59
a^b=1b^ffffffde=ffffffc5
```

请参照例 11.2 自行分析运行结果。

按位异或运算的特点是:与 0 按位异或运算,原值不变;与 1 按位异或运算,不论其原值是 0 还是 1,结果使其翻转。这一特点可有如下应用。

(1) 使用 x=x^x 或 x=~x&x,可将变量 x 清零(即所有位均置为 0)。

(2) 使用 x=~x^x 或 x=~x\|x,可将变量 x 置为 -1(即所有位均置为 1)。

(3) 与 0 相异或,可保留原值;与 1 相异或,可使其翻转。

例如,将一个字符 ch 的高 4 位翻转,其余位不变,可将 ch 与 0xf0 按位异或即可。

如 01101110^11110000=10011110,保留了低四位,高四位进行了翻转,即 0 变成了 1,1 变成了 0。

11.1.5　移位运算

在 C 语言中,移位运算通过使用按位左移(<<)和按位右移(>>)运算符来直接操作整数的二进制位。这些运算符都要求两个操作数:一个是要移位的数 a,另一个是移位的位数 n。移位的方向和结果依赖于所使用的运算符类型及操作数的性质。

1. 按位左移(<<)

表达式 a << n 将整数 a 的二进制表示向左移 n 位。在每次移位过程中,最左边的位会被移出(并且丢失),而在最右边空出的位置上填充 0。数学上,这等同于将 a 乘以 2^n(假设没有溢出)。

2. 按位右移(>>)

表达式 a >> n 将整数 a 的二进制表示向右移 n 位。移出右端的位会被丢弃。对于左端空出的位置,处理方式取决于 a 的类型及编译器的具体实现。

(1) 无符号数或非负整数:右移时左边填充 0(逻辑右移)。

(2) 负整数:处理方式依赖于编译器。

(3) 一些系统在左边填充 0(逻辑右移)。

另一些系统保留符号位,左边填充 1(算术右移),如 VC++ 和 DEV C++ 等这些常见的编译系统。

理解和应用这些移位运算符是高效编程和底层数据处理的重要组成部分。在实际应用中,移位运算不仅可以用于快速的数学运算,如乘法和除法的简化,还可以用于访问和修改数据的特定位。

例 11.6　编写程序,从键盘输入一个整数,输出该数的二进制表示。

分析:因为数据是二进制形式存放的,要想得到每一个位上的数(0 或 1),可以把这个二进制数据用循环不断按位左移,每移一位时,把它与最高位为 1 其余位全部为 0 的数做按位与运算,这样如果该二进制数此时的最高位为 1,则按位与运算的结果为 1,如果为 0,则结果为 0,根据这一结果,就可以输出此二进制数此位上的值。当二进制所有位左移完成后,就得到了整个结果。代码如下:

```c
#include<stdio.h>
int main(void)
{
    int x,mask,n;
    n=8*sizeof(int);                /* 计算 x 的二进制存储位数 */
    mask=1<<n-1;                    /* 设置屏蔽字为最高位为 1,其余位全为 0 */
    printf(" 请输入一个整数:");
    scanf("%d",&x);
    printf("x=%d 的二进制表示为:",x);
```

```
        for(int i=n; i>0; i--)              /* 从最高位开始输出 x 的二进制位 */
        {
            putchar(x&mask?'1':'0');
            x=x<<1;
        }
        printf("\n");
        return 0;
}
```

程序运行结果:

请输入一个整数:127

x=127 的二进制表示为:00000000000000000000000001111111

■ 例 11.7　测试一下移位运算的数值变化规律和使用的编译系统是逻辑右移还是算术右移。

```
#include<stdio.h>
int binout(int x)                          /* 输出 x 的二进制表示的函数 */
{
    int n,mask,i;
    n=8*sizeof(x);                         /* 计算 x 的二进制存储位数 */
    mask=1<<(n-1);                         /* 设置屏蔽字为最高位为 1,其余位全为 0 */
    printf(" 二进制为:");
    for(i=1; i<=n; i++)                    /* 从最高位开始输出 x 的二进制位 */
    {
        putchar(x&mask?'1':'0');
        x<<=1;
        if(i%8==0) putchar(' ');          /* 八位一组,用空格分开 */
    }
    return 0;
}


int main(void)
{
    int a,n,i;
    n=8*sizeof(a);                         /* 计算 x 的二进制存储位数 */
    do
    {
        printf(" 请输入一个整数:");
        scanf("%d",&a);
        for(i=0; i<=n; i++)                /* 输出 a 左移 0 ~ n 位的结果 */
        {
```

```
        printf("%d<<%d 位的结果是 %d ",a,i,a<<i);
        binout(a<<i);
        printf("\n");
    }
    for(i=0; i<=n; i++)              /* 输出 a 右移 0 ~ n 位的结果 */
    {
        printf("%d>>%d 位的结果是 %d ",a,i,a>>i);
        binout(a>>i);
        printf("\n");
    }
}while(a);
return 0;
}
```

这个程序定义了一个输出 x 的二进制表示的函数 binout(x),输入一个整数 a 后,依次输出 a 左移 0 ~ n 位的结果和右移 0 ~ n 位的结果。

若依次输入 1、45、-1、-1 025、-65 535 等整数观察运行结果,我们发现常见的编译系统均是算术右移,且有如下结论。

(1) a<<i 的值相当于 $a*2^i$。也就是说,每左移一次,相当于原操作数乘以 2,但出现 1 移入最高位或 1 移出最高位而发生符号位改变时,正负数会发生反转。

(2) a>>i 的值对于逻辑右移来说,相当于 $a/2^i$,也就是说,每右移一次,相当于原操作数除以 2。对于算术右移来说,a 为偶负数时相当于 $a/2^i$,a 为奇负数时相当于 $a/2^i-1$。

(3) 当 i 的值等于 a 的二进制位数时,不论左移或右移,结果值仍为 a。即当 a 为 32 位整数值,a<<32 和 a>>32 的值仍然为 a。

(4) 对于算术右移来说,-1>>i 永远为 -1。

11.1.6 复合位运算赋值运算符

与算术运算符一样,位运算符和赋值运算符一起可组成复合位运算赋值运算符,如表 11-5 所示。

表 11-5 复合位运算赋值运算符

运算符	表达式	等价的表达式
<<=	a<<=b	a=a<<b
>>=	a>>=b	a=a>>b
&=	a&=b	a=a&b
|=	a|=b	a=a|b
^=	a^=b	a=a^b

复合位运算赋值运算符的优先级别与赋值运算符相同,均为 14。在编写程序时,可根据个人爱好和编程风格,选择使用。

11.2　位域

C 语言允许在一个结构体中以位为单位来指定其成员所占内存长度,这种以位为单位的成员称为"位域"或"位段"。利用位域成员能够用较少的位数存储数据,它必须是无符号整型或整型变量,但可以只占用一个整型数据的某几位。在定义结构体(或共用体)类型时,只需要在成员后面加上": 位数",就可将这个成员定义成为位域。例如:

```
struct packed data
{   int i;                      /*非位域*/
    unsigned  a:3;              /*占 3 位*/
    unsigned  b:5;              /*占 5 位*/
    unsigned  c:4;              /*占 4 位*/
    unsigned  :0;               /*到下一字节起始处*/
    unsigned  d:5;              /*占 5 位*/
    unsigned  :3;               /*匿名位域占 3 位——不可用*/
    unsigned  e:6;              /*占 6 位*/
    unsigned  :0;               /*到下一字节起始处*/
    float f;                    /*非位域*/
}
```

如图 11-1 所示,最上面一行数字为位数,阴影部分表示该位域不可使用。

16	3	5	4	4	5	3	6	2	32
i	a	b	c		d		e		f
2字节	1字节		1字节		2字节				4字节

图 11-1　结构体位域示意图

关于位域的定义和引用,需要注意以下几点。

(1) 位域成员的类型必须指定为 unsigned、int 类型。

(2) 给位域赋值应注意位域的位数,以及它允许存储的最大值范围,不能超出。

(3) 位域必须在一个存储单元中,不能跨两个存储单元,一个存储单元剩余位数不能容纳下一个位域时,该空间不用,而从下一个单元起存放位域。

(4) 不用的空间可以定义无名位域,或直接跳到下一存储单元开始新位域。

(5) 位域可以在数值表达式中引用,引用格式与结构体(或共用体)的成员引用格式相同,也可以用整型格式输出。

■■■ **例 11.8** 位域的应用举例。

```c
#include<stdio.h>
#define N 5
struct MyData        /* 定义含有 4 个位域的结构体类型 */
{
    unsigned int No;
    char name[16];
    unsigned Maths:7;
    unsigned Chinese:7;
    unsigned English:7;
    unsigned Comphsv:7;
    unsigned total;
};


int main()
{
    struct MyData stu[N]={ {240001,"Li Ming",89,87,86,95},
                           {240003,"Zhao Hao",92,81,88,90},
                           {240005,"Tan Fen",67,77,76,85},
                           {240002,"Sun Xiao",84,81,72,80},
                           {240004,"Tang Yin",87,83,79,84}};
    printf("          ----------- 学生成绩表 -----------\n");
    printf("学号     姓名      数学      语文      英语      综合     总分 \n");
    for(int i=0; i<N; i++)
    {
            printf("%5d  ",stu[i].No);
            stu[i].total=stu[i].Maths+stu[i].Chinese
                        +stu[i].English+stu[i].Comphsv;
            printf("%-11s",stu[i].name);
            printf("%4d  ",stu[i].Maths);
            printf("%4d  ",stu[i].Chinese);
            printf("%4d  ",stu[i].English);
            printf("%4d  ",stu[i].Comphsv);
            printf("%4d\n",stu[i].total);
    }
    return 0;
}
```

运行结果：

```
----------- 学生成绩表 -----------
学号     姓名       数学    语文    英语    综合    总分
240001  Li Ming     89      87      86      95      357
240003  Zhao Hao    92      81      88      90      351
240005  Tan Fen     67      77      76      85      305
240002  Sun Xiao    84      81      72      80      317
240004  Tang Yin    87      83      79      84      333
```

因为成绩为非负数整数，且数值最大值是 100，故可以只用 7 位无符号二进制数表示（最大值为 127，如果成绩最大值是 150，则将位域设置为 8 位即可）。程序中使用了 4 个 7 位的位域表示成绩，减少了结构体类型占用的内存空间。结构体在 int 型占用 4 个字节的系统中，只占用了 28 字节。如果改用普通 int 型成员来表示成绩，这个结构体将占用 40 字节，浪费了大量的存储空间。这里顺便指出，结构体数据所占内存的大小并非所有成员变量所占内存大小之和，这涉及内存对齐的问题。

11.3 应用举例

例 11.9 八皇后（eight queens）问题，是由国际象棋棋手马克斯·贝瑟尔于 1848 年提出的问题。在 8×8 格的国际象棋上摆放 8 个皇后，使其不能互相攻击，即任意两个皇后都不能处于同一行、同一列或同一斜线上，问有多少种摆法。

分析：八皇后问题的计算机解法有多种，这里采用穷举法求解。

用一个字节（8 位）表示 1 行，1 行中只能摆放一个皇后，置皇后位为 1，其余位全为 0。如代表某一行的字节二进制位为 00100000，表示该行第 2 列摆放一个皇后，其余位均空置。按先后顺序二进制皇后序列为：10000000、01000000、00100000、00010000、00001000、00000100、00000010、00000001，对应的十进制数值分别为 128、64、32、16、8、4、2、1，可定义一个含有 8 个元素的 unsigned char 型数组 queen 代表这 8 位皇后，即：

```
unsigned char queen[8]={ 128,64,32,16,8,4,2,1};
```

数组元素下标 i 就是皇后在该行中所在的位置（自左至右从 0 位开始计数）。

再定义一个含有 8 个元素的 unsigned char 型数组 row 表示 8 个行，代表第 i 行的元素 row[i] 在数组 queen 中取值。设数组 row 的 8 个元素取值 queen 中元素的下标依次为 $j_7 j_6 j_5 j_4 j_3 j_2 j_1 j_0$，即，row[i]=queen[$j_i$]，i=0,1,…,7。 $j_7 j_6 j_5 j_4 j_3 j_2 j_1 j_0$ 就构成了一个八进制数，最小的是 01234567，最大的是 76543210，让整数 m 从八进制 01234567 开始依次递增取值到 76543210 做循环，可穷举出所有合理的摆法。设 m 的八进制表示从低到高的第 i 位值为 j_i，令 row[i]=queen[j_i]; i=0,1,…,7，可得到一组八行摆八个皇后的摆法。如图 11-2（a）所示（其中元素 row[0] 在最上面一行），就是对应 m=04752613 的一种合理摆法。

```
00010000                    00000100
01000000                    00000100
00000010                    00000100
00100000                    00000010
00000100                    00010000
00000001                    00100000
00001000                    00100000
10000000                    10000000

(a) m=04752613              (b) m=02236555
```

图 11-2　八进制数 m 对应的摆法

注意摆法有可能两行或多行出现同一个皇后,如 02236555(如图 11-2(b)所示)对应的摆法中,row[0]、row[1]、row[2] 均是第 5 位皇后 queen[5]=4;或者两个皇后在同一个斜线上,如 02236555 对应的摆法中,row[2]=queen[5]=4(二进制为 00000100)与 row[4]=queen[3]=16(二进制为 00010000)就在一个斜线上,因为 row[4]=00010000 右移 2 位就是 row[2]=00000100,而 row[2] 行正是在 row[4] 行上方 2 行。

然后用 judgment() 函数判定这一摆法是否符合要求,符合要求的用 print() 函数输出可行的摆法,不符合要求返回主函数继续循环。

judgment() 函数中用两重循环验证一种摆法是否正确合理。

函数中将实参 row 传递的摆法数组 arr(形参)的元素从上向下依次排出,若第 i、j(i>j) 行的两个皇后在同一列,则表达式 arr[i]==arr[j] 的值为 1。

或者第 i 行的皇后与第 j 行皇后在同一条右下斜线上,即 arr[i](第 i 行)左移 i-j 位就是 arr[j](第 i 行上方 i-j 行就是第 j 行),此时表达式 arr[j]==arr[i]<<(i-j) 的值为 1。

或者第 i 行的皇后与第 j 行皇后在同一条左下斜线上,即 arr[i](第 i 行)右移 i-j 位就是 arr[j](第 i 行上方 i-j 行就是第 j 行),则表达式为 arr[j]==arr[i]>>(i-j) 的值为 1。

当出现上述三种情形的摆法时,ok 设置为 0,并直接返回 ok 值,不再继续循环验证;若双重循环正常结束,ok 值设置为 1,并返回,表示该摆法符合要求。

print() 函数输出时将 arr[i] 与八位皇后依次相与(事实上将 queen[j] 作为了屏蔽字),输出了 arr[i] 的各位数值,值为 1 的位置就是第 i 行皇后的位置,并输出了该种摆法相应的 m 值,以便与正确的摆法相互印证。

```
#include <stdio.h>
int count=0;                                    /* 存储摆法总数 */
unsigned char queen[8]={128,64,32,16,8,4,2,1};  /* 定义八位皇后 */
int judgment(unsigned char arr[],int n);        /* 判定摆法是否合理 */
void print(unsigned char arr[],int n);          /* 输出正确摆法 */
void main(void)
{
    unsigned char row[8]={0};                   /* 用 8 个字节表示 8 行 */
    int m,i,j,p,ok=1;
    for(m=01234567;m<=076543210;m++)            /* 根据 m 的八进制表示选择皇后 */
    {
```

```
        p=1;                            /* 用于取出 m 的各位数的除数 */
        for(i=0;i<8;i++)
        {
            j=m/p%8;                    /* 取 m 自低位至高位的第 i 位 */
            row[i]=queen[j];            /* 第 i 行是第 j 位皇后,在自左向右的第 j 位 */
            p*=8;                       /* 准备下一个除数 */
        }
        ok=judgment(row,8);             /* 判定选定的皇后是否冲突 */
        if(ok)                          /* 如果摆法符合要求 */
        {
            count++;                    /* 摆法 +1 */
            print(row,8);               /* 输出合理的摆法 */
            printf("m=%08o\n",m);       /* 输出相应 m 的八进制值 */
        }
    }
    printf(" 共有 %d 种摆法 \n",count);
}
int judgment(unsigned char arr[],int n)
{
    int i,j,ok=1;
    for(i=1;i<n;i++)
    {
        for(j=0;j<i;j++)
        {
            if(arr[j]==arr[i]||arr[j]==arr[i]>>(i-j)||arr[j]==arr[i]<<(i-j))
            /* 如果不同行的皇后相同,或者在一个斜线上 */
            {
                ok=0;
                return ok;
            }
        }
    }
    return ok;
}
void print(unsigned char arr[],int n)   /* 输出合理的摆法 */
{
    int i,j,flag=1;
    printf("\n 摆法 %d:\n",count);       /* 输出第 count 摆法 */
    for(i=0;i<n;i++)                     /* 依次输出数组 arr 的二进制表示 */
```

```
        {
            for(j=0;j<n;j++)
                printf("%2c",arr[i]&queen[j]?'1':'0');   /* 输出第 i 行的皇后 */
            // printf("  ---%3d\n",arr[i]);
            printf("\n");
        }
    }
```

运行结果：

摆法 91 ：

```
0 0 0 1 0 0 0 0
0 0 0 0 0 0 1 0
0 0 0 0 1 0 0 0
0 1 0 0 0 0 0 0
0 0 0 0 0 1 0 0
1 0 0 0 0 0 0 0
0 0 1 0 0 0 0 0
0 0 0 0 0 0 0 1
m=72051463
```

摆法 92 ：

```
0 0 0 0 1 0 0 0
0 0 0 0 0 0 1 0
0 1 0 0 0 0 0 0
0 0 0 0 0 1 0 0
0 0 1 0 0 0 0 0
1 0 0 0 0 0 0 0
0 0 0 1 0 0 0 0
0 0 0 0 0 0 0 1
m=73025164
```

共有 92 种摆法

从运行结果来看，m 的八进制表示从低位到高位的数值正是从上到下各行的皇后（用 1 表示）位置，也就是该行二进制表示的元素值在数组 queen 中的下标。

习　　题

1. 编写程序，取一个整数 a 从右端开始的 8 ～ 11 位。

2. 编写函数,将一个二进制整数的奇数位翻转(0 变 1,1 变 0)。

3. 编程实现对从键盘输入的任意一个整数,输出其对应的二进制表示。

4. 编写程序,完成对任一整型数据实现高、低位的交换(要求用位运算实现)。

5. 用位运算编程实现对两个键盘输入的 int 型变量 a、b 交换其值,不许使用第三个变量。

6. 编写程序,对从键盘输入的任意一个整数实现左右循环移位,函数原型为 int shift(unsigned value,int n);,其中 value 为要循环移位的整数,n 为移动的位数,n<0 表示左移,n>0 表示右移。

计算机中所谓的"文件"是指记录在外部介质（如硬盘、U 盘等）上的数据集合，通常由一个文件名做标识。到目前为止，我们所编写的 C 程序源代码通常也是保存到计算机硬盘或自己的 U 盘这些外部介质上，并用一个扩展名".c"或".h"加以标识，在需要时可以读取，还可以对读取信息进行修改然后再保存。本章将阐述用 C 语言编写代码对文件进行保存、读取和修改等操作。

操作文件涉及计算机硬件，现代计算机由操作系统管理，用户对文件的操作都是通过与操作系统进行交互，由操作系统去完成，而不是直接对硬件上的数据信息进行处理。

12.1　文件分类

微视频 12-1：文件的定义及分类

12.1.1　文本文件与二进制文件

在 C 语言中，根据文件中数据的组织形式不同，把文件分为文本文件和二进制文件两种。文本文件就是指数据是以字符形式出现，每个字符用它的 ASCII 码值表示。二进制文件是指数据是二进制数字序列，字符用一个字节的二进制表示，数字用它的二进制数表示，二进制文件中存储的数据和其在内存中的数据相同，存储时不需要进行转换。

例如，整数 10 000 在内存中的存储形式以及分别按文本形式和二进制形式的数据内容如图 12-1 所示。10 000 在文本文件存放的字符 '1'、'0'、'0'、'0'、'0' 的 ASCII 值有 5 个字节；而在二进制文件中，存放的是 10 000 的二进制整数表示，如果用 4 个字节存放一个整数，则它占 4 个字节。

文本文件	00110001	00110000	00110000	00110000	00110000
二进制文件	00010000	00100111	00000000	00000000	

图 12-1　10 000 这个数据的文本文件和二进制（小端字节序）文件存放内容

从数据存储的角度来看，所有的文件本质上都是一样的，都是由一个个字节组成的，实质上都是 0 和 1 比特串。不同的文件之所以呈现出不同的形态（有的是文本，有的是图像、视频等），是因为文件的创建者和解释者事先约定好文件格式，然后软件根据这样的格式保存、读取和解释数据。

12.1.2　普通文件和特殊文件

从用户的角度，文件可分为普通文件和特殊文件。普通文件也被称为磁盘文件，它是以磁盘为对象且无其他特殊性能的文件,是存储在磁盘上的一般的数据集合。特殊文件也被称为标准设备文件或标准 I/O 文件,它是以终端为对象的标准设备文件。在 C 语言中,"文件"的概念具有广泛的意义。它把与主机进行数据交换的输入输出设备都看作是一个文件,比如显示器、键盘以及打印机等,这些实际的物理设备均被抽象为文件。

12.1.3　流

计算机中用于输入 / 输出(简称 I/O)的硬件结构通常各不相同,导致读取或写入数据的方法也有所区别。想象一下,如果一段程序代码只能在某台计算机上读取数据,但在另一台不同类型的计算机上却无法使用,这无疑会带来很大的麻烦。因此,C 语言中将输入源和输出目的地抽象为统一输入输出接口,称为"标准 I/O 设备"(也称为标准逻辑设备)。这样程序员在处理输入和输出时,就无须针对具体的计算机硬件,而是直接与标准 I/O 设备进行交互。至于如何访问不同的具体硬件设备,则由操作系统处理。这个过程可以比作快递服务:我们不需要考虑送货路线的远近和难易,只需按照快递公司的要求提供电话、姓名和地址等信息以及要投递的物件,具体的运输工作由快递公司负责。在这个比喻中,快递公司对于顾客而言就相当于 C 语言中的标准 I/O 设备。

在 C 语言中,无论是对普通文件还是特殊文件的读写操作,都被视为逻辑数据流。从文件中读取数据的过程称为输入流,而向文件中写入数据的过程称为输出流。所有对文件的操作都是基于流的操作。

流可以分为文本流和二进制流。文本流指的是数据按文本格式存储和传输,通常以字符为单位。二进制流则表示数据以二进制序列的形式存储和传输。在 C 语言处理文件时,不区分文本文件和二进制文件,都视为流的操作,并且以字节为单位进行处理。

12.2　文件的打开与关闭

微视频 12-2 : 文件的打开与关闭

在 C 程序中操作任何文件,遵循三个步骤:① 打开文件;② 操作文件(读文件、写文件、追加文件等);③ 关闭文件。一旦一个普通文件成功打开,就把它与一个流相关联,在这个流中维持一个被打开文件的文件位置指示符(file position indicator),以指定文件读写的起始位置。在头文件的 stdio.h 中提供了操作文件的函数的说明。

1. 打开文件函数 fopen 的一般格式

```
FILE * fopen(const char * restrict filename, const char * restrict mode)
```

此函数的功能是以指定的 mode 打开一个名为 filename 的文件,如果打开成功,就会把它与一个流进行关联,并返回一个指向特定对象的指针,这个特定对象的作用在于控制流;否则返回 NULL。本书为阐述方便,后面称这种指针为流指针。

关键字 restrict 是一种类型限定符(type qualifiers),它的作用是告诉编译器,对象已经被指针引用,除此指针外,不能通过任何其他的方式修改该对象的内容。需要注意的是,这仅是对编译器的提示,并非对程序行为的强制限制。

FILE:FILE 是 stdio.h 中定义好的一种结构体类型,这种类型的数据专门用于指定文件的处理。它的定义形式如下。

```
struct _iobuf {
    char *_ptr;
    int _cnt;
    char *_base;
    int _flag;
    int _file;
    int _charbuf;
    int _bufsiz;
    char *_tmpfname;
};
typedef struct _iobuf  FILE;
```

不同编译器在设计它时可能有点不一样,但基本内容是一致的。下面对函数中的两个参数及使用进行说明。

filename 为文件名,是一个字符串常量或变量,可以是绝对路径,也可以是相对路径。绝对路径从盘符开始指定(Windows 系统),如“E:\\C_program\\test.txt”。Linux 系统下从根目录开始,如 /user/test.txt。相对路径,如“test. txt”表示这个文件在当前目录下。

mode 为文件打开模式,是指该文件打开后可进行的操作,常用的有只读、只写、可读可写和追加写入 4 种。如文件打开后只能读取数据,则 mode 处写 "r ",只能往文件中写入数据,则写 "w ",可以读取也可以写入,则写 "rw ",可以追加写入,则写 "a "。文件打开的模式有很多种,如表 12-1 所示。

表 12-1　文件打开模式及说明

模式	含义	说明
r	只读	文件必须存在,否则打开失败
w	只写	若文件存在,清除文件原有数据后写入;否则,新建文件后写入
wx	只写	新建文件后写入
a	追加只写	若文件存在,在文件尾部追加写入;若文件不存在,则打开失败
r+	读写	文件必须存在。在只读模式的基础上还可以写入
w +	读写	新建文件,在只写模式的基础上还可以从该文件读取数据
w+x	读写	创建可读写的非共享(exclusive)文本文件
a+	读写	在 "a" 模式的基础上,增加可读功能
rb	二进制读	二进制模式,功能同模式 "r"
wb	二进制写	二进制模式,功能同模式 "w"
ab	二进制追加	打开二进制,在其后以二进制形式进行追加

续表

模式	含义	说明
rb+ r+b	二进制读写	打开二进制文件读写
wb+ w+b	二进制读写	打开二进制文件,清除原有文件内容,或者创建一个新二进制文件进行读写
wbx	二进制写	创建二进制写非共享文件
w+bx wb+x	二进制读写	创建二进制可读写文件
ab+ a+b	二进制读写	打开或者创建一个二进制文件,进行读写,在文件结尾写入

因为后续对文件的操作要应用到 fopen 返回的指针,所以编程时先定义一个指向 FILE 类型的指针变量用以接收 fopen 的返回值。

随着打开模式的不同,文件位置指示符设置的位置也可能不同,比如 "r" 或 "w",会把文件位置指示符设置到文件的开始,如果是 "a",会把文件位置指示符设置到文件的最后。

2. 函数 fclose

函数原型为:int fclose(FILE *stream);

stream 为流指针。fclose 函数的作用是清洗 (flush)stream 指向的流,同时关闭已经打开的文件。如果正常关闭,返回 0,否则返回 EOF。EOF 通常定义在 stdio.h 文件中,其值为 −1(#define EOF(−1))。

■ 例 12.1 分别以只读和追加两种模式打开两个文件,然后关闭。

```
#include <stdio.h>
#include <stdlib.h>
int main(void)
{
    FILE * fp1, * fp2;                      //定义两个指针变量 fp1 和 fp2,指向流
    fp1 = fopen("E:\\OnlyRead.txt", "r");   //以只读模式打开文件 OnlyRead.txt
    if (NULL == fp1)    //判断是否成功打开文件,如果为 NULL 表示失败
    {
        printf("Failed to open OnlyRead.txt!\n");
        exit(0);        //程序终止,exit 函数在头文件 stdlib .h 中
    }
    fp2 = fopen("append.txt", "a");         //以追加写入模式打开文件 append.txt
    if (NULL == fp2)
    {
        printf("Failed to open append.txt !\n");
        exit(0);
```

```
    }
    fclose(fpl);                    // 关闭文件
    fclose(fp2);                    // 关闭文件
    return 0;
}
```

在这个程序执行过程中,如果运行之前 E 盘上没有 OnlyRead.txt 文件,则打开失败,程序结束,因为 "r" 和 "a" 模式要求必须先有文件。注意,文件 append.txt 前没有指定路径,所以要放在当前目录下,如果是调试运行程序,这个当前目录就是程序代码可执行文件(.exe)那个目录,否则打开文件失败,程序结束。

12.3　文件的顺序读写

在 C 语言中,文件的顺序读写指的是按照文件中的顺序来读取或写入数据。在顺序读写的过程中,完成读写操作后,文件位置指示符会自动更新到下一个应当读写的位置。在读操作中,如果文件已经读到末尾,文件位置指示符会被自动设置为文件结束标记。这一操作由系统自行处理,无须在程序中额外编码实现。文件位置指示符的自动更新是顺序读写的一个关键特性。

接下来介绍一些用于顺序读写的函数。

12.3.1　字符输入输出函数

C 语言中提供了两个简单的函数 fgetc 和 fputc,可以分别从文件中读取和写入一个字符,这两个函数的原型在头文件 stdio.h 中。

1. 字符读取函数 fgetc

函数原型为:`int fgetc (FILE * stream);`

此函数的作用是:如果未设置 stream 指向输入流的文件结束标识并且存在下一个字符,则将该字符作为 unsigned char 型字符读取,并转换成 int 型数据(高位补 0)返回,同时把流的关联文件位置指示符顺序设定到下一个位置。读取到文件结尾或失败时,返回 −1(EOF 值)。

值得注意的是当定义一个变量来接收 fgetc 返回的数据时,这个变量要定义成 int 型,如果定义为 char 型,则读取文件中的某些特殊字符就可能会出现意外错误。

2. 字符输出函数 fputc

fputc 的函数原型为:`int fputc (int c, FILE * stream);`

此函数的功能是先把字符转换成 unsigned char 型数据,然后把字符写到与输出流 stream 相关联文件的相应位置,输出成功则返回该字符,失败则返回 EOF,fputc 在写入一个字符后,流会自动把文件位置指示符设定成下一个写入位置。

▐▌▋ 例 12.2 把文件 Mychar.txt 中的内容复制到 Mycopy.txt 中。

分析：用 fopen 打开两个文件，用 fgetc 从 Mychar.txt 文件中顺序取出字符，然后，用 fputc 把读取的每一字符写入到 Mycopy.txt 文件中。具体实现代码如下：

```c
#include <stdio.h>
int main(void)
{
    FILE * fp1, * fp2;
    int ch;                         // 注意 ch 定义成 int
    fp1= fopen("Mychar.txt", "r");  // 以读的方式打开文本文件
    fp2= fopen("Mycopy.txt", "w");  // 以写的方式打开文本文件
    if (fp1== NULL || fp2== NULL)
    {
        printf ("Failed to open the two files !\n");
        exit(0);
    }
    ch = fgetc(fp1);                // 从文件 Mychar.txt 中读取一个字符
    while (ch != EOF)               // 如果没有到文件的结尾，写到 Mycopy.txt 中
    {
        fputc(ch, fp2);             // 读取的字符存放到 Mycopy.txt 中
        ch = fgetc(fp1);            // 再从文件 Mychar.txt 中读取下一个字符
    }
    printf("\ncopy finished!\n");   // 复制完提示
    fclose(fp1);
    fclose(fp2);
    return 0;
}
```

在前面的章节中，我们提到的字符输入输出函数 getchar 和 putchar 实际上是基于 fgetc(stdin) 和 fputc(c, stdout) 函数的宏定义。这里的 fgetc 和 fputc 函数分别用于字符的输入和输出，其中的 stdin 和 stdout 是指向标准 I/O 文件的流指针。这些指针分别与键盘和显示器相关联，它们的数据类型为 FILE*。因此，从键盘输入字符或向显示器输出字符，也可以通过 fgetc 和 fputc 函数实现，这种方式类似于文件操作，但使用的是 stdin 和 stdout 流指针。

fgetc(stdin) 函数用于从键盘读取字符，而 fputc(c, stdout) 函数用于向显示器输出字符 c。重要的一点是，这些函数在使用时不需要通过 fopen 函数事先建立流指针，因为 stdin 和 stdout 已经是预定义的标准文件流指针，可以直接用于文件操作。

通过这种方式，C 语言提供了一种灵活的方法来处理标准输入输出，无须额外的流设置即可实现基本的字符读写功能。

▐▌▋ 例 12.3 从键盘输入一组字符，将它们存入文本文件 save.txt 中，同时在显示器上输出。

分析：第一步，以写方式打开 save.txt，因为这是一个普通文件，所以先建立与此文件关联

的流指针 fp。第二步,应用一个循环,用 fgetc(stdin) 从键盘上读取字符,每读取一个字符,首先
把它赋给一个 int 型变量 ch,然后用 fputc(ch,stdout) 和 fputc(ch,fp) 把 ch 分别输出到显示器和
文件中。代码如下:

```
#include<stdio.h>
#include<stdlib.h>
int main (void)
{
    char filename[10]="save.txt";
    FILE * fp=fopen (filename, "w") ;       //以写模式打开文件
    int ch;
    if(NULL==fp)
    {
        printf ("Failed to open the file !\n");
        exit(0);
    }
    printf ("Please input characters and press enter to finish:\n");
    while ((ch=fgetc (stdin)) != '\n')     //循环从键盘获取字符,遇换行符结束
    {
        fputc(ch, fp);                      //向打开的文件输出字符 ch
        fputc (ch, stdout);                 //向显示器输出字符 ch
    }
    fclose (file);                          //关闭与 save.txt 文件关联的流
    return 0;
}
```

执行后在显示器上的效果:

```
Please input characters and press enter to finish:
abcdefg ↵
abcdefg
```

图 12-2 为 save.txt 文件在 Windows 系统的记事本中显示的内容。

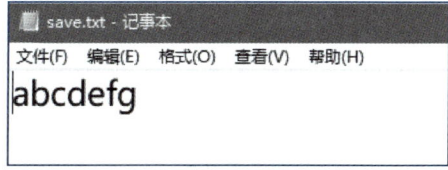

图 12-2　save.txt 文件内容

12.3.2　字符串的输入和输出

C 语言提供了两个函数 fgets 和 fputs,分别用于从文件中输入字符串和向文件输出字符串,这两个函数与 3.3 节中的字符串输入和输出函数 gets 和 puts 很像,它们的原型都在头文件 stdio.h 中。

1. 函数 fgets 的函数原型

```
char *fgets(char * restrict s, int n, FILE * restrict stream);
```

fgets 函数从由 stream 指向的流中读取最多 n-1 个字符到由 s 指向的数组中。在遇到换行符(换行符会被保留)或文件结束符(EOF)后,不会再读取其他字符。在读取到的最后一个字符之后,数组中会立即写入一个空字符(\0)。

流的位置会在读取字符串后自动更新。如果达到文件末尾,函数设置文件结束标志并返回 NULL。

使用 fgets 时需要注意以下几点。

(1) fgets 指定输入缓冲区 s 及其大小 n。即使输入超过缓冲区预设大小,也不会导致溢出,函数会自动截断并存储长度为 n-1 的字符串。

(2) fgets 的 stream 参数可以接收标准输入 stdin 作为实参。

(3) 与 gets 函数不同,fgets 会读取并保留换行符,存储在字符数组的末尾,而 gets 会读取并丢弃换行符。

2. 字符串输出函数 fputs 的函数原型

```
int fputs(const char * restrict s, FILE * restrict stream);
```

此函数的功能是把 s 所指向的字符串,输出到 stream 指向流所关联的文件中。输出成功,返回一个非负数,失败则返回 EOF。

fputs 函数在写入字符串的过程中,流会自动把文件位置指示符设定到新的写入字符串的位置。fputs 中 stream 可以用 stdout 作为实参,以输出到显示器中。

例 12.4　从键盘输入 4 字符串(字符个数小于 9),并把它们追加到文件 append.txt 的最后,每一个字符串占一行,然后统计文件中字符个数(不包括换行符),并输出到显示器上。

分析:因为要对文件进行追加数据,所以用"a+"的模式打开文件。又因为要求字符串从键盘输入,则应用 fgets 从标准输入流指针 stdin 读取字符串,当一个字符串读取到缓冲区后,应用 strlen 函数求它的长度,因为这时的字符串长度包含了最后的换行符,所以输入字符串长度为所求长度减去 1。实现代码如下:

```
#include<stdio.h>
#include<stdlib.h>
#include<string.h>
#define MAX_SIZE 10              //设定字符数组大小为10。
int main ()
{
```

```
    char file_name[30]="append.txt";
    char str[MAX_SIZE];
    int count=0,i;
    FILE * fp;
    if(NULL==( fp =fopen(file_name, "a+")))   // "a+" 追加模式,并可读
    {
        printf ("Failed to open the file !\n");
        exit (0);
    }
    fputc('\n', fp);                    // 假设原文件最后没有换行符,先输入一个换行符
    printf (" 请输入 4 个字符串:\n");
    for(i=0;i<4;i++)
    {
        printf (" 字符串 %d:",i+1);
        fgets (str,MAX_SIZE, stdin) ;           // 从键盘输入字符串,存入 str 数组中
        fputs(str, fp) ;                // 把 str 中字符串输出到 fp 所指流的关联文件中
    }
    /* 因为追加后,文件位置指示符设定为文件结尾,所以要把文件读写位
    置调整到文件开始处以统计字符个数。*/
    rewind (fp);                    // 此函数把文件位置指示符调整到文件的开始位置
    while(fgets(str,MAX_SIZE, fp ) !=NULL)
    {
        count+=strlen(str)-1;       // -1 去掉每行读出的换行符
    }
    printf(" 文件字符个数为:%d\n",count);
    fclose(fp);
}
```

如果原来 append.txt 文件中只有“Fund”这 4 个字符,并且最后没有换行符,运行上述代码实例结果如下:

请输入 4 个字符串:

字符串 1 : string ↵

字符串 2 : China ↵

字符串 3 : is ↵

字符串 4 : people ↵

文件字符个数为:23

程序运行结束后,文本文件 append.txt 中的内容如下:

```
Fund
string
```

```
China

is

people
```

微视频 12-4：文
件的顺序读写(2)

12.3.3 按格式化输入输出

C 函数库中提供了两种文件流格式化输入输出函数 fscanf 和 fprintf，基本上与 scanf 和 printf 函数的用法差不多，流格式化函数多了一个流指针。

1. 文件格式化输入函数 fscanf 的函数原型

```
int fscanf(FILE * restrict stream,const char * restrict format, ...);
```

... 表示存放读取数据的地址列表。

此函数的功能是从 stream 指向流中执行格式化输入，当遇到空格或者换行时结束。输入成功返回输入的数据个数；失败或已读取到文件结尾处，返回 EOF。

2. 文件格式化输出函数 fprintf 的函数原型

```
int fprintf(FILE * restrict stream,const char * restrict format, ...);
```

... 表示写入数据的变量地址列表。

此函数的功能是把输出表列中的数据按照指定的格式输出到指定流关联的文件中。输出成功返回输出的字符个数，失败返回一个负数。

例 12.5 现有文本文件 array.txt 中保存了 3×3 的二维矩阵的数据，矩阵的每一行在文本文件中占一行，数据中间用空格分开，最后一行的最后没有换行符，试读取这 9 个数据到二维数组 a 中，并把这个数组的 a[i][j] 和 a[j][i] 互换后，追加到文本文件中，每一行结束后换行。

分析：为了读取文件并在末尾追加数据，应使用"a+"模式打开文件。这种模式允许读取和追加操作。首先，定义一个 3×3 的二维数组。然后，使用一个循环结合 fscanf 函数从文件中读取三行数据，每行包含三个元素。这些数据应存储到预先定义的二维数组中。

接下来，执行数组元素的交换操作：交换数组的 a[i][j] 和 a[j][i] 元素。由于文件位置指示符在读取三行后不会自动设定为文件末尾，需要再进行一次读取操作以移动文件位置指示符到文件末尾。这一步骤确保后续可以在文件末尾追加数据。或者，可以使用 fseek 函数（如 12.5 节所述）直接将文件位置指示符设置到文件末尾。

最后，使用另一个循环应用 fprintf 函数，将交换后的二维数组数据追加到文件中。具体代码如下：

```
#include<stdio.h>

#include<stdlib.h>

#define N 3

int main ()

{
```

```
    char file_name[10]="array.txt";
    int a[N][N],i,j;
    FILE *fp;
    if(NULL==(fp=fopen(file_name, "a+")))              // "a+"追加模式,并可读
    {
        printf ("open error !\n");
        exit (0);
    }
// 读数据,要多读一次,使文件位置指示符设定为文件的结尾,以便追加
    for(i=0;i<=N;i++)
        fscanf(fp,"%d%d%d",a[i],a[i]+1,a[i]+2);        // 读取文件的一行数据,存
                                                       // 入 a 中第 i 行的三个变量
    for(i=0;i<N;i++)                                   // 转置
        for(j=0;j<=i;j++)
        {
            int temp;
            temp=a[i][j];
            a[i][j]=a[j][i];
            a[j][i]=temp;
        }
    for(i=0;i<N;i++)                                   // 转置后追加到文件中
        fprintf(fp," \n %d %d %d ",a[i][0],a[i][1],a[i][2]);   // 注意到有换
行符 '\n'
    fclose(fp);
}
```

array.txt 文件的原内容如下:

```
34 23 49
83 38 72
21 67 56
```

程序代码执行后的内容如下:

```
34 23 49
83 38 72
21 67 56
34 83 21
23 38 67
49 72 56
```

12.4　二进制方式读写文件

微视频 12-5：二进制方式读写文件

在 C 语言中进行文件操作时，fread 和 fwrite 函数常用来对二进制文件进行读写操作，当然，也可以用于文本文件，但不建议在文本文件中使用它们。本节除了介绍这两个函数的使用外，还要介绍函数 feof，它用于判断二进制文件是否到达结尾，这三个函数的原型均在头文件 stdio.h 中。

1. fread 的函数原型

```
size_t fread(void * restrict ptr,size_t size, size_t nmemb,FILE * restrict
stream);
```

此函数的功能是从 stream 指向的文件中读取 nmemb 个元素（element）数据，每一个元素的大小为 size 个字节，所读取的数据存放到 ptr 指向的内存空间。

返回值为实际读取的数据元素个数。如果返回值比 nmemb 小，则说明已读到文件结尾或有错误产生。如果到达文件结尾，则给文件位置指示符设定结尾标识。需要说明的是如果 nmemb 或者 size 的值为 0，并不改变 ptr 指向空间存放的值，也就是说，读取的字节小于一个元素的字节时，原来存放在 ptr 指向空间的值不改变。

注意到 ptr 是 void 型指针，所以可以传入指向各类型数据的指针值，包括派生类型。

2. fwrite 的函数原型

```
size_t fwrite(const void * restrict ptr,size_t size, size_t nmemb,FILE *
restrict stream);
```

此函数功能是将 ptr 所指向内存中的 nmemb 个元素写入 stream 指向的文件中，其中每个元素的大小为 size 字节。

返回值为实际写入的元素个数，如果该值比 nmemb 小，则说明 ptr 指向的空间已写完或有错误产生。

使用 fread 和 fwrite 对给定流指向的文件进行读写操作时，要用"二进制模式"打开文件，否则可能会出现意想不到的错误。

3. feof 的函数原型

```
int feof(FILE * stream);
```

此函数的功能是检查流指向文件位置指示符是否设定成结束标识，如果已设定，表明文件到达结尾，返回非 0 值；否则，返回 0。调用 feof 前必须至少尝试一次读取操作。

函数 feof 也可以用于文本文件以判断是否到达文件结尾。

例 12.6 把一个 int 型的一维数组以二进制模式写入到文件 array.bin 文件中，并把它读取出来。

分析：首先，定义一个一维数组，给它的每一个元素赋值。本例中一维数组大小定义为 100，其值依次赋为 1 ～ 100，直接调用 fwrite 函数把它一次性写入文件 array.bin 中。定义一个函数实现此功能，代码如下：

```
void write_array(char *filename)
{
    int a[100],num,i;
    for (i = 0; i < 100; i++)              //给数组赋值,可赋其他值,这只是一个实例
        a[i]=i+1;
    FILE *fp =NULL;
    if(NULL==(fp=fopen(filename, "wb")))   //二进制写打开文件,失败退出
    {
        printf("Open file error!\n");
        exit(0);
    }
    //一次性把100个元素写入文件。每个元素大小为sizeof(int)
    num = fwrite(a, sizeof(int), 100, fp);
    printf("return :%d\n", num);           //返回写入成功的个数,失败返回0
    fclose(fp);
}
```

如果在 main 函数中调用它,执行的结果是:return :100 ✓。

当从一个已存在的二进制文件中读取数据时,首先必须分配足够的内存空间来存储这些数据。这样做是为了确保数据能被成功读出并在之后的操作中使用。读文件函数的具体代码如下:

```
void read_array(char *filename)
{
    int num,i;
    int *a;
    void *ptr;
    FILE *fp =NULL;
    //申请存放读取数据的空间,这里只申请了能装10个int型数据的空间
    ptr=malloc(sizeof(int)*10);
    if(NULL==(fp=fopen(filename, "rb")))   //用二进制只读方式打开
    {
        printf("Open file error!\n");
        exit(0);
    }
    while(!feof(fp))
    {
        num= fread(ptr, sizeof(int), 10, fp);   //一次读10个int型数据
        if(0!=num)                              //这里要注意输出的条件,下文解释
        {
```

```
            printf("\n 返回个数 =%d: ", num);//输出读取数据的个数
            a=(int *)ptr;                    //转换指针类型并赋给 a,也可不写 (int *)
            for(i=0;i<num;i++)               //输出读出来的 num 个值
            printf("%4d",a[i]);
        }
    }
    free(ptr);
    ptr=NULL;                                //释放堆空间,防止出现野指针
    fclose(fp);
}
```

最后,在 main 函数中先后调用这两个函数,就可以完成例题要求的任务。

```
#include<stdio.h>
#include<stdlib.h>
int main(void)
{
    write_array("array.bin");
    read_array("array.bin");
    return 0;
}
```

运行输出的结果:

```
返回个数 =10:   1   2   3   4   5   6   7   8   9  10
返回个数 =10:  11  12  13  14  15  16  17  18  19  20
返回个数 =10:  21  22  23  24  25  26  27  28  29  30
返回个数 =10:  31  32  33  34  35  36  37  38  39  40
返回个数 =10:  41  42  43  44  45  46  47  48  49  50
返回个数 =10:  51  52  53  54  55  56  57  58  59  60
返回个数 =10:  61  62  63  64  65  66  67  68  69  70
返回个数 =10:  71  72  73  74  75  76  77  78  79  80
返回个数 =10:  81  82  83  84  85  86  87  88  89  90
返回个数 =10:  91  92  93  94  95  96  97  98  99 100
```

上述代码中,为什么要在 num 不等于 0[if(0!=num)] 的情况下才输出呢? 这是因为当 fread 完整地读出最后的 10 个元素时,文件位置指示符并没有设定成文件结尾标识,即 feof(fp) 值还为 0,还要进行下一次循环。当再执行 fread 时,因为文件后面没有数据,所以其返回值为 0,文件位置指示符被设定成文件结束标识,但此时 fread 函数没有读到数据,也就不改变 ptr 指向空间的值,因此如果没有将 if(0!=num) 且 for(i=0;i<num;i++) 中的 num 改成 10 的话,最后一行会多输出一次。

例 12.7　从键盘输入若干名学生的信息,包括学号、姓名、语文、数学两门课成绩,在计算出每个学生的平均成绩后,把所有学生信息以二进制方式保存到 student.dat 文件中,然后读取出来。

分析:本例采用函数的形式,输入一个学生信息后,立即以二进制模式写入文件 student.dat。此功能由一个用户定义函数来实现,函数名为 save_studentInfo,然后再定义一个函数 read_studentInfo,功能是把 student.dat 中的数据读出来并显示。代码如下:

```c
#include<stdio.h>
#include<stdlib.h>
typedef struct {
    char name[10];
    unsigned id;
    unsigned short chinese ;
    unsigned short math;
    float avg;
}Student;
int save_studentInfo (char filename[])
{
    int n,i;
    Student stu;
    FILE * fp =NULL;
    //用二进制写打开,失败则退出
    if(NULL==( fp =fopen(filename, "wb")))
    {
        printf("Open file error!\n");
        exit(0);
    }
    printf (" 输入学生人数 :");
    scanf("%d",&n);
    getchar();                   //获取最后的回车符,在有些编译器中可以不用
    for(i=0;i<n;i++)             //输入 n 个学生信息,计算平均分,并存入到文件中
    {
        printf ("%dth stu (姓名、学号、语、数 ):",i+1);
        scanf("%s%u%hu%hu",stu.name,&stu.id,&stu.chinese,&stu.math);
        stu.avg= (stu.chinese+stu.math)/2.0f;
        fwrite(&stu, sizeof (Student),1,fp) ;       //将当前输入的学生信息写入文件
    }
    fclose(fp);
    return 0;
}
```

```
int main(void)
{
    char filename[]="student.dat";
    save_studentInfo();
    return 0;
}
```

上述代码运行的一次实例如下：

输入学生人数：3 ↵
1th stu（姓名、学号、语、数）:zhang 10003 78 86↵
2th stu（姓名、学号、语、数）:wang 10004 98 83↵
3th stu（姓名、学号、语、数）:hong 10005 79 92↵

下面的函数代码用来从二进制文件中读取数据：

```
void read_studentInfo (char filename[])
{
    Student stu;
    FILE *fp =NULL;
    //用二进制只读打开,失败则退出
    if(NULL==( fp =fopen(filename, "rb")))
    {
        printf("Open file error!\n");
        exit(0);
    }
    int num=0;
    while(!feof(fp))
    {
        num=fread((void*)(&stu),sizeof (Student),1,fp);
        if(0!=num)
        {
            printf("%-6s %5u %2hu %2hu %4.1f\n",stu.name,stu.id, \
                   stu.chinese, stu.math,stu.avg);
        }
    }
    fclose (fp);
}
```

执行完 save_studentInfo,把输入的学生信息存入 student.dat 文件中,然后在 main 函数中调用 read_studentInfo,执行的结果如下：

```
zhang   10003 78 86 82.0
wang    10004 98 83 90.5
hong    10005 79 92 85.5
```

fread 和 fwrite 在读写完成后,文件位置指示符会顺序设置文件的下一个读、写位置,当然这在遇到错误或文件结束时会做相应的处理。

12.5 文件的随机读写

微视频 12-6：文件的随机读写

前面几节介绍的文件读写操作都是依据文件中数据的存放位置顺序进行的,应用流指针在读或写一个数据后,文件位置指示符会自动设置下一位置,然而这种方式也决定了读写文件中数据时,每次只能从固定位置(如文件头或文件尾)开始,从前依次读写文件中的数据。虽然失去了数据读写的灵活性,但这种顺序读写方式在现实中还是有很多的应用场景,例如文件复制、视频编辑、固定数据的读取和写入等。

然而,实际情况的需求是复杂的,人们经常需要从文件的某个指定位置开始对文件进行选择性的读和写操作,这就要求文件位置指示符能根据需要指定文件的读写位置,然后再进行读写,这样的读写方式称为对文件的随机读写。

下面介绍 C 语言中提供的几个有关设置文件读写位置的函数及其功能,它们是 fseek、ftell、rewind,这三个函数均在头文件 stdio.h 中。

1. fseek 的函数原型

```
int fseek(FILE *stream, long int offset, int whence)
```

此函数的功能是把 stream 指向流的关联文件读写位置从 whence 基准点开始移动 offset 字节。移动成功,返回 0；失败,返回 −1。

下面解释一下 fseek 函数参数。

(1) whence：文件读写位置移动的基准点,有三种常量取值：SEEK_SET、SEEK_CUR 和 SEEK_END。

SEEK_SET：文件开始位置,可以写成 0。

SEEK_CUR：当前读写位置,可以写成 1。

SEEK_END：文件结尾,可以写成 2。

(2) offset：位置偏移量,为 long 型,当 offset 为正整数时,表示从基准 whence 向后移动 offset 个字节；若 offset 为负数,表示从基准 whence 向前移动 abs(offset) 个字节。

例如,若 stream 为流指针,则 seek(stream,20L, SEEK_SET); 把文件读写位置从文件开始向后移动 20 个字节。fseek(stream,20L, SEEK_CUR); 把文件读写位置从当前位置向后移动 20 个字节。fseek(stream,−20L, SEEK_END); 把文件读写位置从结尾处向前移动 20 个字节。

2. ftell 的函数原型

```
long int ftell(FILE *stream);
```

此函数功能是返回 stream 指向流关联文件的当前读写位置。如果发生错误,则返回 –1L。

3. rewind 的函数原型

```
void rewind(FILE *stream);
```

此函数的功能是把 stream 指向流关联文件的读写位置设置在文件开始处,无返回值。

例 12.8 输出文本文件 text.txt 的字节大小。

分析:先用 fseek 函数把流关联文件的读写位置调整到文件的最后,然后应用函数 ftell 获取此时的字节偏移量,就是整个文件的字节大小。代码如下:

```
#include <stdio.h>
int main(void)
{
    FILE *fp;
    if (NULL == (fp = fopen("text.txt", "r")))
    {
        printf("打开文件错误");
        exit(0);
    }
    fseek(fp, 0, SEEK_END);    //把文件读写位置移动到文件的结尾
    printf("大小=%d字节\n", ftell(fp));
    fclose(fp);
    return (0);
}
```

如果 text.txt 文件中存放的内容是:It's a scientific spirit,则运行程序的结果为:大小 =24 字节↙。

例 12.9 在文件 stuscore.bin 中已以二进制方式存放了若干个班级学生(姓名、学号、语文、数学和总分)记录,并按总成绩的高低顺序存放,现输入新的学生记录,存入文件 score.bin 中,使其在文件中仍按高低顺序放置。学生记录是结构体类型:

```
typedef struct student
{
    unsigned short id;
    char name[15];
    unsigned short chinese;
    unsigned short math;
    unsigned short totalscore;
} STU;
```

分析:因为文件中已经存放了按序排好的记录,所以首先要确认待插入的记录存放在文件的什么位置,这可以通过一个循环用 fread 函数从文件开始读取每一个学生的信息,如果读到

的信息中,总分大于待插入学生的总分,继续读取,直到读到第一个总分小于等于待插入学生的总分或到达文件的结尾为止。此时,存在两种情况。

(1) 如果文件中所有记录的总分比待插入记录的都大,即 fread 函数已经读到了文件的结尾处,则此时可以直接把待插入记录用 fwrite 函数写入文件。

(2) 当需要在文件中插入一条新的学生记录,并且这条记录需要放在两条现有记录之间或文件的开始位置时,可以按照以下步骤操作。

① 定位插入位置:首先,通过循环找到第一个总分小于等于待插入学生的总分的记录。然后,使用 fseek(fp, 0 – sizeof(STU), SEEK_CUR) 将文件读写位置前移一条记录长度。使用 ftell 函数获取这个位置,记为 curpos。

② 计算剩余记录大小:接着,使用 fseek(fp, 0, SEEK_END) 将文件读写位置移动到文件末尾。再次使用 ftell 获取文件末尾的位置,记为 endpos。此时 endpos - curpos 就是待插入位置到文件结尾的所有记录的字节数。

③ 读取并暂存现有记录:由于在计算 endpos 时文件读写位置已移到文件末尾,因此需要用 fseek(fp, curpos - endpos, SEEK_END) 将文件读写位置再次移动到 curpos。然后使用 fread 函数将从 curpos 到文件末尾的所有记录读取到一个名为 temp 的暂存空间中。

④ 重新定位到插入位置:执行完 fread 函数后,文件读写位置会到达文件末尾。因此需要再次使用 fseek(fp, curpos - endpos, SEEK_END) 将文件读写位置移回 curpos。

⑤ 插入记录和恢复数据:在 curpos 处使用 fwrite 函数写入待插入的学生记录。随后,将暂存空间 temp 中的记录写回文件。

整个代码如下:

```c
#include <stdio.h>
typedef struct student
{
    unsigned short id;
    char name[15];
    unsigned short chinese;
    unsigned short math;
    unsigned short totalscore;
} STU;
/* 函数 short insert(STU stu,char filename[]) 插入给定的记录,并继续按高到低排序;参数 stu 是待插入的学生记录,filename 是文件名。插入成功函数返回 1,否则返回 −1。*/
short insert(STU stu,char filename[])
{
    STU tempstu;           // 存放一个读出的学生信息
    FILE *fp = NULL;
    // 用二进制打开,失败则退出。
    if (NULL == (fp = fopen(filename, "rb+")))
    {
```

```
            printf("Open file error!\n");
            return -1;
        }
    int num = 0;
    while (!feof(fp))
    {
        num = fread((void *)(&tempstu), sizeof(STU), 1, fp);
        if (0 != num && (tempstu.totalscore>stu.totalscore))
            continue;
        else
        {
            if(0==num) //待插入记录总分比文件中所有记录总分都小
            {
                fwrite((void*)(&stu),sizeof(STU),1,fp);   //直接插入
                break;
            }
            fseek(fp,0-sizeof(STU),SEEK_CUR);              //读写位置前移一条记录
            long curpos=ftell(fp);                         //获取插入位置值
            fseek(fp,0,SEEK_END);                          //移动文件结尾
            long endpos=ftell(fp);                         //获取文件结尾位置值
            void* temp=(void *)malloc(endpos-curpos);      //申请暂存空间
            fseek(fp,curpos-endpos,SEEK_END);              //移回 curpos 处
            fread(temp,endpos-curpos, 1, fp);              //读 curpos 处到结尾记录
            fseek(fp,curpos-endpos,SEEK_END);              //回到 curpos 处
            fwrite((void*)(&stu),sizeof(STU),1,fp);        //写入待插入记录
            fwrite(temp,endpos-curpos,1,fp);               //写入暂存空间的记录
            free(temp); temp=NULL;                         //释放暂存空间且置 0
            break;                                         //插入完成,退出循环
        }
    }
    fclose(fp);
    free(temp);temp=NULL:
    return 1;
}
int main(void)
{
    char filename[] = "stuscore.dat";
    STU stu={1001,"jiang",89,79,168};                     //这里直接给定插入的记录
    insert(stu,filename);
```

```
    return 0;
}
```

如果 stuscore.dat 文件中原有记录顺序读取为:

```
zhang    1008 98 95 193
wang     1003 92 91 183
cheng    1004 89 84 173
hong     1007 81 77 158
```

程序运行后,stuscore.dat 文件中记录为:

```
zhang    1008 98 95 193
wang     1003 92 91 183
cheng    1004 89 84 173
jiang    1001 89 79 168
hong     1007 81 77 158
```

本实例说明,灵活运用 fseek、ftell 这些函数,结合 fread 和 fwrite 可以对文件进行灵活操作处理。

本章对 C 语言中文件和流的概念进行了阐述,对 C 语言中提供的有关文件操作函数进行了分析,并进行了举例说明,强调了使用这些函数时应注意的事项,重点对文件顺序存取和随机存取进行了讲解和实例分析。本章只讲解了函数库中的少数几个文件操作函数,要了解更多的函数,可以查阅本书附录 C 或 C89 标准、C11 标准等以及其他相关资料。

习　题

1. 编一个程序,从键盘输入 200 个字符,存入名为 "char.txt" 的磁盘文件中,并将这些字符同时输出到显示器。

2. 编一个程序,将当前目录下名为 "myFile.txt" 的文本文件复制到指定的目录下,文件名改为 "copyFile.txt"。

3. 输入 10 个学生的信息(定义一个结构体类型,成员变量含学号、姓名、三门课程成绩、总分),其中学生的总分由程序计算产生。先将学生信息存入磁盘二进制数据文件 student.dat 中,然后再读取该文件,寻找总分最高的学生并输出该学生的所有信息。

4. 利用第 3 题 student.dat 文件中的数据,写一个函数,把一个学生的信息追加到文件的最后,并输出此时文件的大小(要显示成 ***MB***B 的形式)。

5. 建立一个二进制文件,其存放的数据(float 型)按小到大排序,写一个函数,把一个 float 型数据插入文件相应的位置,使文件中的所有数据仍按从小到大的顺序排序,然后再写一个函数把文件中的数据输出到显示器中。

ASCII 值	字符	ASCII 值	字符	ASCII 值	字符	ASCII 值	字符
0	NUL	32	(space)	64	@	96	`
1	SOH	33	!	65	A	97	a
2	STX	34	"	66	B	98	b
3	ETX	35	#	67	C	99	c
4	EOT	36	$	68	D	100	d
5	ENQ	37	%	69	E	101	e
6	ACK	38	&	70	F	102	f
7	BEL	39	,	71	G	103	g
8	BS	40	(	72	H	104	h
9	HT	41	)	73	I	105	i
10	LF	42	*	74	J	106	j
11	VT	43	+	75	K	107	k
12	FF	44	,	76	L	108	l
13	CR	45	–	77	M	109	m
14	SO	46	.	78	N	110	n
15	SI	47	/	79	O	111	o
16	DLE	48	0	80	P	112	p
17	DCI	49	1	81	Q	113	q
18	DC2	50	2	82	R	114	r
19	DC3	51	3	83	S	115	s
20	DC4	52	4	84	T	116	t
21	NAK	53	5	85	U	117	u
22	SYN	54	6	86	V	118	v
23	TB	55	7	87	W	119	w
24	CAN	56	8	88	X	120	x
25	EM	57	9	89	Y	121	y
26	SUB	58	:	90	Z	122	z
27	ESC	59	;	91	[	123	{
28	FS	60	<	92	/	124	|
29	GS	61	=	93	]	125	}
30	RS	62	>	94	^	126	~
31	US	63	?	95	_	127	DEL

特殊字符解释

字符	意义	字符	意义	字符	意义
NUL	空	VT	垂直制表	SYN	空转同步
STX	正文开始	CR	回车	CAN	作废
ETX	正文结束	SO	移位输出	EM	纸尽
EOY	传输结束	SI	移位输入	SUB	换置
ENQ	询问字符	DLE	空格	ESC	换码
ACK	承认	DC1	设备控制 1	FS	文字分隔符
BEL	报警	DC2	设备控制 2	GS	组分隔符
BS	退一格	DC3	设备控制 3	RS	记录分隔符
HT	横向列表	DC4	设备控制 4	US	单元分隔符
LF	换行	NAK	否定(拒绝)	DEL	删除

优先级	运算符	名称或含义	使用形式	结合方向	说明
1	[]	数组下标	数组名 [整型表达式]	左到右	
	()	圆括号	(表达式)/ 函数名(形参表)		
	.	成员选择(对象)	对象 . 成员名		
	->	成员选择(指针)	对象指针 -> 成员名		
2	-	负号运算符	- 算术类型表达式	右到左	单目运算符
	(type)	强制类型转换	(纯量数据类型)纯量表达式		
	++	自增运算符	++ 纯量类型可修改左值表达式		单目运算符
	--	自减运算符	-- 纯量类型可修改左值表达式		单目运算符
	*	取值运算符	* 指针类型表达式		单目运算符
	&	取地址运算符	& 表达式		单目运算符
	!	逻辑非运算符	! 纯量类型表达式		单目运算符
	~	按位取反运算符	~ 整型表达式		单目运算符
	sizeof	长度运算符	sizeof 表达式 sizeof(类型)		
3	/	除	表达式 / 表达式	左到右	双目运算符
	*	乘	表达式 * 表达式		双目运算符
	%	余数(取模)	整型表达式 % 整型表达式		双目运算符
4	+	加	表达式 + 表达式	左到右	双目运算符
	-	减	表达式 - 表达式		双目运算符
5	<<	左移	整型表达式 << 整型表达式	左到右	双目运算符
	>>	右移	整型表达式 >> 整型表达式		双目运算符
6	>	大于	表达式 > 表达式	左到右	双目运算符
	>=	大于等于	表达式 >= 表达式		双目运算符
	<	小于	表达式 < 表达式		双目运算符
	<=	小于等于	表达式 <= 表达式		双目运算符
7	==	等于	表达式 == 表达式	左到右	双目运算符
	!=	不等于	表达式 != 表达式		双目运算符
8	&	按位与	整型表达式 & 整型表达式	左到右	双目运算符
9	^	按位异或	整型表达式 ^ 整型表达式	左到右	双目运算符

续表

优先级	运算符	名称或含义	使用形式	结合方向	说明
10	|	按位或	整型表达式 | 整型表达式	左到右	双目运算符
11	&&	逻辑与	表达式 && 表达式	左到右	双目运算符
12	||	逻辑或	表达式 || 表达式	左到右	双目运算符
13	?:	条件运算符	表达式 1? 表达式 2: 表达式 3	右到左	三目运算符
14	=	赋值运算符	可修改左值表达式 = 表达式	右到左	
	/=	除后赋值	可修改左值表达式 /= 表达式		
	*=	乘后赋值	可修改左值表达式 *= 表达式		
	%=	取模后赋值	可修改左值表达式 %= 表达式		
	+=	加后赋值	可修改左值表达式 += 表达式		
	−=	减后赋值	可修改左值表达式 −= 表达式		
	<<=	左移后赋值	可修改左值表达式 <<= 表达式		
	>>=	右移后赋值	可修改左值表达式 >>= 表达式		
	&=	按位与后赋值	可修改左值表达式 &= 表达式		
	^=	按位异或后赋值	可修改左值表达式 ^= 表达式		
	|=	按位或后赋值	可修改左值表达式 |= 表达式		
15	,	逗号运算符	表达式 , 表达式 ,…	左到右	从左向右顺序结合

附录 C　C 语言库函数

1. stdio.h 中定义的函数

1	FILE *fopen(const char *filename, const char *mode)
	用给定的模式打开名为 filename 的文件,并把它与流关联,模式由 mode 指定
2	int fclose(FILE *stream)
	关闭流 stream,并刷新所有缓冲区。如果成功关闭,返回 0,如果有错误产生,返回 EOF
3	int feof(FILE *stream)
	判断给定流 stream 的文件结束标识符,指向文件结束返回非 0 值,否则返回 0
4	int ferror(FILE *stream)
	获取给定流 stream 的错误标识。当流的错误标识被设置时,返回非 0 值
5	int fflush(FILE *stream)
	强制将缓冲区内的数据写回 stream 指定的文件中,如果 stream 为 NULL,则将所有打开的文件数据更新。函数执行成功返回 0,失败返回 EOF
6	int fgetpos(FILE *stream, fpos_t *pos)
	得到流 stream 的当前文件位置,并把它写入到 pos 指向的空间
7	void clearerr(FILE *stream)
	清除给定流 stream 的文件结束或错误标识符
8	size_t fread(void *ptr, size_t size, size_t nmemb, FILE *stream)
	从给定流 stream 读取数据到 ptr 所指向的数组中
9	FILE *freopen(const char *filename, const char *mode, FILE *stream)
	把一个新的文件名 filename 与给定的打开的流 stream 关联,同时关闭流中的旧文件
10	int fseek(FILE *stream, long int offset, int whence)
	设置流 stream 关联文件位置为给定的偏移量 offset,参数 offset 为从给定的 whence 位置查找的字节数。没有查找到相应位置时返回非 0
11	int fsetpos(FILE *stream, const fpos_t *pos)
	设置给定流 stream 的文件位置为给定的位置。参数 pos 是由函数 fgetpos 给定的位置
12	long int ftell(FILE *stream)
	返回流 stream 的当前文件位置
13	void rewind(FILE *stream)
	设置文件位置为给定流 stream 的文件的开头
14	size_t fwrite(const void *ptr, size_t size, size_t nmemb, FILE *stream)
	从 ptr 指向的数组中,将大小由 size 指定的 nmemb 元素写入到 stream 指向的流中

续表

15	int remove(const char *filename)
	删除给定的文件名 filename
16	int rename(const char *old_filename, const char *new_filename)
	把 old_filename 所指向的文件名重新命名为 new_filename
17	void setbuf(FILE * restrict stream, char * restrict buffer)
	设置用于流操作的内部缓冲区，其长度至少应该为 buffer 个字符
18	int setvbuf(FILE * restrict stream, char * restrict buffer, int mode, size_t size)
	定义流 stream 操作缓冲的方式
19	FILE *tmpfile(void)
	以二进制更新模式 (wb+) 创建一个临时文件，并返回与该文件关联的流
20	char *tmpnam(char *str)
	每次调用时，生成并返回一个不存在的有效临时文件名
21	int fprintf(FILE * restrict stream, const char * restrict format, ...)
	把指定的格式化数据输出到流 stream 中，成功返回传送的字符个数，编码或输出错误返回负数
22	int printf(const char *format, ...)
	把格式化数据输出到标准输出流 stdout 中
23	int sprintf(char *str, const char *format, ...)
	把格式化数据输出到字符串 str 中
24	int vfprintf(FILE * restrict stream, const char * restrict format, va_list arg)
	等价于 fprintf，只是用 arg 参数替换了 fprintf 中的可变参数
25	int vprintf(const char * restrict format, va_list arg)
	把参数列表以格式化形式输出到标准输出流 stdout 中
26	int vsprintf(char * restrict str, const char * restrict format, va_list arg)
	把参数列表以格式化形式输出到字符串
27	int fscanf(FILE * restrict stream, const char * restrict format, ...)
	从流 stream 按格式化形式读取输入数据
28	int scanf(const char * restrict format, ...)
	从标准输入流 stdin 中，按格式化形式读取输入数据
29	int sscanf(const char * restrict str, const char * restrict format, ...)
	从字符串以格式化的形式读取输入数据
30	int fgetc(FILE * restrict stream)
	从指定的流 stream 获取下一个无符号字符，并把位置标识符往前移动
31	char *fgets(char *restrict str, int n, FILE * restrict stream)
	从指定的流 stream 中读取一行，并把它存储在 str 所指向的字符串内。当读取 (n−1) 个字符时，或者读取到换行符时，或者到达文件末尾时，停止读取

32	int fputc(int char, FILE * stream)
	把无符号字符 char 写入到指定的流 stream 中,并把位置标识符往前移动
33	int fputs(const char *str, FILE *stream)
	把字符串写入到指定的流 stream 中,但不包括空字符
34	int getc(FILE *stream)
	从指定的流 stream 获取下一个无符号字符,并把位置标识符往后移动
35	int getchar(void)
	从标准输入流 stdin 中获取一个无符号字符
36	char *gets(char *str)
	从标准输入流 stdin 读取一行字符,并把它存储在 str 所指向的字符串中。当读取到换行符或者到达文件末尾时停止
37	int putc(int char, FILE *stream)
	把参数 char 指定的无符号字符写入到指定流 stream 中,并把位置标识符向后移动
38	int putchar(int char)
	把参数 char 指定的无符号字符写入到标准输出流 stdout 中
39	int puts(const char *str)
	把一个字符串写入到标准输出流 stdout,并自动追加换行符
40	int ungetc(int char, FILE *stream)
	把字符 char 转换成无符号字符推入到流 stream 中,作为下一个被读取到的字符
41	void perror(const char *str)
	把一个描述性错误消息输出到标准错误 stderr。首先输出字符串 str,后跟一个冒号,然后是一个空格
42	int snprintf(char * restrict str, size_t size, const char * restrict format, ...)
	将可变参数按照 format 格式化成字符串,然后将此字符串复制到 str 中,个数由 size 指定

2. stdlib.h 中定义的函数

1	double atof(const char *str)
	把参数 str 所指向的字符串转换为一个 double 型数据
2	int atoi(const char *str)
	把参数 str 所指向的字符串转换为一个 int 型数据
3	long int atol(const char *str)
	把参数 str 所指向的字符串转换为一个 long 型数据
4	double strtod(const char *str, char **endptr)
	把参数 str 所指向的字符串转换为一个 double 型数据

续表

5	long int strtol(const char * restrict str, char ** restrict endptr, int base)
	把参数 str 所指向的字符串转换为一个 long 型数据
6	unsigned long int strtoul(const char * restrict str, char ** restrict endptr, int base)
	把参数 str 所指向的字符串转换为一个 unsigned long 型数据
7	void *calloc(size_t nmemb, size_t size)
	对 nmemb 对象的数组分配内存空间,每个对象的大小为 size,并返回一个指向它的指针
8	void free(void *ptr)
	释放调用 calloc、malloc 或 realloc 所分配的内存空间
9	void *malloc(size_t size)
	分配 size 个字节的内存空间,并返回一个指向此空间的指针
10	void *realloc(void *ptr, size_t size)
	重新调整之前调用 malloc 或 calloc 所分配的空间,ptr 指定分配空间的初始地址,size 指定所指向内存块的大小
11	void abort(void)
	使一个异常程序终止
12	int atexit(void (*func)(void))
	注册由 func 指向的函数,以便在正常程序终止时不带参数地调用 func 指向的函数
13	void exit(int status)
	使程序正常终止
14	char *getenv(const char *name)
	在主机环境提供的环境列表中搜索与 name 指向的字符串匹配的字符串。其返回列表元素的指针
15	int system(const char *string)
	把 string 指定的命令传给要被命令处理器执行的主机环境
16	void *bsearch(const void *key, const void *base,size_t nmemb, size_t size,int (*compar)(const void *, const void *))
	搜索一个 nmemb 对象数组,其初始元素由 base 指向,以查找与 key 指向的对象匹配的元素。数组每个元素的大小由 size 指定。查找方式由 compar 指定
17	void qsort(void *base, size_t nmemb, size_t size,int (*compar)(const void *, const void *))
	对一个 nmemb 对象数组进行排序,其初始元素由 base 指向。排序方式由 compar 指定
18	int abs(int x)
	返回 int 型数据 x 的绝对值
19	div_t div(int numer, int denom)
	计算 numer / denom 和 numer % denom 值(结果均为 int 型)
20	long int labs(long int x)
	返回 long 型数据 x 的绝对值

21	ldiv_t ldiv(long int numer, long int denom)
	计算 numer / denom 和 numer % denom 值（结果均为 long 型）
22	int rand(void)
	返回一个范围在 0 到 RAND_MAX 之间的伪随机数
23	void srand(unsigned int seed)
	该函数设置一个种子，供函数 rand 使用
24	int mblen(const char *str, size_t n)
	当 str 不是空指针时，返回 str 指向的多字节字符中包含的字节数
25	size_t mbstowcs(wchar_t * restrict pwcs, const char * restrict str, size_t n)
	把参数 str 所指向的多字节字符的字符串转换为参数 pwcs 所指向的数组
26	int mbtowc(wchar_t * restrict pwc, const char * restrict str, size_t n)
	检查参数 str 所指向的多字节字符
27	size_t wcstombs(char * restrict str, const wchar_t * restrict pwcs, size_t n)
	把宽字符数组 pwcs 中存储数据的编码转换为多字节字符，并把它们存储在 str 指向的字符串中
28	int wctomb(char *str, wchar_t wc)
	把宽字符 wchar 转换为它的多字节表示形式，并把它存储在 str 指向的字符数组的开头

3. string.h 中定义的函数

1	void *memchr(const void *str, int c, size_t n)
	在参数 str 指向字符串的前 n 个字节中搜索第一次出现无符号字符 c 的位置。如果找到，返回指向 c 的指针，没找到返回 NULL
2	int memcmp(const void *str1, const void *str2, size_t n)
	把 str1 和 str2 的前 n 个字节进行比较。大于返回正数，小于返回负数，等于返回 0
3	void *memcpy(void * restrict dest, const void * restrict src, size_t n)
	从 src 指向的空间中复制 n 个字节的数据存放到 dest 指向的空间中
4	void *memmove(void * dest, const void *src, size_t n)
	将 src 指向对象中的 n 个字符复制到 dest 指向的对象中
5	void *memset(void *str, int c, size_t n)
	将 c 的值（转换为无符号字符）复制到 str 指向对象的前 n 个字符中
6	char *strcat(char * restrict dest, const char * restrict src)
	把 src 所指向的字符串追加到 dest 所指向字符串的结尾并返回 dest 的值
7	char *strncat(char * restrict dest, const char * restrict src, size_t n)
	将不超过 n 个字符（一个空字符和后面的字符不附加）从 src 指向的数组附加到 dest 指向的字符串的末尾并返回 dest 的值

8	char *strchr(const char *str, int c)
	在参数 str 所指向的字符串中搜索第一次出现字符 c(一个无符号字符)并返回指向 c 的指针,没有找到返回 NULL
9	int strcmp(const char *str1, const char *str2)
	把 str1 所指向的字符串和 str2 所指向的字符串进行比较。当 str1 指向的字符串大于 str2 指向的字符串时返回正数,等于时返回 0,小于时返回负数
10	int strncmp(const char *str1, const char *str2, size_t n)
	比较 str1 指向的字符串和 str2 指向的字符串中不超过 n 个字符(不比较空字符后面的字符)的大小。当 str1 指向的字符串大于 str2 指向的字符串时返回正数,等于时返回 0,小于时返回负数
11	int strcoll(const char *str1, const char *str2)
	把 str1 和 str2 进行比较,结果取决于 LC_COLLATE 的位置设置
12	char *strcpy(char * restrict dest, const char * restrict src)
	把 src 所指向的字符串复制到 dest 指向的空间中,并返回 dest 的值
13	char *strncpy(char *dest, const char *src, size_t n)
	把 src 所指向的字符串复制到 dest,最多复制 n 个字符
14	size_t strcspn(const char *str1, const char *str2)
	计算 str1 指向的字符串从开始起连续不包含在字符串 str2 中的字符个数
15	char *strerror(int errnum)
	从内部数组中搜索错误号 errnum,并返回一个指向错误消息字符串的指针
16	size_t strlen(const char *str)
	计算 str 指向指符串的长度,直到 '\0' 结束,但不包括 '\0'
17	char *strpbrk(const char *str1, const char *str2)
	检索字符串 str1 中第一个匹配字符串 str2 中字符的字符,但不包含 '\0'。返回指向匹配字符的指针,如果没有匹配字符,返回 NULL
18	char *strrchr(const char *str, int c)
	在 str 所指向的字符串中搜索最后一次出现字符 c(一个无符号字符)的位置。返回指向字符的指针,如果没有出现 c,则返回 NULL
19	size_t strspn(const char *str1, const char *str2)
	返回字符串 str1 中第一个不在字符串 str2 中出现的字符下标。如果没有这样的字符返回 NULL
20	char *strstr(const char *haystack, const char *needle)
	在字符串 haystack 中查找第一次出现字符串 needle(不包含空结束字符)的位置
21	char *strtok(char *str, const char *delim)
	分解字符串 str 为一组字符串,delim 为分隔符
22	size_t strxfrm(char * restrict dest, const char * restrict src, size_t n)
	根据程序当前区域选项中的 LC_COLLATE 来转换字符串 src 的前 n 个字符,并把它们放置在 dest 指向的空间中

4. math.h 中定义的函数

1	double acos(double x)
	返回以弧度表示的 x 的反余弦
2	double asin(double x)
	返回以弧度表示的 x 的反正弦
3	double atan(double x)
	返回以弧度表示的 x 的反正切
4	double atan2(double y, double x)
	返回以弧度表示的 y/x 的反正切。y 和 x 的值的符号决定了正确的象限
5	double cos(double x)
	返回弧度角 x 的余弦
6	double cosh(double x)
	返回 x 的双曲余弦
7	double sin(double x)
	返回弧度角 x 的正弦
8	double sinh(double x)
	返回 x 的双曲正弦
9	double tanh(double x)
	返回 x 的双曲正切
10	double exp(double x)
	返回 e 的 x 次幂的值
11	double frexp(double x, int *exponent)
	把 double 型数 x 分解成尾数和指数。返回是尾数值,指数存入 exponent 指向的空间中
12	double ldexp(double x, int exponent)
	返回 x 乘以 2 的 exponent 次幂
13	double log(double x)
	返回 x 的自然对数值
14	double log10(double x)
	返回 x 的常用对数值
15	double modf(double x, double *integer)
	返回值为 x 的小数部分,并把整数部分以浮点格式存放在 integer 指向的空间中
16	double pow(double x, double y)
	返回 x 的 y 次幂
17	double sqrt(double x)
	返回 x 的平方根

续表

18	double ceil(double x)
	返回大于或等于 x 的最小整数值
19	double fabs(double x)
	返回 x 的绝对值
20	double floor(double x)
	返回小于或等于 x 的最大整数值
21	double fmod(double x, double y)
	返回 x 除以 y 的余数

5. time.h 中定义的函数

1	char *asctime(const struct tm *timeptr)
	将 timeptr 指向的 struct tm 类型的时间转换为形式为 "DDD MM dd hh:mm:ss YYYY\n\0" 的字符串,返回指向字符串的指针
2	clock_t clock(void)
	返回程序自开始执行以来处理器所消耗的时间(可能是一个近似值)。如果耗时大于 clock_t 能表达的最大值,则函数返回 −1
3	char *ctime(const time_t *timer)
	把一个由 timer 指向的时间数据转换为一个字符串,格式为 "DDD MMM dd hh:mm:ss YYYY",返回指向这个字符串的指针
4	double difftime(time_t time1, time_t time2)
	返回 time1 和 time2 之间相差的秒数 (time1−time2)
5	struct tm *gmtime(const time_t *timer)
	timer 的值被分解为 tm 结构,并用格林尼治标准时间(GMT)表示
6	struct tm *localtime(const time_t *timer)
	把 timer 指向的值分解为 tm 结构,并用本地时区表示
7	time_t mktime(struct tm *timeptr)
	把 timeptr 所指向的结构转换为一个依据本地时区的 time_t 值
8	size_t strftime(char * restrict str, size_t maxsize, const char * restrict format, const struct tm * restrict timeptr)
	根据 format 中定义的格式化规则,格式化结构 timeptr 指向的时间,并把它存储在 str 指向的空间中
9	time_t time(time_t *timer)
	自纪元从 1970-01-01 00:00:00 开始所经过的时间,以秒为单位。如果 timer 不为空,则返回值也存储在变量 timer 中

参 考 文 献

[1] ISO/IEC 9899: 2011. Information technology-Programming languages-C. International Organization for Standardization, Geneva, Switzerland, 2011.

[2] ISO/IEC 9899: 1990. Information technology-Programming languages-C. International Organization for Standardization, Geneva, Switzerland, 1990.

[3] P.J.Plauger. C 语言标准库 [M]. 卢红星, 徐明亮, 霍建同译. 北京: 人民邮电出版社, 2009.

[4] 史蒂芬·普拉达. C Primer Plus 第 6 版 (中文版) [M]. 姜佑, 译. 北京: 人民邮电出版社, 2020.

[5] 彼得·范德林登, 著. C 专家编程 [M]. 徐波, 译. 北京: 人民邮电出版社, 2020.

[6] K. N. 金. C 语言程序设计现代方法 [M]. 吕秀锋, 黄倩, 译. 北京: 人民邮电出版社, 2021.